Ökonomische versus strukturelle Rationalität im Kooperationsdilemma

Anna-Vanadis Faix

Ökonomische versus strukturelle Rationalität im Kooperationsdilemma

Eine Untersuchung der epistemischen Bedingungen der strukturellen Rationalität in Kooperationssituationen der Spieltheorie

J.B. METZLER

Anna-Vanadis Faix
Philosophie
Ludwigs-Maximilians Universität München
München, Deutschland

Die vorliegende Publikation basiert auf der Dissertation „Ökonomische versus strukturelle Rationalität im Kooperationsdilemma – Eine Untersuchung der epistemischen Bedingungen der strukturellen Rationalität in Kooperationssituationen der Spieltheorie“, eingereicht an der Ludwig-Maximilians-Universität München im Jahr 2024 zur Erlangung des Doktorgrades der Philosophie.

ISBN 978-3-662-72225-1 ISBN 978-3-662-72226-8 (eBook)
https://doi.org/10.1007/978-3-662-72226-8

Die Deutsche Nationalbibliothek verzeichnet diese Publikation in der Deutschen Nationalbibliografie; detaillierte bibliografische Daten sind im Internet über https://portal.dnb.de abrufbar.

Dieses Werk wurde gefördert durch Anna-Vanadis Faix.

Planung/Lektorat: Friederike Lierheimer
J.B. Metzler ist ein Imprint der eingetragenen Gesellschaft Springer-Verlag GmbH, DE und ist ein Teil von Springer Nature.
Die Anschrift der Gesellschaft ist: Heidelberger Platz 3, 14197 Berlin, Germany

Danksagung

An dieser Stelle möchte ich mich bei allen Menschen und beteiligten Personen bedanken, die mich bei der Anfertigung meiner Dissertation unterstützt haben.

Mein besonderer Dank gilt meinem Betreuer Prof. Dr. Martin Rechenauer, der mich enorm bei der Durchführung der gesamten Arbeit unterstützt hat. Diese Unterstützung betraf sowohl den Inhalt als auch den argumentativen Verlauf der Arbeit, sowie darüber hinaus die Hilfestellung bei formalen Bezügen in der Dissertation. Ohne seine Hilfe wäre der Abschluss der Arbeit so nicht möglich gewesen.

Außerdem möchte ich mich bei Prof. Dr. Dr. h.c. Julian Nida-Rümelin für die ausgiebige Betreuung bedanken. Sowohl die Idee zu weiten Teilen der Arbeit, als auch die Prägung durch Seminare, Literatur und Vorlesungen usw., sowie die Betreuung selbst, waren für die Arbeit von unschätzbarem Wert.

Meinen Eltern und meiner Familie danke ich für ihre Geduld und Unterstützung während der Arbeit an der Dissertation.

Inhaltsverzeichnis

1 Einleitung 1

2 Die ökonomische Rationalität 5

2.1 Das Rational-Choice-Paradigma in der Entscheidungs- und Spieltheorie 7
2.2 Der *Homo oeconomicus* (HO) 11
2.3 Enges versus weites RC 14
2.4 Konsequentialismus-Kritik 20
2.5 Ökonomische und praktische Relevanz 22

3 Kritische Betrachtung der ökonomischen Rationalität 27

3.1 Intrapersonelle Problemstellung: intertemporale Koordination 28
3.2 Interpersonelle Problemstellung: Kooperation 33
3.3 Zurückweisung der begrenzten Rationalität 39

4 Alternative Ansätze – eine Diskussion entlang des Kooperationsdilemmas 45

4.1 Ökonomische und utilitaristische Lösungsstrategien 46
4.2 Anpassung der Präferenzen: Sens *Rankings of Rankings* 49
4.3 Interpretation der Metapräferenzen 52
4.4 *Tit for Tat* und die Evolution der Kooperation 55
4.5 Argumente gegen die Stabilität der schwachen Reziprozität bei TFT 61

4.6 Kollektivismus nach Tuomela 70
4.7 Der Wir-Modus als naturalistisch und kollektiv konstruierte Praxis 82
4.8 Kooperation in der strukturellen Rationalität nach Nida-Rümelin 88
4.9 Kollektive Intentionen und der Präferenzbegriff 97

5 Kooperation in der strukturellen Rationalität – Probleme und Chancen 105
5.1 Intentionen und deontologische Präferenzen 107
5.2 Kollektive Intentionalität und gemeinsames Wissen 117
5.3 Schwache Fälle von Kooperation 132

6 Interpersonale Struktur und die potenzielle Rationalisierung von Kooperation 143
6.1 Erste Annäherung: Gemeinsamkeiten und Unterscheidungen zum Wir-Modus 144
6.2 Zweite Annäherung: Zulässige kollektive Handlungen und offensichtliche Lösungen 149
6.3 Dritte Annäherung: Team-Reasoning Ansätze 160
6.4 Konfliktvermeidung, Emergenz und strukturelle Einbettung 164

7 Die epistemische Dimension der strukturellen Rationalität 179
7.1 Epistemische Hinweise in der SR 181
7.2 Abschwächung des Konzepts gemeinsamen Wissens 196
7.3 Die epistemischen Bedingungen der SR 213
7.4 Volle Kooperation als Konsens zweiter Ordnung 229

8 Schlusswort 241

Literaturverzeichnis 245

Abkürzungsverzeichnis

AG	Assurance Game
CG	Chicken Game
ET	Entscheidungstheorie
GD	Gefangenendilemma
GG	Gleichgewicht
HO	*Homo Oeconomicus*
OG	Other-Regarding Game
RC	Rational-Choice
SR	Strukturelle Rationalität
ST	Spieltheorie
T1	Theorieteil 1
T2	Theorieteil 2
TFT	Tit for Tat
TR	Team-Reasoning

Abbildungsverzeichnis

Abbildung 3.1 Das Gefangenendilemma in Gefängnisjahren 34
Abbildung 3.2 Das Gefangenendilemma in Strategien 35
Abbildung 3.3 Das Gefangenen- oder Kooperationsdilemma 35
Abbildung 4.1 Ökonomische Lösungsstrategie 47
Abbildung 4.2 Assurance Game 51
Abbildung 4.3 Other-Regarding Game 52
Abbildung 4.4 Spielrunden TFT 58
Abbildung 4.5 Das Hirschjagdspiel 67
Abbildung 4.6 Multi-Agenten-Deliberation 73
Abbildung 4.7 Kooperative Präferenztransformationen 75
Abbildung 4.8 Altruistische Präferenztransformationen 76
Abbildung 4.9 Mögliche Darstellung von Kooperation im Wir-Modus 80
Abbildung 5.1 Koordination entlang eines unterbrochenen Anrufes ... 126
Abbildung 5.2 Spielmatrix Hi-Lo 128
Abbildung 5.3 Das Chicken-Game am Schimpansen-Beispiel 138
Abbildung 6.1 Das Chicken Game in Normalform 168
Abbildung 7.1 Reine Koordination im Jäger-Beute-Fall 194
Abbildung 7.2 Mögliche Emergenz der Präferenzen in der strukturellen Rationalität 232

1 Einleitung

Eine Kernannahme des menschlichen Verhaltens sowie einer möglichen Auszeichnung des Menschen als Mensch und Person ist die Vernunft und mit ihr auch die Rationalität. Gerade die Vernunftdebatte umfasst grundlegende und weite Teile der Beschäftigung der praktischen Philosophie. Die menschliche Rationalität bezieht sich auf das Verhalten von Personen und das menschliche Agieren in Entscheidungssituationen. Rationale Wesen sind nicht nur von reinen Affekten oder gar Instinkten getrieben, wie sich die Unterteilung beispielsweise bei Kant findet. Innerhalb der weitreichenden und langen Auseinandersetzung der Philosophie mit dem menschlichen Konzept der Vernunft und der Rationalität, gibt es verschiedene Ansätze und Theorien. Dabei macht vor allem die sogenannte Rational-Choice-Theorie einen weiten Teil unseres modernen Verständnisses rationalen Verhaltens aus. Sie bestimmt dabei Rationalität über die Optimierung von Zielen.

Der orthodoxe Rational-Choice-Ansatz weist jedoch trotz vieler Vorteile und auch Klarheit einige Probleme auf, die in der Literatur viel debattiert sind und auf verschiedene Lösungsansätze und entsprechend weitreichende Auseinandersetzungen stoßen werden. Diese Probleme betreffen sowohl die Betrachtung der Rationalität einzelner Akteure in Entscheidungssituationen, als auch Entscheidungssituationen mit zwei oder mehreren Akteuren, die gleichzeitig oder sequentiell entscheiden (Spieltheorie). Viele der bestehenden Problematiken der Theorie selbst rühren u. a. von ihrer konsequentialistischen Interpretation her, die allerdings nur eine mögliche Variante darstellt und nicht zwingend aus dem formalen Rahmen der Theorie selbst hervorgeht. Innerhalb des formalen Kerns der Rational-Choice-Theorie bleibt jedoch u. a. das vieldiskutierte Problem der Kooperation zwischen Akteuren in Interaktionssituationen bestehen. Dieses findet in der Spieltheorie seinen Ausdruck im sogenannten Gefangenen-Dilemma,

A.-V. Faix, *Ökonomische versus strukturelle Rationalität im Kooperationsdilemma*, https://doi.org/10.1007/978-3-662-72226-8_1

in dem Akteure es rationalerweise (ohne die Möglichkeit zur Absprache) vorziehen, nicht zu kooperieren. Dabei erzielen sie ein schlechteres Ergebnis als bei Kooperation. Auch altruistisches Verhalten, das mit rationalem Verhalten in Einklang gebracht werden soll, wird hierbei zur Folgefrage möglicher kooperativer Ansätze.

Ziel der Arbeit ist es, die Problematik der Kooperation innerhalb des Kerns der Rational-Choice-Theorie aufzugreifen und zu debattieren. Der Ursprung liegt mitunter darin, dass Kooperation in unserer alltäglichen Welt etwas ist, das als selbstverständlich gilt und keineswegs immer als irrational zu werten wäre. Ansätze aus verschiedenen interdisziplinären Bereichen stellen Hilfsbereitschaft und grundlegend dafür Kooperation zunehmend in den Mittelpunkt des Mensch-Seins, sowie der möglichen Natur des Menschen. So schreiben beispielsweise Hare und Woods (2020, S. xvii):

> „Friendliness, roughly defined as some kind of intentional or unintentional cooperation, or positive behaviour towards others, is so common in nature because it is so powerful. In people, it can be as simple as approaching someone and wanting to socially interact or as complicated as reading someone else's mind in order to cooperatively accomplish mutual goal."

Entsprechend dieser alltäglichen Erfahrungen und neuerer Erkenntnisse aus anderen interdisziplinären Fachbereichen gibt es eine Vielfalt an Ansätzen, die auf unterschiedlichen Argumentationshintergründen versuchen die Rationalität von Kooperation (und Formen von Altruismus) in den formalen Rahmen des Rational-Choice zu integrieren. Diese Ansätze sollen diskutiert und in ihren Vor- und Nachteilen gegeneinander abgewogen werden. Wie die Diskussion verdeutlicht, sind manche Ansätze robuster als andere. Ziel der Arbeit ist es die sogenannte strukturelle Rationalität von Nida-Rümelin zu stärken und näher zu betrachten, was jedoch keine zwingende Zurückweisung aller anderen Ansätze beinhalten soll. Zwar zeigt sich der Ansatz der strukturellen Rationalität partiell in seinen epistemischen Ausführungen als lückenhaft, er fängt aber viele unserer alltäglichen Erfahrungen ein und ist so intuitiv plausibel. Dabei soll die Hauptthese verstreten werden, dass Kooperation in den Ausführungen der strukturellen Rationalität eine Abschwächung des orthodoxen Konzeptes von gemeinsamen Wissen erfordert. Auch, wenn dies mit Kosten im Sinne der Spieltheorie verbunden ist, will die Arbeit versuchen, diesen Schritt zu plausibilisieren und die strukturelle Rationalität in ihrer epistemischen Formulierung zu erweitern.

Für dieses Vorhaben gilt es in einem ersten Schritt die Rational-Choice Theorie näher zu betrachten und einzuführen (Kapitel 2). Dabei sollen die wichtigsten Grundzüge der orthodoxen Rational-Choice-Theorie für die nachfolgende Betrachtung eingeführt werden (2.1). Aus der Annahme des Homo Oeconomicus (2.2) heraus gilt, sich auch mit der Kritik am Konsequentialismus der Theorie auseinanderzusetzen (2.3 und 2.4). Der Konsequentialismus soll in der Arbeit zurückgewiesen werden, um die rein formalen Grundannahmen der Theorie in den Blick zu nehmen. Hier zeigen sich auch praktische Konsequenzen (2.5). Im Anschluss sollen bestehende Probleme auf intra- und interpersoneller Ebene besprochen werden, wobei v. a. Probleme auf interpersoneller Ebene (Kooperation) in den zentralen Blick rücken (Abschnitt 3.1 und 3.2). Für eine möglichst ganzheitliche Betrachtung soll abschließend der neuere Ansatz der sogenannten begrenzten Rationalität erwähnt sein, der mittlerweile als realitätsnaher Ansatz von Rationalität häufig herangezogen wird. Er argumentiert, dass der Mensch auf Grund von beispielsweise Heuristiken nicht immer rational entscheidet (3.3). Der Ansatz der begrenzten Rationalität soll jedoch an dieser Stelle als Spezialfall der Rational-Choice-Theorie zurückgewiesen werden.

Aufbauend auf dieser Grundlage sollen wichtige Theorien betrachtet werden, die sich mit dem Kooperationsproblem – und in Folge häufig auch mit dem Altruismus – in der Spieltheorie des Rational-Choice beschäftigen (Kapitel 4). In einer ersten Debatte gilt es, die zentralsten ökonomischen und utilitaristischen Lösungs-Strategien subsumiert zu betrachten (Abschnitt 4.1). Diese fungieren meist über Sanktions- und Anreizsysteme. Sie verbleiben jedoch innerhalb eines konsequentialistischen oder auch utilitaristischen Ansatzes und verfehlen häufig die reale Beschreibung kooperativen Verhaltens. Im Anschluss soll das sogenannte Ranking of Rankings von Sen (1977) diskutiert werden. Die Annahme solcher Metapräferenzen führen zu weiteren Problemen (4.2 und 4.3). Ebenso wichtige Ansätze sind die, die sich mit der Evolution von Kooperation bzw. der Moral befassen, wie Tit for Tat (4.4 und 4.5) nach Axelrod (1984). Auch, wenn dieser Ansatz aufgrund verschiedener kritischer Aspekte nicht weiter verfolgt werden soll, verdeutlicht er, wie Faktoren von Wiedersehen und Zufall eine Rolle spielen können. Darüber hinaus wird ausgehend von dieser Betrachtung auf die Ergebnisse von Skyrms (2014) Evolution der Kooperation referiert. Hier wird Kooperation zu einer evolutionär stabilen Strategie. Als robustester Ansatz zeigt sich der sogenannte Kollektivismus (4.6 und 4.7) nach Tuomela (2007), wobei die strukturelle Rationalität zwar einige Punkte offen lässt, jedoch viele intuitive Annahmen stärkt (Abschnitt 4.8 und 4.9).

Da die strukturelle Rationalität Lücken aufweist gilt es, diese nachfolgend näher zu bestimmen und die daraus resultierenden möglichen Probleme und

Chancen der Theorie zu diskutieren (Kapitel 5). Die Theorie des Kollektivismus (auch in schwächeren Varianten) soll hier als Vergleich dienen. Über die nähere Analyse von Präferenzen und kollektiven Intentionen in der strukturellen Rationalität zeigt sich, dass die Lücke der strukturellen Rationalität auf die epistemische Dimension der Theorie zurückzuführen ist (Abschnitt 5.1 und 5.2). Jedoch weist die Theorie erhebliche Vorteile auf (5.3). Neben der Stärkung der Theorie der strukturellen Rationalität soll ein Versuch unternommen werden, die Lücke zu schließen und die epistemischen Bedingungen der strukturellen Rationalität hinsichtlich Kooperation näher zu bestimmen. Eine erste Annäherung erfolgt über die interpersonale Struktur der strukturellen Rationalität (Kapitel 6). Dies wird in folgenden Schritten ausgeführt: der Abgrenzung zum Wir-Modus (6.1), Hinweisen in der strukturellen Rationalität selbst (6.2) sowie über Team-Reasoning Ansätze (6.3). Dies mündet in ersten wichtigen Erkenntnissen (6.4). Die epistemische Lücke soll hierauf aufbauend abschließend gefüllt werden (Kapitel 7). Dies erfolgt im Sinne der Interpretation der strukturellen Rationalität (7.1) und mit Bezug auf bestehende Ansätze zur Abschwächungen des Konzepts gemeinsamen Wissens (7.2). Auf dieser Grundlage soll für spezifische epistemische Bedingungen argumentiert werden (7.3). Abschließend soll entlang der Bedeutung der epistemischen Bedingungen der Hinweis skizziert werden, wie die strukturelle Rationalität eine dynamische Theorie von Kooperation stellen könnte (7.4).

2 Die ökonomische Rationalität

Die Frage nach Rationalität und insbesondere der Rationalität des menschlichen Handelns umfasst einen weiten Themenbereich in der Philosophie und ist eng an die Auseinandersetzung mit der menschlichen Vernunft geknüpft.[1] Eine der wesentlichen Konzeptionen der praktischen Rationalität geht davon aus, dass eine Person rational agiert, wenn ihr Handeln im Hinblick auf ihre Ziele sinnvoll und deshalb als geeignetes Mittel erscheint, diese Ziele zu erreichen. Die Annahme, dass rationale Akteure ihre Handlungen so wählen, dass sie ihre Ziele optimieren, beschreibt die Grundidee der sogenannten Rational-Choice-Theorie.[2] Diese Idee hat sich als attraktives Analyseinstrument in den verschiedensten Disziplinen erwiesen und beruht v. a. in den empirischen Wissenschaften auf der Annahme, hierdurch soziale Phänomene erklären zu können. Die Ursprünge der Idee des Rational-Choice-Paradigmas finden sich überwiegend in der theoretischen Ökonomie und der Statistik.

Das Rational-Choice-Paradigma bildet auch die Grundlage für die Annahmen der ökonomischen Rationalität, die diesbezüglich in weiten Teilen mit der Entscheidungstheorie und deren formalen Methoden einhergeht. Diese Methode bietet in ihrer Anwendung viele Vorteile der Beschreibung von Entscheidungsverhalten usw. Die Besinnung auf die formale Methode hängt mit der Entwicklung der Ökonomie im 19. Jahrhundert zusammen, die mit einer zunehmenden Abkehr von den Geisteswissenschaften und einer neuen Orientierung an den Naturwissenschaften auftritt. Vorbild hierfür war der methodische Apparat der Physik.[3] Entlang dieses Vorgehens entwickelten sich neue Paradigmen wie auch die ökonomische Rationalität selbst. Menschliches Verhalten wurde zunehmend als

---

[1] Vgl. Mele, Rawling (2004).

[2] Vgl. Wiesenthal (1987).

[3] Vgl. Walras (1909).

A.-V. Faix, *Ökonomische versus strukturelle Rationalität im Kooperationsdilemma*, https://doi.org/10.1007/978-3-662-72226-8_2

natürliches Phänomen begriffen und die ökonomische Struktur in quasi mechanischen Gesetzen beschrieben.[4] Ein zentrales Postulat der Ökonomie wurde die Wertfreiheit, die der Idee der wissenschaftlichen Wahrheit folgt und unabhängig von einem sozialen oder politischen Standpunkt verpflichtend sein soll. Im Sinne Max Webers wird die Ökonomik (als Methode der Ökonomie) auf diese Weise zur wertfreien Wissenschaft und ist als positiv und nicht normativ zu verstehen.[5] Grundlegend hierfür sind v. a. die Überlegungen der modernen Nutzentheorie, die sich ausgehend von Ramsey (1931) und Savage (1962) entwickelt haben, wobei diese nicht notwendigerweise wertfrei interpretiert werden müssen.

Die ökonomische Rationalität dient damit der Beschreibung des menschlichen Verhaltens: Individuen treffen entlang der ihnen zur Verfügung stehenden Möglichkeiten eine rationale Auswahl. Dies wird entsprechend auf den in der Wirtschaft tätigen ideal-rationalen Menschen – den *Homo oeconomicus* (HO) – übertragen. Der HO folgt jedoch einem anthropologischen Konzept von einem von Egoismus getriebenen Menschen. Diesbezüglich wird postuliert, dass der HO nur sein eigenes Wohlbefinden und in der moderneren Variante seinen eigenen Nutzen über Handlungskonsequenzen verfolgt.[6] Dies stellt jedoch bereits eine spezifische Definition des formalen Rahmens des Rational-Choice-Ansatzes (weites RC) dar, die nicht zwingend daraus hervorgeht. Entsprechend kann hier von einem engen Rational-Choice-Paradigma (RCP oder kurz RC) des HO und der ökonomischen Rationalität gesprochen werden.[7]

Im vorliegenden Kapitel sollen nur die für die Betrachtung wichtigsten Grundzüge der Theorie vorgestellt werden. Dies betrifft v. a. die Rational-Choice-Theorie in der Entscheidungs- und Spieltheorie selbst. Darüber hinaus gilt es, diese Grundzüge von der Interpretation des engen RC, die dem HO unterstellt wird, zu unterscheiden. Dem Kapitel liegt die folgende These zugrunde: Die ökonomische Rationalität des engen RC (HO) ist keineswegs wertfrei, sondern beruht auf einer spezifischen, konsequentialistischen Interpretation des formalen Rahmens. Der HO ist dafür zu kritisieren, dass die Grenzen und Annahmen des weiten und engen RC vermischt werden, ohne dies entsprechend kenntlich zu machen. Die These folgt den Grundlagen des weiten RC selbst, sowie

---

[4] Vgl. Jevons (1871), S. 90.

[5] Siehe hierzu u. a. Albert (1956, 1963), Kirchgässner, Wolters (2006) und Kirchgässner (2013).

[6] Vgl. Nida-Rümelin (1994b), S. 342 f.

[7] Die enge und die weite Sicht des RC werden in Unterkapitel 2.3 auf ihre Unterscheidung und Auslegung hin näher untersucht. Das enge RC wird hier beispielhaft in Verbindung zum HO gesetzt, da das Modell häufig so postuliert wird.

der Argumentation richtungsweisender Autoren des Diskurses, wie z. B. Nida-Rümelin (1994b) oder Sen (1992, 1997), und bildet die Ausgangsgrundlage für die weiteren Ausführungen der Arbeit.

Dazu soll zuerst der formale Rahmen des (weiten) Rational-Choice-Paradigmas innerhalb der wichtigsten Bezüge geklärt werden (Abschnitt 2.1). Auf dieser Grundlage soll im Anschluss der zentrale ökonomische Begriff des *Homo oeconomicus* (Abschnitt 2.2) betrachtet werden, um Bezüge und Unterschiede hinsichtlich des engen und des weiten RC zu präzisieren (Abschnitt 2.3). Innerhalb der Unterschiede zeigt sich, dass das enge RC und damit die entsprechende Interpretation des HO auf einer spezifischen konsequentialistischen Interpretation des formalen Rahmens beruht, die durchaus kritisierbar scheint (Abschnitt 2.4). Abschließend sollen die praktischen und ökonomischen Probleme, die sich durch eine fehlende Auszeichnung der konsequentialistischen Interpretation ergeben können, angerissen werden (Abschnitt 2.5).

2.1 Das Rational-Choice-Paradigma in der Entscheidungs- und Spieltheorie

Das formale Fundament des RC findet sich in der modernen Spiel- und Entscheidungstheorie (ST und ET), die sich seit von Neumanns und Morgensterns „A Theory of Games and Economic Behaviour“ (1944) zu einem eigenständigen Theoriezweig entfaltete. Ausgangspunkt der Betrachtung des RC ist eine Situation, in der eine Entscheidung zu treffen ist (Entscheidungshandeln). Hierzu werden die Präferenzen der Akteure betrachtet, die sich quantifizieren lassen. Dies dient der Vergleichbarkeit der Präferenzen. Zu diesem Zweck werden Präferenzen in eine Rangfolge (Relationen) gebracht.

Entscheidungstheorie (ET)

Die formalen Bedingungen werden ausgehend von den Eigenschaften der binären Relationen betrachtet. Dabei ist X eine nicht leere, endliche Menge, deren Elemente die Alternativen x, y, z usw. sind, über die entschieden werden soll (es gilt $X = \{x, y, z, \ldots\}$). Die Alternativen schließen einander aus. Folgende Relationen zwischen den Elementen x und y einer Menge von Alternativen sind an dieser Stelle relevant:

- xPy, strikte Präferenz: x wird gegenüber y strikt vorgezogen; auch $x > y$,
- xRy, schwache Präferenz: y wird nicht gegenüber x vorgezogen; auch $x \geq y$,

– xIy, Indifferenz: x wird gegenüber y für indifferent gehalten; dies leitet sich aus der Relation der schwachen Präferenzen wie folgt ab: $x \geq y$ und $y \geq x$.

Genügt die schwache Präferenz (als Basisrelation) den folgenden zwei Bedingungen, können die Präferenzrelationen eines Agenten in Form einer Nutzenfunktion abgebildet werden, die die Reihe der ordinalen Werte abbildet:

1) Vollständigkeit (Konnexität): R ist vollständig $\Leftrightarrow \forall x, y \in X : xRy \vee yRx$,
2) Transitivität: R ist transitiv $\Leftrightarrow \forall x, y, z \in X : xRy \wedge yRz \wedge xRz$.

Dann ist u eine Funktion von x nach $\mathbb{R}$, die die Präferenzrelation R auf reelle Zahlen abbildet, sodass $u(x) \geq u(y) \Leftrightarrow x \geq y$ entspricht, genau dann, wenn R vollständig und transitiv ist und die entsprechende Person ihren Nutzen entlang ihrer Präferenzen maximiert. Dies lässt sich über folgende Auswahlfunktion U beschreiben, die aus der Menge $S \subseteq X$ diejenige(n) Alternative(n) auswählt, für die keine bessere in S existiert (maximale Auswahlmenge):[8]

$$U((S, R) = \{x \in S | \neg \exists y \in SyPx\}.$$

Die formalen Bedingungen lassen sich auch für eine Betrachtung unter Wahrscheinlichkeiten heranziehen bzw. erweitern. Damit können auch Entscheidungen unter Unsicherheit abgebildet werden. Neben den Alternativen der Präferenzen sind dann auch Wahrscheinlichkeiten in die Überlegungen mitaufzunehmen. Die Funktion wird dahingehend „spezialisiert". Wahrscheinlichkeiten lassen sich unterschiedlich behandeln. Zu unterscheiden sind an dieser Stelle objektive Wahrscheinlichkeiten in der klassischen Interpretation von Neumanns und Morgensterns (Erwartungsnutzentheorie) und subjektive Wahrscheinlichkeiten, die der Ausführung von Savage folgen.[9] Da es für das Vorhaben an dieser Stelle ausreichend ist, soll hier die einfachere Variante der objektiven Wahrscheinlichkeiten vorgestellt werden. Diese Verfahrensweise ist auch innerhalb der Wirtschaftswissenschaften bis heute relativ weit verbreitet. Nach der Version von Neumann und Morgenstern werden die Alternativen als Ergebnisverteilung modelliert, die sich auf exogen vorgegebene Wahrscheinlichkeitsmaße bezieht. Diese Theorie wurde

---

[8] Die Auswahlmenge wäre in dieser Form mit der Unvollständigkeit von P kompatibel. Hier besteht deshalb eine Debatte darüber, ob die Bedingung der Vollständigkeit zu stark ist.

[9] Subjektive Wahrscheinlichkeiten erfordern ein komplexeres Verfahren und ein umfangreicheres Set an Verfahren. Sie sind unabhängig der Ausführungen hier die beste Annäherung an das Verhalten von Akteuren. Siehe hierzu unter anderem Nida-Rümelin (1994a), S. 17 ff.

im Jahr 1944 als sogenannte Erwartungsnutzentheorie vorgestellt.[10] Für die Ausweitung der Bewertung von Alternativen über Wahrscheinlichkeiten im Sinne der Erwartungsnutzentheorie sind weitere Axiome notwendig:

3) Axiom der Stetigkeit: $\forall x, y, z \in \mathcal{L}(xPy \wedge y) \Rightarrow \exists\, p \in [0, 1]$ mit $yI[x, p; z, 1 - p]$,
4) Axiom der Unabhängigkeit:

$$\forall x, y, z \in \mathcal{L}\, \forall p \in [0, 1]\, xRy \Leftrightarrow [x, p; z, 1 - p]\, R\, [y, p; z, 1 - p].$$

Die Relation $R \subset \mathcal{L} \times \mathcal{L}$ bezeichnet die Bevorzugungsverhältnisse zwischen zwei Mengen $\mathcal{L}$ an möglichen Ereignissen (Lotterien). Eine Lotterie $\mathcal{L}$ ordnet jeder Alternative x, y,…,n ∈ X eine Wahrscheinlichkeit p_1, p_2,…p_n zu. Wobei p_n die Wahrscheinlichkeit darstellt, dass n eintritt. Diese Wahrscheinlichkeiten addieren sich zu 1. Es wird vorausgesetzt, dass die Alternativmenge endlich ist und die Alternativen sich wechselseitig ausschließen. Es wird weiter gefordert, dass die Präferenzen einer rationalen Person nicht nur bezüglich der Alternativen aus x, sondern auch hinsichtlich der Menge aller Lotterien reflexiv, vollständig und transitiv sein sollen. Entsprechend erweitert sich der Definitionsbereich der individuellen Präferenzen. In Verbindung mit dem Axiom der Stetigkeit und dem Axiom der Unabhängigkeit wird die Erwartungsnutzenfunktion ableitbar:

$u{:}\, X \mapsto \mathbb{R}$ für alle $x, y \in \mathcal{L}$, sodass $x \geq y \Leftrightarrow \sum o \in X\, x(o)^* u(o) \geq \sum o \in X\, y(o)^* u(o)$ mit den Wahrscheinlichkeiten $p \in [0, 1]$ outcomes $o \in X$ und den Lotterien $x, y \in \mathcal{L}$ der Form $x = \left[o_1, p_1; \ldots o_n, p_n\right]$.[11]

Spieltheorie (ST)

Die Spieltheorie (ST) baut auf der Entscheidungstheorie auf, indem sie diese auf Interaktionen zwischen zwei oder mehreren Personen ausweitet. Das klassische Spielverständnis beinhaltet indirekt die Absicht jedes Spielers, die bestmöglichen Outcomes gemäß seinen Präferenzen zu erzielen – immer unter gegebenen Aktionen der jeweils anderen Spieler. In der orthodoxen (nicht kooperativen) ST werden also strategische Entscheidungssituationen modelliert. Der Übersichtlichkeit halber wird nach der allgemeinen Darstellung für den n-Personen Fall eines simultanen Spiels im Zentrum der Betrachtung stehen sowie die Ausführung der

---

[10] Siehe hierzu von Neumann, Morgenstern (1944).

[11] Siehe hierzu u. a. Karni (2009), S. 225 f. oder Kreps (1988), S. 65 f.

nicht kooperativen Spieltheorie.[12] Die Normalform eines Spieles wird wie folgt als Tripel *(I, S, U)* dargestellt:

$$\left(I, (S_i)_{i \in N}, (U_i)_i\right).$$

Hier bezeichnet $I = \{1, \ldots n\}$ die Menge der Spieler und S_i die Menge der Strategien (Handlungsmöglichkeiten) der Spieler i. Der Strategienraum S gibt die Menge aller möglichen Strategien-Kombinationen $s = (s_1, s_2, \ldots, s_n)$ aus den Strategien der einzelnen Spieler an, d. h. $s \in S$. Hierbei gibt $U_i(s)$ den Nutzen der Spieler i wieder, wenn eine Strategiekombination i gespielt wird (Nutzenfunktion $U = (U_1, \ldots, U_n)$). Wird in einem Spiel eine bestimmte Strategiekombination s gespielt, ergibt sich daraus die Nutzenkombination U(s).[13]

Eine Strategie $s_i \in S$ ist für $i \in I$ dominant, wenn $\forall s \in S\colon [U_i(s|s_i) > U_i(s)]$ Dabei bezeichnet $U_i(s|s_i)$ den Nutzen von Spieler i, wenn die Strategie von Spieler i auf s_i festgelegt wird, während die übrigen Strategien von s beibehalten werden. Und schwach dominant, wenn $\forall s \in S\colon [U_i(s|s_i) \geq U_i(s)]$ Ein Strategieprofil $s^* \in S$ ist ein Gleichgewichtspunkt (Nash-Gleichgewicht):

$$\forall i \in I\colon \forall s_i \in S_i\colon [U_i(s*) \geq U_i(s^*|s_i)].$$

Das Spielergebnis zweier Spieler A und B folgt aus der Strategie von Spieler A und der Strategie von Spieler B. Die Spielstrategien werden als zu wählende Optionen betrachtet und jeder Strategie lässt sich ein Nutzenerwartungswert für den jeweiligen Spieler zuweisen. In Anlehnung an die Entscheidungstheorie und die enthaltene Nutzenmaximierung besteht in der ST die Überlegung, die Strategie mit dem besten Outcome entlang der eigenen Präferenzen unter gegebenen (erwartbaren) rationalen Präferenzen des je anderen zu wählen.[14] Die Strategiekombination, die im Hinblick auf den erwarteten Nutzen durch keine Strategie verbessert werden kann, bildet ein Gleichgewicht. Wenn sich kein Spieler durch das Abweichen von seiner Strategie, bei gegebener Strategie des je anderen Spielers, verbessern kann, spricht man von einem sogenannten Nash-Gleichgewicht (NGG): „Nash Equilibrium is an array of strategies, one for each player, such

---

[12] In kooperativen Spielen werden weitere, hier nicht modellierte Handlungsmöglichkeiten angenommen, die z. B. zum Zusammenschluss von Koalitionen führen.

[13] Die Menge aller zulässigen Nutzenkombinationen bezeichnet man für alle $s \in S$ mit: $P = \{U(s)|s \in S\} = \{U_1(s), \ldots, U_n(s)\}$

[14] Demnach gilt für die Strategie $s \in S\colon U(s) \geq u(s_{-i}, s_i)\forall s_i \in S_i$.

that no player has an incentive (in terms of improving his own payoff) to derivate from his part of the strategy array.“[15] Von einer Pareto-optimalen Strategiekombination spricht man, wenn sich kein Spieler verbessern kann, ohne einen anderen schlechter zu stellen.[16]

Die dargelegte formale Darstellung bezieht sich nun ausschließlich auf eine numerische Repräsentation der Präferenzen. Diese numerische Repräsentation trifft für die Alternativmenge, aus der ein Akteur auswählt und seine Präferenzen abbildet, keine inhaltliche Festlegung. Präferenzen beschreiben hier lediglich Bevorzugungsrelationen. Ein Akteur, dessen Präferenzen die formalen Axiome erfüllen, ist inhaltlich auf kein Ziel und keine Intention diesbezüglich festgelegt. Die formalen Axiome legen lediglich Voraussetzungen dafür fest, welche Bedingungen die Präferenzen eines Akteurs erfüllen müssen, um numerisch in eine reellwertige Funktion überführbar zu sein.

Die formalen Grundlagen des RC verdeutlichen keine entsprechende Auslegung der Rationalität. Dahingehend sollen sie im Folgenden (angelehnt an die Literatur) als weites RC bezeichnet werden und bilden den Rahmen für die weiteren Überlegungen der Arbeit. Nachfolgend bleibt zu untersuchen wie die Bedingungen sich von der spezifischen Interpretation des HO (enges RC) unterscheiden. Dabei zeigt sich, dass die formalen Bedingungen des weiten RC die Standardauffassung im engen RC nicht zwingend stützen müssen oder gar alleine dahingehend festzulegen sind. Darüber hinaus lässt sich die These stärken, dass das enge RC und seine konsequentialistische Interpretation zumindest stark kritisierbar sind, was den weiteren Fokus der Arbeit vornehmlich auf das weite RC und die hier dargelegten formalen Bedingungen beschränkt.

2.2 Der *Homo oeconomicus* (HO)

Eine grundsätzliche Annahme der ökonomischen Theorie geht nun davon aus, dass es einen einheitlichen Maßstab gibt, der als Grundlage der Betrachtung individueller Entscheidungen und der Verteilung von Gütern über die jeweiligen Individuen dient. Dieser referiert auf bestimmte hierzu angenommene Modelle. Eine zentrale Annahme innerhalb der klassischen Ökonomie (und damit ein solches Modell) bilden idealisierte Menschenbilder – u. a. der sogenannte *Homo oeconomicus* (HO).[17] Die Vorstellung des HO beschreibt, wie Menschen, die

[15] Kreps (1990), S. 28.

[16] Vgl. ebd.

[17] Vgl. Kirchgässner (1991).

am Markt teilnehmen, sich verhalten und wie sich ihr Zusammenwirken, auch innerhalb von Gruppen, beschreiben lässt. Der HO bildet einen ökonomischen Idealtypus und wird als abstrahiertes Modell gedacht. Dies ist vergleichbar mit einer Landkarte, die die zentralen Inhalte entlang einer vereinfachten Darstellung wiedergibt. Je näher der HO mit seinen zentralen Bestandteilen an der Realität liegt, desto besser sind seine Vorhersagen im praktischen Anwendungskontext.

Die Idee eines wirtschaftlichen Menschen hat sich im Zusammenhang mit der Nationalökonomie etwa ab der Mitte des 18. Jahrhunderts entwickelt. Sie hat über die Zeit hinweg mehrfach eine Wandlung bis hin zum modernen HO erfahren.[18] Das idealisierte Menschenbild des HO zeichnet sich durch folgende Kriterien aus:[19]

i) Er besitzt vollständige Informationen.
ii) Er kennt alle relevanten Entscheidungsalternativen.
iii) Er besitzt feststehende Präferenzen.
iv) Er ist vollständig rational.

Bestenfalls sollte diese Simplifizierung dazu dienen (wie im Vergleich mit der Landkarte), die im Kontext wichtigen Informationen herauszustellen. Im Fall des HO bedeutet dies, dass das Ergebnis seiner Handlungsabwägung nicht von fehlenden Informationen oder übersehenen Handlungsalternativen beeinflusst wird, um somit idealerweise das reine ökonomische Verhalten in den Blick der Analyse nehmen zu können.[20] Innerhalb der Annahme, dass der HO einen vollständig rationalen Agenten beschreibt, wird dieser in der Standardauffassung meist auf eine egoistische Anthropologie festgelegt. Dies bedeutet: Rational ist der HO dann, wenn er seinen eigeninteressierten Handlungsnutzen entlang seiner Präferenzen über Konsequenzen (enges RC) maximiert. Es wird unterstellt, dass der HO nur seine eigenen Interessen verfolgt und ausschließlich auf seinen eigenen Nutzen bedacht ist.[21] Dahinter steht auch die Überlegung, dass Menschen diejenige Handlung bevorzugen, deren Folgen sie gegenüber den Folgen jeder anderen Handlung im Sinne von Handlungskonsequenzen bevorzugen.[22] Der HO wird

[18] Vgl. Bongard (1965).

[19] Vgl. Kirchgässner (1991), S. 12 ff.

[20] Vgl. Friedman (1953).

[21] Da das Interesse hier auf den Fokus des Individuums gerichtet ist, befindet man sich innerhalb des methodologischen Individualismus, dem auch kollektivistische Ansätze entgegenstehen können. Diese werden im Verlauf der Arbeit partiell aufgegriffen und diskutiert.

[22] Elster (1987), S. 22 f.

entsprechend als rational angenommen, wenn er die in seinem Sinne gewünschten Folgen seiner Handlung maximiert – also entlang einer Entscheidung die Handlungsalternative präferiert, deren Konsequenzen in der Welt für ihn am besten sind (feste Präferenzen).

Grundlage für die rationalen Annahmen des HO sind nun vor allem die Überlegungen der modernen Entscheidungstheorie, die sich ausgehend von Ramsey (1931) und Savage (1954) entwickelt hat. Es wird also auf die vorangegangenen formalen Annahmen referiert. Doch im Vergleich zu den obigen Ausführungen des HO bezieht sich die Nutzentheorie rein auf den zugrunde gelegten Formalismus, während beim HO bereits mit der egoistischen Anthropologie eine spezifische Interpretation derselben unterstellt wird. Beim HO verschwimmen dahingehend meist die Unterschiede zwischen den formalen Grundlagen der Theorie (weites RC) und einer Interpretation derselben (enges RC). Das enge RC reduziert die Auswahl der rationalen Handlung auf diejenige mit den besten Handlungskonsequenzen (in der Welt), während das weite RC lediglich die Annahme unterstellt, dass eine Handlung dann rational ist, wenn die eigenen Präferenzen (die nicht mit den tatsächlichen Konsequenzen der Handlung gekoppelt sein müssen) maximiert werden und sich auf die formale Grundlage beziehen. Letzteres muss im Vergleich zu Ersterem nicht auf das mögliche Eigeninteresse der handelnden Person beschränkt bleiben, wie in dem nachfolgenden Teilkapitel verdeutlicht wird. Zusammenfassend lässt sich wie folgt zwischen dem engen und dem weiten RC unterscheiden:

Weites RC: Maximierung der Präferenzen, die nicht alleine an den Konsequenzen der Handlung bemessen sein müssen (Formalismus).

Enges RC: Maximierung der Handlungskonsequenzen (konsequentialistische Interpretation des Formalismus). Die Präferenzen der Akteure werden alleine anhand der Konsequenzen in der Welt bemessen (egoistische Anthropologie).

Die Annahmen des HO stoßen nun häufig auf Kritik, da dieser Unterschied bzw. eine genaue Differenzierung übergangen wird. Betrachten wir an dieser Stelle das Beispiel eines Managers: Verhält dieser sich ausschließlich als eigeninteressierter Maximierer (enges RC), bleibt fraglich, was ihn davon abhalten könnte, seine Verantwortung gegenüber den Besitzern des Unternehmens oder den Mitarbeitern auszunutzen. Vor allem wirtschaftsethisch wird infolge oder angelehnt an diese Kritik häufig zwischen der ökonomisch rationalen Entscheidung (HO) und der moralischen Entscheidung unterschieden. Schließlich wird von einigen Autoren die Nicht-Vereinbarkeit von Markt und Moral (Trennungsthese) unterstellt, wobei das grundlegende Problem der Entscheidungsfindung (zwischen ökonomischer oder moralischer) erhalten bleibt oder in nicht sehr überzeugenden Handlungsempfehlungen enden würde („Handle so, aber das ist nicht rational").[23]

Zusammenfassend lässt sich bisher festhalten, dass die Rationalität, die dem HO häufig zugerechnet wird, weitreichend mit dem verbunden wird, was als enge Sicht des RC firmiert. Das enge RC findet bis heute durch seine Methodik und ideengeschichtliche Entwicklungsnähe Anwendung im Modell des HO.[24] Denn „die Normativität der zeitgenössischen Ökonomie als Wissenschaft ist ein Begleitphänomen des ökonomischen Rationalitätskonzeptes."[25] Die Annahmen des engen RC werden entlang des HO häufig mit den formalen Annahmen des weiten RC gestützt. Jedoch vermag der HO hier beide Konzepte nicht angemessen scharf zu trennen und die angeführte Kritik bleibt auf das enge RC begrenzt. Vor diesen Hintergründen gilt es, die genannten Unterschiede nun genauer darzustellen und zu stützen. Dabei zeigt sich, dass wesentliche Kritikpunkte des RC-Konzeptes der spezifischen Interpretation des engen RC und damit der dargestellten Fassung des HO geschuldet sind.

2.3 Enges versus weites RC

Dem vorliegenden Kapitel liegt die These zugrunde, dass die formalen Axiome des weiten RC nicht zwingend auf die Definition des engen RC verweisen. Stattdessen will ich hier der Argumentation folgen, dass es sich in der Darstellung des engen RC lediglich um eine mögliche normative Interpretation des weiten RC handelt. Dieser normativen Interpretation liegt ein ethischer Konsequentialismus zugrunde, der keineswegs zwingend aus den formalen Axiomen hervorgeht und darüber hinaus kritisch betrachtet werden kann. Entsprechend ist die vorangegangene Unterscheidung zwischen dem engen und dem weiten RC weiter zu explizieren. Hierzu gilt es, die zentralen Begrifflichkeiten (Nutzen und Präferenzen) der weiten und engen RC-Theorie erneut zu vergleichen, die Übergänge präziser offenzulegen.

Der ‚Nutzen' beschreibt sowohl im weiten als auch im engen RC eine zentrale Begrifflichkeit. Hier zeigen sich jedoch gerade zentrale Unterschiede. Der Begriff des Nutzens entlang der formalen Darstellung des weiten RC bezieht sich in der dargelegten Ausführung lediglich auf eine numerische Repräsentation der Präferenzen der Akteure, die maximiert werden können. Dagegen bezieht sich

[23] Siehe hierzu auch Dierksmeier (2011), S. 19 ff.

[24] Arrow (1986), S. 386 f.

[25] Nida-Rümelin (2011a), S. 209.

die Definition des HO und des engen RC auf einen Nutzenbegriff, der auf die Maximierung über verschiedene Ergebniskonsequenzen in der Welt festgelegt ist. Der HO wählt entlang der ihm unterstellten egoistischen Anthropologie die für ihn besten Konsequenzen, wenn er auf das enge RC (kurz: T2) festgelegt ist. Die Orthodoxie des engen RC referiert entsprechend auf einen anderen Nutzenbegriff, als dies in der rein technischen Formulierung des weiten RC (kurz: T1) der Fall ist.

Die Unterscheidung lässt sich ebenso für den Präferenzbegriff unterstellen. In der formalen Darstellung des weiten RC sind Präferenzen nicht weiter inhaltlich festgelegt, sie bringen lediglich Bevorzugungsrelationen zum Ausdruck oder können als Bewertungsrelationen beschrieben werden. Die Axiome beschreiben dann ein Instrumentarium, und die Präferenzen eines Akteurs lassen sich entsprechend maximieren, ohne inhaltlich festgelegt zu sein. Hierzu müssen die Präferenzen die entsprechenden Axiome erfüllen. Das enge RC legt dagegen den Präferenzbegriff über den unterstellten Nutzenbegriff inhaltlich fest: Präferiert wird die beste Konsequenz angesichts der möglichen Weltzustände. Der Outcome (zusammengesetzt aus Handlung und Zustand der Welt) wird entlang der Anthropologie des HO als eine individuelle Maximierung der jeweiligen Handlungskonsequenzen gedeutet. Die variierende Extension des Nutzenbegriffs ergibt sich also aus der inhaltlichen Festlegung der Präferenzen entlang des engen RC.

Anhand der bisherigen Darstellung lässt sich für den Übergang vom weiten zum engen RC keine weitere Begründung angeben. Die Axiome der formalen Darstellung des weiten RC nehmen keinen inhaltlichen Bezug auf mögliche Motivationen der Präferenzen der handelnden Person. Auch legen sie keine Voraussetzungen hinsichtlich dessen fest, was für die handelnde Person subjektiv wertvoll ist. Die formalen Annahmen lassen sich in erster Linie als reine Bedeutungspostulate des Begriffs der Präferenzen (Bevorzugungsrelationen) auszeichnen. Will man eine Aussage über die Rationalität einer Person treffen, lassen sich die formalen Bedingungen als notwendige Kriterien für die Präferenzen dieser Person verstehen. Die formalen Axiome können als minimale Bedingung der Rationalität gedeutet werden. Betrachtet man eine spezifische Entscheidungssituation, in der es eine rationale Wahl zu treffen gilt, sind die formalen Bedingungen alleine nicht ausreichend, um Rationalität entlang der Entscheidungssituation genau zu bestimmen. Die formalen Kriterien sind gewissermaßen unterbestimmt.[26] Jede positiv monotone Transformation einer Repräsentationsfunktion repräsentiert selbst wieder die Präferenzen, von denen ursprünglich ausgegangen wurde.[27]

Die Auszeichnung einer rationalen Handlung auf der Grundlage des engen RC wird darüber hinaus entlang der Alternativmenge der Handlungsentscheidungen genauer festgelegt, indem unterstellt wird, dass die Präferenzen der Akteure sich rational auf der Grundlage der kausalen Folgen (entlang der alternativen Weltzustände) einer Handlung festlegen. Dies hat den Vorteil, dass stabile Regel- und Erwartungsstrukturen über die Umwelt und auch andere Akteure vorausgesetzt werden können, indem die Handlungsfreiheit entlang der Handlungsalternativen eingeschränkt wird.[28] Diese Einschränkung ermöglicht es, allein anhand der beschriebenen Entscheidungssituation auf die Handlung eines Akteurs zu schließen. Durch den Blick auf eine konkrete Wahl entlang der Alternativen können wir so die Präferenzen eines Akteurs quasi bereits (er)kennen bzw. ablesen, ohne weitere Vermutungen über seine tatsächlichen subjektiven Präferenzen unterstellen zu müssen. Diese Vorhersagbarkeit macht vermutlich einen Großteil der Funktionalität des engen RC aus.

Das RC unterstellt eine unmittelbare Korrelation zwischen dem Entscheidungsverhalten und den Präferenzen einer Person. Dies ergibt sich entlang der Deutung der sogenannten Revealed-Preferences-Theorie. Diese Theorie nimmt an, dass von der individuellen Wahl einer Person über die möglichen Weltzustände der Handlungsalternativen direkt auf deren Präferenzen geschlossen werden kann. Die Wahl einer Entscheidung verrät also die Präferenzen einer Person bzw. sind Präferenzen lediglich die individuellen Entscheidungen einer Person. Laut der Revealed-Preferences-Theorie spiegeln die individuellen Entscheidungen einfach die Präferenzen einer Person. Jedoch müssen auch hier die Präferenzen einer Person nicht ausschließlich über Konsequenzen oder durch andere Motivationsannahmen dieser festgelegt sein. Es wird lediglich unterstellt, dass eine Korrelation zwischen den Entscheidungen und den Präferenzen eines Akteurs besteht. Entscheidet sich ein Akteur in der Eisdiele für Schokoladeneis, präferiert er dieses vermutlich über andere Eissorten, die es in der Eisdiele gibt. Im engen RC wird also nicht von der Entscheidungshandlung auf mögliche Präferenzen geschlossen, sondern die Präferenzen können direkt aus den Konsequenzen einer möglichen Handlungssituation abgelesen werden,

[26] Vgl. Nida-Rümelin (1992), S. 132.

[27] Eine monotone Transformation beschreibt die Veränderung der zugeordneten Zahlen der Präferenzen, wobei lediglich deren ursprüngliche Rangfolge unberührt bleiben muss.

[28] Vgl. Wiesenthal (1987), S. 32 f.

ohne bereits eine mögliche Entscheidung des Akteurs kennen zu müssen. So kann beispielsweise aus einer Entscheidungssituation mit Annahme des engen RC darauf geschlossen werden, dass ein Banker es bevorzugt mehr Profit (bessere egoistische Konsequenzen) zu erzielen, egal ob dabei die Möglichkeit besteht Kinderarbeit zu fördern oder nicht. Dies beinhaltet im Vergleich zu den reinen Annahmen der Revealed-Preferences-Theorie bereits eine (zugespitzte) substanzielle Motivationsannahme, welche als egoistisch entlang der Konsequenzen einer Entscheidungssituation angenommen wird. Diese Auslegung geht weit über die Revealed-Preferences-Theorie hinaus.

Anhand des Vergleiches entlang der Revealed-Preferences-Theorie lässt sich eine implizite Annahme des engen RC jedoch indirekt vermuten. Die enge Sicht und der dabei unterstellte Eigennutzen gehen nicht erst aus den modernen, neoliberalen Ansätzen hervor, sondern hier lässt sich eine spezifische Nähe zu Hume (1987) und dem Hum*e*anismus unterstellen. Hume postulierte die auf sich selbst bezogene Neigung des Menschen und stellt deshalb das strikte Eigeninteresse in das Zentrum der Betrachtung des menschlichen Handelns und der menschlichen Interaktionen.[29] Hinter dieser Annahme verbirgt sich der Gedanke einer (hedonistischen) Handlungsmotivation: Es wird davon ausgegangen, dass uns innere Motive zu einer Handlung motivieren, die sich in entsprechenden Wünschen bzw. Bedürfnissen ausdrücken. Hume unterstellt zwei Arten der mentalen Zustände: Die Wünsche, die von einem inneren Motiv herrühren, und Überzeugungen darüber, wie ich diese erreiche. Betrachten wir hierzu ein Beispiel: Ich, als Person, habe den Wunsch, Schokolade zu essen, weil ich a) Hunger habe (inneres Motiv) und b) überzeugt bin, dass ich meinen Hunger durch Schokolade befriedige.[30] Die Wünsche sind hier entsprechend ungerichtet und nicht weiter von mir beeinflussbar (eine Person hat keine Kontrolle darüber, ob sie Hunger hat oder nicht).[31] Die Handlungsmotive sind hedonistisch zu werten, weil die Verfolgung so angenommener ungerichteter Wünsche immer dem eigenen Wohlergehen des Akteurs dient: Es geht um die Verbesserung der subjektiven Empfindungszustände (der Hunger muss gestillt werden, damit das Hungergefühl verschwindet). Diese Annahmen ließen sich jedoch zumindest kritisieren, wenn man stattdessen annimmt, dass Menschen dazu in der Lage sind, auch Wünsche wiederzugeben, die nicht zwingend auf ein inneres Motiv zurückgreifen oder daraus eindeutig herleitbar sind („Ich wünsche mir, dass der Täter angemessen bestraft wird").[32]

---

[29] Vgl. Hume (1987).

[30] Vgl. ebd.

[31] Vgl. Nida-Rümelin, 2019, S. 3 f.

[32] Vgl. ebd.

Darüber hinaus scheinen Menschen auch in der Lage innere Wünsche zurückzustellen oder diesen aus anderen Handlungspräferenzen heraus zuwider zu handeln („Hungerstreik").

Das enge RC versucht zwar, von den ursprünglichen hedonistischen Annahmen in Form von Wünschen zu abstrahieren, scheint dabei jedoch die hedonistische Wünschbarkeit in eine konsequentialistische Wünschbarkeit zu überführen (Präferenzen als Wünsche entlang der Konsequenzen). Somit wird das Erreichen einer wünschbaren Handlungskonsequenz (entlang der Alternativen) die entsprechende Ursache der Handlungsmotivation. Die Wünsche eines Akteurs wären entsprechend über die Evaluierung der für ihn kausalen Folgen der Zustände der Welt interpretiert. Die Motive des Akteurs sind dann lediglich auf kausale Konsequenzen gerichtet (inneres Motiv).[33] Die Intentionen werden also auf kausale Intentionen beschränkt und die Präferenzen auf die subjektive Wünschbarkeit entlang der kausalen Folgen der verschiedenen möglichen Weltzustände festgelegt.

> „Primary, undirected desires were a causal consequence of sensational states and directed towards an improvement of that states."[34]

Unterstellt man an dieser Stelle dagegen, dass intentionale Einstellungen und damit verbundene Handlungsziele des Menschen auf einer Vielzahl von Überzeugungen, Absichten oder Wünschen beruhen können, die sich nicht auf kausale Intentionen beschränken lassen, wären die Annahmen des engen RC dahingehend kritisierbar. Das weite RC lässt entlang der formalen Axiome eine breitere Anwendung zu. Die Intentionen der Akteure, die entlang der Bevorzugungsrelationen der Präferenzen zum Ausdruck kommen, sind hier nicht weiter festgelegt oder gar fixiert.

Festhalten lässt sich bisher, dass die ökonomische Rationalität entlang des engen RC nicht zwingend aus den formalen Bedingungen hervorgehen muss, sondern lediglich eine spezifische normative Interpretation dieser darstellt (Konsequentialismus). Innerhalb dieser spezifischen Interpretation zeichnet sich die rationale Entscheidung dadurch aus, die angestrebten Folgen (durch ein geeignetes Mittel) zu realisieren. Somit optimiert der in dieser Interpretation unterstellte rationale Akteur im subjektivistischen Sinne die von ihm angestrebten Folgen

[33] Neben der Nähe zu Hume, die Nida-Rümelin (2019) entsprechend formuliert, vermute ich hier eine weitere Nähe zu impliziten evolutionären Annahmen, die jeder Handlung im Movens eine Form der Verbesserung der eigenen Zustände innerhalb der Welt zu unterstellen ist, wie sich dies z. B. bei Huxley (1888) aufzeigen lässt.

[34] Nida-Rümelin (2019), S. 5.

(kausale Weltzustände) seines Handelns. Um zu verdeutlichen, dass es sich hier um eine spezifische Interpretation der formalen Grundlagen handelt, verweist Nida-Rümelin (1994a) darauf, dass alternativ ein Akteur, dessen Handlungsmaximen über den Test der Verallgemeinerung zum allgemeinen Gesetz hin unterstellt sind, entsprechende Präferenzrelationen abbilden kann, die den Axiomen der formalen Theorie genügen können.[35] Jedoch maximiert ein so ausgezeichneter Akteur auf einer anderen motivationalen Grundlage (nicht auf der Grundlage einer konsequentialistischen Nutzenfunktion, sondern entlang des moralischen Gesetzes).

Abschließend lässt sich eine Trennung zwischen dem engen (T2) und dem weiten (T1) begründen. Es besteht keine notwendige logische Verbindung zwischen der formalen Theorie und deren instrumentellen Festlegung. Eine Festlegung diesbezüglich ergibt sich erst durch die Annahme der (1) motivationalen Festlegung über Konsequenzen (und deren Wünschbarkeit). Diese zeichnet sich dadurch aus, dass anhand der Konsequenzen einer Situation auf die Präferenzen einer Person geschlossen werden kann (2). Die Präferenzen lassen sich so aus einer Situation und deren Konsequenzen in der Welt ablesen, ohne bereits die Entscheidung dieser Person (oder ihre tatsächlichen Konsequenzen) kennen zu müssen. Es erscheint daher sinnvoll, nachfolgend von zwei Theorieteilen zu sprechen: Theorieteil T1 stellt dann ein reines Metrisierungstheorem der formalen Entscheidungstheorie dar, innerhalb dessen qualitative Begriffe individueller Präferenzbeziehungen in quantitative (im Sinne einer reellwertigen Funktion) überführt werden können. Theorieteil T2 (enges RC) dagegen zeichnet auf Grundlage von T1 eine rationalitätstheoretische Interpretation über eine individuelle Optimierung der Konsequenzen der Handlungen aus, um so eine rationale Auszeichnung mit Rekonstruktion auf die Nutzenfunktion explanatorisch gewährleisten zu können. Der HO übergeht diese Unterscheidung und ist meist auf T2 festgelegt. Durch die spezifische Interpretation hin zu T2 (enges RC) wird über die subjektive Bewertung der (Welt- Zustände die Annahme getroffen, dass die Maximierung der Konsequenzen alleiniges Handlungsmotiv einer rationalen Person ist. Der Nutzenbegriff wird in T2 somit in einen konsequentialistischen überführt und die Präferenzen der Person und deren subjektive Bewertung alleine auf Konsequenzen bezogen.

[35] Siehe hierzu Nida-Rümelin (2005a), S. 182 ff.

2.4 Konsequentialismus-Kritik

Indirekt wurde vorangehend bereits auf kritische Aspekte einer konsequentialistischen Interpretation des formalen Rahmens hingewiesen: Motive der Akteure müssen nicht auf ungerichtete Wünsche oder eine konsequentialistische Auslegung derselben reduziert sein. So können Akteure beispielsweise die Präferenz haben anderen zu helfen, also altruistische Präferenzen entwickeln, wie sich das in der menschlichen Alltagspraxis immer wieder beobachten lässt. Zwar gibt es hier gegenläufige Argumente, die unterstellen, dass dies nur ein scheinbarer Altruismus zu sein scheint und Akteure helfen, um beispielsweise sich selbst besser zu fühlen oder eine bestimmte Reputation zu erzielen. Doch dies scheint wenig plausibel zu sein betrachtet man die Häufigkeit von Hilfsbereitschaft, so wie die verschiedenen Kontexte in denen diese stattfindet (ohne Publikum oder Reputation).[36] Auch darüber hinaus sind Präferenzen möglich, die nicht konsequentialistisch im genannten Sinne ausgelegt sind oder gar aus ungerichteten Wünschen hervorgehen, wie dies ein Hungerstreik verdeutlicht, der zum Beispiel der Aufmerksamkeit zu einem bestimmten Zweck dient.

Betrachten wir an dieser Stelle erneut die eingangs angesprochenen moralischen Probleme (Abschnitt 2.2), die dem HO und der so interpretierten Rationalität unterstellt werden, und nehmen Bezug auf die hierbei angenommene Trennung zwischen ökonomischer Rationalität und moralischer Entscheidung. Dabei wird in Teilen ersichtlich, dass die Abweichung der moralischen Intuition sich aus der spezifischen normativen Interpretation von T1 zu ergeben scheint. Der hier unterstellte Konsequentialismus beantwortet die Fragen danach, „was gut ist“ und „welche Handlung in diesem Kontext die richtige ist“ in der in T2 vorliegenden Form, spezifisch mit der Maximierung subjektiver (egoistischer) Präferenzen über Konsequenzen. Der Konflikt zwischen rationalem Selbstinteresse und moralischer Entscheidung entsteht an dieser Stelle also auf der Basis der bereits zugrunde gelegten normativen Annahme.[37] Die anfangs angenommene ökonomische Rationalität des HO ist in diesem Sinne immer schon normativ zu werten. Entlang des HO wird also keineswegs von bestimmten Wünschen oder normativen Überzeugungen abstrahiert. Die rein formalen Annahmen T1 lassen dagegen auch Präferenzen zu, die nicht an Konsequenzen gebunden sein müssen und sich entsprechend maximieren lassen (bspw. altruistische Präferenzen).

Der Konsequentialismus als Theorienzweig will bestmögliche Outcomes/ subjektive Konsequenzen generieren und die Interessen aller gleich gewichten.

---

[36] Siehe beispielsweise Turchin (2016).

[37] Vgl. Nida-Rümelin (1994a), S. 167 ff. oder Nida-Rümelin (1997b).

Zu ihm als Oberbegriff zählen diejenigen ethischen Theorien, „deren einziges moralisches Beurteilungskriterium die Realisierung guter Handlungsfolgen ist."[38] Hierzu gibt der Konsequentialismus verschiedene Prinzipien an, nach denen die jeweiligen Zustände bewertet werden, um darauf aufbauend Handlungsempfehlungen auszusprechen. Railton (1988) formuliert, dass richtiges Handeln bedeutet, wie immer, das zu tun, was den besten Outcome generiert. Unter den Konsequentialismus fällt auch der ethische Utilitarismus. Im vorliegenden Fall von T1 ist eine spezifische Nähe zum sogenannten Präferenzutilitarimus unterstellbar.[39] Der Konsequentialismus ist als normative Theorie selbst nicht ganz unproblematisch. Vor allem der Vorwurf, dass seine Ergebnisse mit unseren moralischen Intuitionen und Überzeugungen konfligieren können, lässt sich als allgemeine konsequentialistische Kritik rekonstruieren. Dies hängt mitunter damit zusammen, dass Akteurs-relative (und somit pluralistische) Elemente mit dem Konsequentialismus inkompatibel erscheinen. Ein wichtiges Argument gegen den Konsequentialismus bezieht sich an dieser Stelle darauf, dass er unter der subjektiven Verfolgung der besten Konsequenzen in stringenter Annahme schlimme Taten oder Handlungen als Mittel erlaubt. Hierzu ein konstruiertes Beispiel: Auf einem menschenleeren Platz sitzt ein tauber, blinder und lahmer Bettler. Für einen vorbeigehenden, rein eigenorientierten Passanten würde kein Grund vorliegen, das Geld des Bettlers nicht einfach zu nehmen. Nimmt er das Geld, wären für ihn die Konsequenzen besser, als würde er dies nicht tun, und das rationale Kalkül nach T2 würde es ihm nahelegen, den Bettler zu bestehlen.[40] In diesem grundlegenden Sinn widerspricht der radikale Konsequentialismus sogar der *Conditio Humana* oder muss diese annehmen, ohne sie auf der Grundlage der eigenen Theorie erklären zu können.[41]

---

[38] Schöne-Seifert (2012), S. 3.

[39] Wir verbleiben nachfolgend bei der Kritik entlang des Oberbegriffs des Konsequentialismus, denn was für den Konsequentialismus gilt, gilt weitreichend für den Utilitarismus (dies gilt nur nicht umgekehrt).

[40] Vgl. Kirsch (1997).

[41] Vgl. Höffe (2008), S. 45.

2.5 Ökonomische und praktische Relevanz

Abschließen will ich das Kapitel mit einem Verweis auf die praktische Relevanz dieser Fragestellung abschließen. Hierbei soll Rekurs darauf genommen werden, welche erweiterten Probleme das enge RC verursachen kann. Entsprechend dient das Kapitel zur Erweiterung der vorgegangenen Argumentation. Dabei sollen nicht alle möglichen praktisch relevanten Punkte im Detail in den Blick genommen werden, sondern vielmehr eine Übersicht hinsichtlich thematisch beschränkter Punkte gewährleistet werden.

Beginnen möchte ich mit der erweiterten Kritik am engen RC. Die ökonomische Rationalität betrifft weite Bereiche der Ökonomie selbst und die im RC enthaltenen Grundlagen machen das erste Prinzip der Ökonomie aus.[42] Die Wurzeln gehen teils auf utilitaristische Elemente und die gemeinsame Nähe der diesbezüglich weitverbreiteten Sozialphilosophie des 18. Jahrhunderts zurück. Nach Albert (1998) zeigt sich dies entlang von Schlüsselbegriffen, wie ‚Nutzen', ‚Wert', ‚Kosten', ‚Gleichgewicht', ‚Produktivität' und ‚ökonomisch'.[43] Formale Herleitungen der mikro- und makroökonomischen Mechanismen lassen sich direkt über die Entscheidungs- und Spieltheorie darstellen.[44] Über die einzelnen Marktteilnehmer wird das Verhalten der einzelnen Individuen (typischer Verbraucher, typischer Produzent) in einer für sie als typisch unterstellten Funktion zu einer Theorie des Markts aggregiert und aus dem individuellen Maximierungskalkül der Konsum- und Produktionstheorie abgeleitet. Die Ökonomie befasst sich mit dem Verhalten dieser Gruppen und versucht, „Massenphänomene" auf individualistischer Grundlage zu erklären.[45] Entsprechend weitreichend können damit einhergehende Probleme sein, wenn Ansätze auf das enge RC Rekurs nehmen ohne die Grenzen zum weiten RC kenntlich zu machen. Vor allem Bereiche innerhalb der ökonomischen Ansätze selbst übersehen dies häufig.[46] So können

[42] Edgeworth (1881), S. 16.

[43] Vgl. Albert (1998), S. 81 f.

[44] Siehe hierzu die Ausführungen von Kreps (1990), S. 185 ff. Über den Markt werden Handlungen der einzelnen Individuen in deren gesellschaftlicher Koordination untersucht. Die Nachfrage auf dem Markt hängt von den individuellen Präferenzen (unter Restriktionen) der jeweiligen Haushalte (Verbraucher) ab. Die Bestimmungsgründe der Nachfrage ergeben sich über deren Präferenzen (Vorlieben).

[45] Vgl. Kirchgässner (2013), S. 23 f.

[46] Oder verstärken Probleme durch weitere unbegründete Zuspitzung der Konsequenz-Ausrichtung als Interpretation zur reinen Profitausrichtung.

Missinterpretationen in diesem Sinne teils sogar zu der fälschlichen Annahme von Trennung von Markt und Moral führen.[47]

Über die rein theoretischen Probleme, die durch eine schlicht unscharfe Trennung des engen und des weiten RC und mögliche hieraus resultierende Fehlschlüsse entstehen können, führt dies aber auch zu praktischen Problemen. Ein wohlbekanntes Beispiel hierzu ist die sogenannte „Selbsterfüllende Prophezeiung“. Am deutlichsten wird dieses Phänomen mit dem Blick auf eine experimentelle Studie zum GD von Robert Frank und Thomas Gilovich im Jahr 1993. Hier zeigten besonders Studierende der Wirtschaftswissenschaften ein abweichendes Verhalten zu Studierenden anderer Fachrichtungen. Egoistisches Verhalten im Sinne des HO war unter Wirtschaftswissenschaftlern häufiger zu beobachten und dieses Ergebnis wird damit zu interpretieren versucht, dass unter diesen die normative Handlungsempfehlung von T2 eingeübt und erlernt war.[48] Dierksmeier (2011) unterstellt diesbezüglich einen Zirkel, indem durch den HO (bzw. das enge RC) und einen darauf zugeschnittenen Erfolgsbegriff multidimensionale Tatsachen durch eindimensionale Ziele und Konsequenzen beschrieben werden. Dies birgt die Gefahr der Zurückweisung alternativer Annahmen sowie das Auszeichnen anderer Handlungsempfehlungen als grundlegend irrational und illegitim.[49] Zu einem Problem wird dies v. a. dann, wenn weite Teile der realen wirtschaftlichen Akteure ihre Perspektive entsprechend der theoretisch erlernten Grundlage von Rationalität begrenzen. Die realen Auswirkungen dieser selbsterfüllenden Prophezeiung zeigten sich v. a. während der Finanzkrise 2008/09 anhand punktueller Maximierungsziele.[50]

Zum anderen besteht die Gefahr, dass Bereiche über die rationalen Annahmen des engen RC ökonomisiert werden, wo dies entlang der normativen Dimension und der fehlenden Auszeichnung problematisch sein kann. So merkt bspw. Kirchgässner (1991) bereits an, dass das Verhaltensmodell der Ökonomie häufig darüber hinaus Anwendung findet und zwar immer dann, wenn gesellschaftliche Makrophänomene mithilfe individueller Entscheidung erklärt werden sollen. Eine entsprechende Ausweitung auf die sozialwissenschaftliche Theorie ist die

[47] Wobei der fälschliche Eindruck, dass auf dem Markt kein Platz für Moral sei nur verdeutlicht, dass der indirekt angenommene Konsequentialismus des engen RC als normative Annahme unseren moralischen Alltagserfahrungen in weiten Bereichen irgendwie entgegenläuft.

[48] Vgl. Frank et al. (1993), S. 159 ff.

[49] Vgl. Dierksmeier (2011), S. 23 ff.

[50] Ebd.

Folge.[51] Wird hier Bezug auf den HO und das enge RC genommen, ohne sich der entsprechenden Interpretation bewusst zu sein oder diese kenntlich zu machen, kann dies zu falschen Ergebnissen führen. Ein Beispiel dazu wäre der internationale Organhandel oder auch die Allgegenwärtigkeit des HO im Bereich der Politikwissenschaft. Gerade hier sollte man jedoch vorsichtig gegenüber der Annahme sein, dass eine Ansammlung reiner *Homini oeconomici*, die ihren Blick ausschließlich auf ihr Eigeninteresse richten, in aggregierter Form zu ausreichenden und angemessenen kollektiven Ergebnissen führt.[52]

Zwischenresümee

Bisher lässt sich zusammenfassen, dass die ökonomische Rationalität des RC sich auf eine weite (T1) und eine enge (T2) Fassung bezieht. Dabei handelt es sich in der engen Fassung, die auch in Modellen, wie dem HO Anwendung findet, um eine spezifische Interpretation der weiten, rein formalen Fassung. Diese Interpretation ist möglich, aber nicht zwingend, da sie nicht aus den rein formalen Kriterien des RC hervorgeht. Der HO (in T2) ist dafür zu kritisieren, dass diese Übergänge nicht entsprechend kenntlich gemacht werden und deshalb auch keine genaue argumentative Begründung für eine solche spezifische Interpretation an die Hand gegeben werden. Bei der Interpretation handelt es sich um eine Form des Konsequenzialismus. Dieser geht indirekt mit einer spezifische Nähe zu Hume (1987) und dem Hum*e*anismus einher. Darüber hinaus zeichnet sich das enge RC durch Annahmen der (1) motivationalen Festlegung über Konsequenzen (und deren Wünschbarkeit) aus und lässt entlang der reinen Darstellung einer Handlungssituation und ihrer Konsequenzen vereinfacht Rückschlüsse auf die Präferenzen einer Person zu (2). Der Konsequentialismus ist über die Diskussion des RC hinaus vielfach kritisierbar.[53]

Die weitere Diskussion und Auseinandersetzung mit dem RC soll zum einen die Kritik am engen RC erweitern, zum anderen entlang der bisher vorgenommenen argumentativen Trennung Probleme im weiten RC und damit den reinen formalen Bedingungen ausmachen und näher analysieren. Dies bildet den weiteren Fokus der Betrachtung. Dabei wird jedoch auch im folgenden Verlauf der Arbeit das enge RC immer wieder thematisiert, wenn dies an Stellen der Argumentation hilfreich ist oder auf Probleme mancher Ansätze verwiesen wird,

[51] Hierbei wird der *Homo sociologicus* als nicht individueller Ansatz nach und nach verdrängt.

[52] Entgegen der Logik der kollektiven Wahl wird in alternativen Ansätzen häufig auf die Wichtigkeit eines gesellschaftlichen Konsenses hingewiesen.

[53] Siehe hierzu auch Scheffler (1982, 1988) oder auch Mukerji (2016).

die damit verbunden sind. Nachfolgend will ich nun zwei verwandte Probleme des RC näher analysieren und anschließend evaluieren. Diese Probleme stehen im Zentrum der vorliegenden Untersuchungen. Dabei soll verdeutlicht werden, dass sich das intrapersonelle Problem entlang von T1 abmildern lässt, jedoch das interpersonelle Problem der Kooperation weiterhin in der Ursprungsform erhalten bleibt bzw. sich innerhalb von T1 nicht in Gänze auflösen lässt. Kooperation und die interpersonelle Problemstellung des RC stehen weiter im Zentrum der vorliegenden Betrachtung und bilden die Grundlage für die vorgenommen Auseinandersetzung.

3 Kritische Betrachtung der ökonomischen Rationalität

Auf Basis der bisherigen Betrachtung lassen sich nun vielfach diskutierte Probleme der Rationalität weiter darlegen. So gibt es Probleme, die sich gerade durch eine Interpretation des engen RC vergrößern und die sich mit der Beschränkung auf das weite RC auflösen oder zumindest abschwächen und Probleme, die das weite RC an sich betreffen. Im Folgenden will ich die Auseinandersetzung auf zwei eng verwandte Probleme begrenzen: die intra- und die interpersonelle Problemstellung des RC. Innerhalb der Betrachtung sollen zwei Ziele verfolgt werden. Zum einen lässt sich die Kritik am engen RC und einer konsequentialistischen Interpretation entlang der Problemstellungen teils erweitern. Zum anderen soll verdeutlicht werden, inwieweit diese dennoch im Rahmen des weiten RC erhalten bleiben. Es ist an dieser Stelle zu erwähnen, dass sich weitere Probleme in Form von Unmöglichkeitstheoremen entlang des RC mit Blick auf die sogenannte kollektive Wahl diskutieren lassen.[1] Die Logik kollektiver Entscheidung bildet auf Grundlage der individuellen Präferenzen eine kollektive Präferenzrelation ab und spielt v. a. bei Fragen der politischen und gesellschaftlichen Entscheidungsfindung eine zentrale Rolle. Nachfolgend will ich mich jedoch aus Platzgründen auf die intrapersonellen Probleme und die interpersonellen Probleme in Interaktionen beschränken.[2] Weil die Unmöglichkeitstheoreme sich darüber hinaus auch auf eine breite Diskussion der formalen Elemente des weiten RC selbst beziehen, würde dies an dieser Stelle den Rahmen der Arbeit sprengen.

In der interpersonellen Problemstellung, die auch unter dem Begriff der intertemporalen Koordination subsumiert werden kann, geht es primär um die

[1] Die Unmöglichkeitstheoreme finden sich bei Condorcet (1785), Arrow (1963), Sen (1970), Gibbard (1978) und Satterthwaite (1975). Für eine Übersicht hierzu siehe Kern, Nida-Rümelin (2009).

[2] Siehe hierzu u. a. Kern, Nida-Rümelin (1994), S. 27 ff.

A.-V. Faix, *Ökonomische versus strukturelle Rationalität im Kooperationsdilemma*, https://doi.org/10.1007/978-3-662-72226-8_3

Strukturierung des Verhaltens einer Person (Abschnitt 3.1). Die Betrachtung verbleibt auf der Ebene des Akteurs und der ET. Dabei zeigt sich, dass Probleme dieser Art mit dem Rekurs auf das weite RC und entsprechende zusätzliche Annahmen zumindest abschwächen lassen, während sie entlang der Argumentation des engen RC vornehmlich zu unplausiblen Annahmen entlang unseres Alltagsempfindens führen. Darüber hinaus beschreibt die interpersonelle Problemstellung das vielbesprochene Kooperationsdilemma oder auch Gefangenendilemma (Abschnitt 3.2). Dieses bezieht sich auf eine spieltheoretische Problemstellung zwischen zwei oder mehr Akteuren. Das Kooperationsdilemma bleibt auch im weiten RC erhalten und bildet die Grundlage der weiteren Auseinandersetzung der Arbeit. Abschließend soll entlang der empirischen Kritik, auf die innerhalb der dargestellten Probleme teils Bezug genommen wird, ein weiterer Blick auf die sogenannte begrenzte Rationalität geworfen werden (Abschnitt 3.3). Die begrenzte Rationalität beschreibt einen jüngeren Ansatz, der die Probleme des RC umgehen bzw. anders einbetten will. Dabei zeigt sich jedoch dass es sich hierbei lediglich um einen restriktiven Spezialfall des RC – vorwiegend des engen RC – handelt.

3.1 Intrapersonelle Problemstellung: intertemporale Koordination

Innerhalb des RC lassen sich auf intrapersoneller Ebene Probleme identifizieren, die überwiegend mit der Strukturierung des Verhaltens einer Person zusammenhängen. Dies lässt sich simpel anhand eines einfachen Beispiels illustrieren: Betrachten wir eine Person Britta, die sich vorgenommen hat, aus gesundheitlichen Gründen mit dem Rauchen aufzuhören. Stellen wir uns weiter vor, dass Britta nun den ersten Tag ohne Zigarette verbringt und sie diesbezüglich nach ihren momentanen Präferenzen befragt wird. Entlang der Interpretation des engen RC können wir an dieser Stelle weiter annehmen, dass sich nun Brittas Präferenzen ausschließlich auf ihre unmittelbaren Wünsche oder die reine Bewertung der Wünschbarkeit der Handlungsfolgen beziehen. Dann wird Britta vermutlich nach einem Tag ohne Zigarette angeben, dass sie es aktuell präferieren würde, sich eine Zigarette anzuzünden, da das körperliche Verlangen danach sehr hoch scheint. Maximiert sie entsprechend ihren Nutzen auf dieser Grundlage, kann dies zu dem Ergebnis führen, dass es für sie rational wird, sich eine Zigarette anzuzünden. Dies scheint jedoch in unserem alltäglichen Verständnis eher widersprüchlich. Das häufig angeführte Beispiel des Rauchens kann jedoch teils kritisiert werden, weil es die Ausprägung einer Sucht beschreibt. Es bleibt zumindest diskutabel, ob das körperliche Verlangen, hervorgerufen durch eine Sucht, tatsächlich der eigentlichen Präferenz (ob konsequentialistisch interpretiert oder nicht) einer Person entspricht oder diese möglicherweise verfälscht.[3]

Das Problem bleibt jedoch auch innerhalb von Beispielen erhalten, die kein entsprechendes Suchtverhalten beschreiben. Orientieren wir uns stattdessen an dem Beispiel, dass Britta sich vorgenommen hat, eine gute Note bei einer baldigen Prüfung zu erzielen. Eine Freundin fragt sie am Abend vor der Prüfung, ob sie, statt weiter zu lernen, mit ihr ausgehen wolle. Auch wenn Britta am Abend den starken momentanen Wunsch hat, mit ihrer Freundin auszugehen, Spaß zu haben und Alkohol zu trinken, kann sie jedoch ihr Verhalten entsprechend koordinieren und es aufgrund der wichtigen Prüfung vorziehen, zu Hause zu bleiben und sich adäquat vorzubereiten. Interpretieren wir nun die Präferenzen von Britta ausschließlich bezogen auf ihre unmittelbare Wünschbarkeit oder ihre Handlungskonsequenzen (T1), wäre dies jedoch nicht erklärbar oder Brittas Präferenzen würden zumindest die formalen Bedingungen verletzen. Dies hängt damit zusammen, dass Britta unmittelbare Wünsche haben kann, die mit anderen Wünschen zu verschiedenen Zeitpunkten konfligieren können. Eine Person kann also unterschiedliche Neigungen oder Wünsche zu unterschiedlichen Zeitpunkten besitzen.[4]

Entsprechend kann nicht erklärt werden, wie die ursprüngliche Intention von Britta, sich auf die baldige Prüfung vorzubereiten, über die Zeit aufrechterhalten werden kann, wenn Brittas Präferenzen sich nur auf unmittelbare Wünsche oder die unmittelbare Wünschbarkeit von Konsequenzen beziehen würden – entlang der jeweiligen positiven Auswirkungen auf ihr Wohlergehen. Britta würde stattdessen mit Blick auf ihre unmittelbaren Wünsche am Abend präferieren auszugehen, obwohl sie es davor oder danach bevorzugen würde, sich auf die Prüfung am nächsten Tag vorzubereiten, und es im Nachhinein eventuell bereuen würde, ausgegangen zu sein. Die Intention, die Prüfung gut zu meistern, erfordert stattdessen zu einzelnen Zeitpunkten, entlang genau dieser Intentionen zu handeln, auch wenn dies möglichen unmittelbaren Wünschen entgegensteht. Will man annehmen, dass Britta entsprechende Pläne in ihrem Leben hat und diese auch konsequent verfolgen kann, verursacht die reine Orientierung von Handlungskonsequenzen Probleme. Ein solches Verständnis kann hier sogar die Fähigkeit zu planen und damit sogar die Integrität der Person gefährden.[5]

---

[3] Siehe hierzu z. B. Doyal, Gough (1991), S. 35 ff.

[4] Nida-Rümelin (2019), S. 63 ff.

[5] Vgl. Nida-Rümelin (2019), S. 65 ff.

Darüber hinaus sind Handlungen vorstellbar, die keinen konsequentialistischen Wert haben – also bei denen der Wert der Handlung nicht darin liegt, durch kausale Eigenschaften einen bestimmten Zustand hervorzubringen. Zum Beispiel ein Versprechen zu halten, kann in unserem alltäglichen Verständnis nicht auf konsequentialistische Begründungen zurückgeführt werden.[6] Dabei sind konsequentialistische Gründe nur insofern handlungsmotivierend, als sie mit den jeweils besten Konsequenzen verbunden sind (rein instrumentell). Die Handlungsempfehlung nach T1 bestünde darin, das Versprechen zu brechen, sobald dies meinen persönlichen Nutzen entlang der gegebenen Konsequenzen maximiert. Es handelt sich hier um ein zugrunde gelegtes Eigeninteresse, das sich auf das persönliche Wohlergehen bezieht und zum hinreichenden Motiv avanciert. Im Gegensatz dazu verweist Kants Moralkriterium (der Kategorische Imperativ) z. B. darauf, die handlungsinternen Folgen als ein allgemeines Gesetz denken zu können – und dies wäre bei einem unehrlichen Versprechen nicht der Fall, weil es selbst die Glaubwürdigkeit bereits intendiert. Ein Versprechen beschreibt hier eine Handlung im institutionellen Kontext. Gründe können auch auf Pläne, Projekte und Normen usw. zurückgreifen, die sich anhand des Konsequentialismus nicht rational rechtfertigen lassen.

So argumentiert z. B. Nagel (1986) gegen den Humeanismus auf der Grundlage von Wünschen, da diese Ausrichtung alleine keine Orientierung bieten könne. Wünsche könnten über die Zeit inkonsistent und in sich widersprüchlich sein. Das Subjekt wird bei Hume dagegen nach Nagel zum Sklaven seiner Wünsche.[7] Allgemein sollte derartigen Institutionen aber in einem ethischen Individualismus eine Bedeutung zugewiesen werden, da sie von strukturellem und auch personalem Vorteil sein können und ihre Einrichtung im individuellen Interesse liegt.[8] Jedoch würden Individuen, die immer nur auf die Maximierung ihrer eigenen Vorteile bedacht sind, dies verhindern, indem sie immer wieder Situationen zu ihrem Vorteil ausnutzen und eben das Versprechen dann nicht halten oder sich nicht an ihren eigenen Plänen orientieren können. Beim Blick auf das Beispiel des Versprechens befinden wir uns bereits im Übergang zur interpersonellen Problembetrachtung, die nach einer abschließenden Einordnung der empirischen Ergebnisse hierzu im Fokus der Untersuchung stehen soll.

Ein Blick auf die sogenannte experimentelle Ökonomie sowie weitere psychologische Erkenntnisse verdeutlicht, dass es sich beim HO im Sinne des engen

---

[6] Erklärungen, die annehmen, dass das Halten eines Versprechens dem Agenten wiederum eigene konsequentialistische Vorteile verschafft, erscheinen an dieser Stelle sehr konstruiert.

[7] Vgl. Nagel (1986), Kap. 8.

[8] Vgl. Chwaszcza (1997).

RC um ein sehr abstraktes Konstrukt handelt, das den realen Menschen nicht ausreichend beschreibt.[9] Der reale Mensch weicht intrapersonell häufig von den hier ideal gesetzten Rationalitätskriterien ab. Ein Beispiel ist an dieser Stelle das Phänomen der kognitiven Dissonanz, das erstmals begrifflich von L. Festinger (1957) geprägt wurde. Kognitive Dissonanz liegt z. B. vor, wenn sich Paul ursprünglich vorgenommen hat, eine Diät zu machen, dann aber spontan seinem Wunsch nachgibt, einen Burger zu essen und sich im Nachhinein deshalb schlecht fühlt. Dies lässt sich ebenso für das Beispiel von Britta rekonstruieren, die sich entsprechend schlecht fühlen würde, ließe sie sich von ihrer Prüfungsvorbereitung ablenken. Empirische Studien hierzu zeigen, dass Menschen darum bemüht sind, dieses schlechte Gefühl zu vermeiden, und über ihr Handeln hinweg versuchen, mit sich und ihren Überzeugungen sowie Wünschen im Reinen zu sein (willensstark).[10] Zwar beschreibt der HO nur ein abstrahiertes Modell, jedoch zeigen die empirischen Ergebnisse, dass eine rein konsequentialistische Interpretation der menschlichen Rationalität eher problematisch scheint. Dagegen lässt sich das Problem im weiten RC entsprechend abschwächen und einbetten.

Das Problem der Handlungskoordination der oben genannten Beispiele besteht jedoch in Teilen hinsichtlich des weiten RC (T1), wenn Britta es z. B. einfach just in dem Moment präferieren würde auszugehen und Spaß zu haben, aber es langfristig präferiert bei ihrer Prüfung gut abzuschneiden (ohne das dies ggf. mit reinem Blick auf Handlungskonsequenzen zustande kommt). Dann verursacht die erweiterte Sicht auf die reine Orientierung an Handlungsentscheidungen dieselben Probleme, wenn nur unmittelbare Präferenzen in den Blick genommen werden. Das Problem konfligierender Präferenzen wird nun häufig ausschließlich zeitlich verstanden. Jedoch wäre es entsprechend als irrational anzusehen, wenn die Nützlichkeit einer Präferenz verringert wäre, nur weil diese in der Zukunft liegt.[11] Vielmehr geht es darum, dass durch den ausschließlichen Blick auf unmittelbare Wünsche (oder Präferenzen) konfligierende Präferenzen nicht intertemporal koordinierbar sind. Hätte Britta also nur den durchgehenden Wunsch, für ihre Prüfung zu lernen, und bildet dies ihre Präferenzen entsprechend ab, entsteht an dieser Stelle kein Problem. Es geht also nicht nur um den Vergleich zwischen kurzfristiger und langfristiger Optimierung. Eine Auflösung oder zumindest Abschwächung des Problems wäre im weiten RC möglich, wenn entsprechende Zusatzannahmen zu Intentionen getroffen werden, die sich in den Präferenzen

[9] Siehe hierzu v. a. Simon (1957), Kahneman, Tversky (1984), Akerlof (1984), Frank (1988) und Thaler (1992).

[10] Vgl. Beckmann (1984), S. 10.

[11] Siehe u. a. Bratman (1999), Anscombe (1957).

zu den jeweiligen Zeitpunkten abbilden. So kann Britta langfristig die Intention verfolgen und es damit präferieren bei der Prüfung gut abzuschneiden und auch, wenn sie gerne am Abend vorher den Wunsch verspürt auszugehen, die entsprechende Präferenz entlang der übergeordneten Intention ausbilden dies nicht zu tun (bspw. mit entsprechender Willensstärke).[12]

An dieser Stelle könnte man also unterstellen, dass es ggf. möglich ist, dass Britta die Präferenz, bei der Prüfung gut abzuschneiden, über die Zeit hinweg stets höher gewertet hat als z. B. die Präferenz, am Abend vorher auszugehen. Der Wunsch, die Prüfung zu meistern, wäre also zu jedem Zeitpunkt höher zu werten als der Wunsch, abends auszugehen. Die Standardtheorie umgeht die Kritik an dieser Stelle, indem sie die Handlungsalternative eines zukünftigen Wunsches, den man erwarten kann, entsprechend als aktualen Wunsch interpretiert. Entlang einer Interpretation als ausschließlich ungerichtete Wünsche (im engen RC) wäre dies jedoch zumindest als relativ unrealistisch zu werten. Verstehen wir eine Handlung je als Mittel, um eine bestimmte Konsequenz zu erzielen (Handlung + Zustand der Welt $\rightarrow$ Outcome) und interpretieren die Konsequenzen entlang ihrer Wünschbarkeit (T2), stellt sich die Situation hier zumindest erschwert dar. Eine entsprechende Auslegung im Sinne der *humean folk psychology* und der angenommenen mentalen Zustände (Überzeugungen und Wünsche) wäre zumindest hinterfragbar. Wahrscheinlicher scheint der Zustand, dass Britta schlicht am Abend den unmittelbaren Wunsch besitzt auszugehen und sich entsprechend zusammenreißen muss, um ihren Freunden abzusagen und weiter an den Prüfungsvorbereitungen zu arbeiten.

Auch Bratman (1999) stellt in diesem Zusammenhang heraus, dass allgemein nicht gänzlich erklärt werden kann, wie Agenten ihr Verhalten planen. Denn „[m]uch of our behaviour is organized. It is organized over time within the life of the agent, and it is organized interpersonally."[13] Alleine an Überzeugungen und (ungerichteten) Wünschen ausgerichtetes Verhalten kann zumindest ad hoc nicht erklären, wieso ein Agent aktuelle Wünsche einschränkt, um sich so z. B. besser auf eine Prüfung vorbereiten zu können.[14] Werden konsequentialistische Präferenzen unterstellt, bezieht sich die Wahl einer Handlung immer nur auf die hierzu betrachteten Folgen hinsichtlich des persönlichen Wohlergehens. Realiter scheinen stattdessen verschiedene intentionale Einstellungen zu verschiedenen Zeitpunkten vorzuliegen – und diese werden entsprechend koordiniert. Dies

---

[12] Nida-Rümelin (2001), S. 53 f.

[13] Bratman (1999), S. 35.

[14] Vgl. Verbeek (2002), S. 249 ff.

erweitert die im vorangehenden Kapitel vorgenommene Kritik an einer konsequentialistischen Interpretation. Eine Abschwächung des Problems ist entlang des weiten RC möglich unter der Bezugnahme auf eine entsprechende Ausführung von Intentionen in Verbindung zu Präferenzen. Ansätze in diese Richtung finden sich u. a. bei Nida-Rümelin (2001) oder auch Bratman (1999) selbst. Auch wenn dabei selbstverständlich nicht abschließend geklärt ist, wie Menschen ihr Verhalten im Detail entsprechend planen, kann hier festgehalten werden, dass das weite RC unter Miteinbeziehung entsprechender Annahmen Platz für solche Überlegungen lässt.[15] Wohingegen das enge RC hier in gravierende Probleme gerät oder von Annahmen ausgehen muss, die unserer alltäglichen Erfahrung und Intuition widersprechen.

3.2 Interpersonelle Problemstellung: Kooperation

Interpersonelle Problemstellungen im Rahmen des RC finden sich im Bereich der ST. Eines der bekanntesten Spielformate der ST ist das sogenannte Gefangenendilemma (GD)[16] – das meistdiskutierte spieltheoretische Modell. Das GD lässt sich in verschiedenen Ausführungen darstellen und auf diverse alltägliche Situationen übertragen. Die häufigste Darstellung des GD wird über die Situation zweier Gefangener ausgeführt: *Zwei Personen werden eines Raubs beschuldigt, den sie gemeinsam begangen haben sollen. Sie werden dazu einzeln von der Polizei befragt, ohne sich vorher absprechen zu können. Die Polizei kann den Raub ohne weitere Aussagen nicht nachweisen. Wenn einer der beiden Räuber redet, wird er selbst freigesprochen und der je andere zu 15 Jahren Haft verurteilt. Gestehen beide, werden sie zu je zehn Jahren Haft verurteilt. Schweigen beide, erhält die Polizei zu wenig Informationen und beide können nur wegen des nachgewiesenen Waffenbesitzes zu je zwei Jahren Haft verurteilt werden.*

Da Gefängnisjahre negativ für die Spieler sind, werden sie entsprechend in negativen Outcomes wiedergegeben. Das Spiel lässt sich wie folgt in Normalform darstellen (Abbildung 3.1):

[15] Eine Abschwächung bedeutet hier keine eindeutige Klärung. Dies zeigt sich durch die Fülle an Diskussionen, die sich hier im Detail finden. Siehe hier u. a. auch Gilbert (1983), McCann (1986), Mele (1984) oder Wilson (1980).

[16] Es lassen sich innerhalb der ST weitere Probleme ausmachen, wie z. B. generelle Koordinationsprobleme und die generelle Kritik an GG. Wir wollen uns an dieser Stelle vor dem Hintergrund der Analyse aber v. a. auf das strukturelle Kooperationsdilemma des GD beschränken.

Spieler B / Spieler A	Nichtgestehen (b_1)	Gestehen (b_2)
Nichtgestehen (a_1)	(−2/−2)	(−15/0)
Gestehen (a_2)	(0/−15)	(−10/−10)

Abbildung 3.1 Das Gefangenendilemma in Gefängnisjahren

Spieler A ist als Zeilen- und Spieler B als Spaltenspieler dargestellt. Die Normalform beschränkt die Angaben auf die möglichen Strategiekombinationen.[17] Die verschiedenen Konsequenzen sind nur über die Gefängnisjahre bestimmt. Die Art der Ausführung der Geschichte im GD verweist darauf, dass die Spieler keinen Einfluss auf die jeweiligen alternativen Outcomes haben und Absprachen oder ein sicheres Wissen über die Strategie des jeweils anderen Spielers nicht erreichbar sind. Auch können sie das Spiel im Sinne der spieltheoretischen Grundannahmen nicht verlassen. Es wird darüber hinaus angenommen, dass die Spieler vollständige Informationen besitzen (hinsichtlich Struktur des Spiels, möglicher Outcomes und Rationalität der je anderen Spieler) und im Sinne des Erwartungsnutzens eigeninteressiert sind sowie über feste Präferenzen verfügen.[18] Abstrahiert von den jeweiligen Gefängnisjahren hat jeder Spieler die Wahl zwischen der Strategie der Kooperation (c) und der Strategie der Defektion (d) (Abbildung 3.2):[19]

[17] Details der einzelnen Züge und der jeweilige Informationsstand kommen in der Normalform nicht zum Ausdruck. Alternativ kann auch eine extensive Spielform angegeben werden, die sich v. a. bei sequenziellen Spielformen anbieten kann. Im GD ändert sich auch bei sequenzieller Spielform nichts am Ergebnis.

[18] Entlang von T1 bringt die Matrix alleine zum Ausdruck, dass die Spieler sich mit bestimmten Strategien besser oder schlechter stellen, und muss nicht bedeuten, dass die Präferenzen der Spieler an die Konsequenzen der Gefängnisjahre gekoppelt sind und sie ihre Strategie hiernach ausrichten.

[19] Siehe bspw. Parfit (1979).

Spieler B / Spieler A	c (b_1)	d (b_2)
c (a_1)	(c/c)	(c/d)
d (a_2)	(d/c)	(d/d)

Abbildung 3.2 Das Gefangenendilemma in Strategien

Es wird davon ausgegangen, dass alleine die Gefängnisjahre die Präferenzen der Akteure bestimmen. Die Gefängnisjahre können dann als ordinale Werte interpretiert werden. Dies bedeutet, dass es nur darauf ankommt, *dass* eine Zahl größer (oder kleiner) ist, nicht aber um *wie viel* (Abbildung 3.3):[20]

Spieler B / Spieler A	C	D
C	(3/3)	(1/4)
D	(4/1)	(2/2)

Abbildung 3.3 Das Gefangenen- oder Kooperationsdilemma

Die Präferenzen der Spieler entlang der Konsequenzen über Gefängnisjahre lassen sich wie folgt annehmen: Spieler A: dc > cc > dd > cd; Spieler B: cd > cc > dd > dc. Die spieltheoretische Frage, die sich hierbei stellt, lautet, wie sich ein rationaler Akteur nun entscheiden würde (unter der Berücksichtigung der rationalen Entscheidung des anderen). Hierzu werden beide Fälle für beide Spieler hypothetisch in Betracht gezogen, um die Konsequenzen der Handlungssituation abzuwägen:

- Defektiert Person B, dann ist es für Person A auch besser zu defektieren.
- Kooperiert Person B, dann ist es für Person A ebenfalls besser zu defektieren.

[20] Vgl. ebd.

Dasselbe gilt andersherum entlang der Überlegungen von Person B. Symmetrisch ergibt sich so für beide am Spiel beteiligten Personen das Ergebnis, es rational vorzuziehen zu defektieren, also die dominante Strategie (d/d).

Das dominante (GG-)Ergebnis wird jedoch durch ein anderes Ergebnis Pareto-dominiert (c/c). Im Lichte dessen, dass eine Theorie der Rationalität (normative) Handlungsempfehlungen geben soll, kann dieses Ergebnis kritisch betrachtet werden.[21] So argumentiert beispielsweise Nida-Rümelin (2009), dass man von neutralen Entscheidungstheoretikern besser beraten wäre, wenn sie die Handlungsanweisung geben würden zu kooperieren, da so beide Spieler ein besseres Ergebnis erzielen könnten.[22] Da es auch aus kollektiver Perspektive rationaler wäre zu kooperieren, spricht man diesbezüglich auch von dem Auseinanderfallen der kollektiven und der individuellen Rationalität, wobei die Betrachtung im Sinne der kollektiven Rationalität über das RC hinausgehen würde.[23]

Die orthodoxe ST sieht im GD selbst kein Dilemma, denn hier ergeben sich individuelle Bewertungsfunktionen direkt aus der Strategiewahl der Spieler. Entlang der Struktur des GD wird jedoch ein zentraler kritischer Aspekt hinsichtlich unseres Verständnisses von Kooperation verdeutlicht. Kooperation scheint entlang der engen Sicht des RC nur gesichert zu funktionieren, solange sie sich nicht ausnutzen lässt und dem eigenorientierten Denken der Spieler folgt. Das Dilemma in T2 entsteht durch die normative Handlungsanweisung. Es besteht darin, dass die dominante Strategie zu einem Ergebnis führt, das durch ein anderes Pareto-dominiert wird, da dadurch ein individuell besseres Ergebnis unabhängig von der Strategie des anderen Spielers garantiert wird. Hier ergeben sich genau genommen zwei Probleme: zum einen das Problem der Koordination zwischen den Spielern und zum anderen das Problem des Trittbrettfahrers.[24] Selbst wenn wir annehmen, dass die Spieler sich koordinieren können und diesbezüglich eine kooperative Vereinbarung eingehen (Problem der Koordination), besteht für beide ein Anreiz, von dieser abzuweichen und Kooperation des anderen für sich auszunutzen (Problem des Trittbrettfahrers). Die Angst, je von dem anderen ausgenutzt zu werden, erhält dann die ursprüngliche Struktur des GD.

[21] Vgl. Vossenkuhl (1992), S. 153 ff.

[22] Vgl. Nida-Rümelin (2009).

[23] Vgl. Nida-Rümelin (1992).

[24] Innerhalb der ST sammeln sich unter dem Begriff ‚soziale Dilemmata' verschiedene Probleme, die teils die reine Koordination der Teilnehmer entlang mehrerer Gleichgewichte erfordern oder auf das Problem verweisen, dass sich überhaupt keine reinen GG ausmachen lassen. Ein Beispiel für ein Koordinationsproblem mit Konflikt beschreibt das sogenannte Verabredungsspiel. Hieraus kann man entlang der rationalen Annahmen (T2) auch ableiten, dass Kompromisse für ökonomisch rationale Akteure ein Problem darstellen können.

Dies greift allerdings zu kurz, wenn man dagegen von unserer alltäglichen Wortverwendung von Kooperation ausgeht, die auch die Verfolgung gemeinsamer Interessen einbezieht. So findet sich unter anderem folgende enzyklopädische Begriffsbestimmung von Kooperation als „das Zusammenwirken mehrerer Personen auf ein Ziel hin."[25] Auch im wirtschaftlichen Kontext bezieht sich Smiths (1776) kooperatives Verständnis der Arbeitsteilung hin zu einem besseren Gemeinwohl auf dieses Minimalverständnis der Kooperation. Kooperation scheint hier über die reine Koordination hinauszugehen. Solange beide Spieler jedoch hier ausschließlich ihre individuellen Konsequenzen maximieren (enges RC), scheinen sie dahingegen nicht in der Lage, in der vorliegenden Interaktionssituation das bessere kooperative Ergebnis zu erzielen. Eine konsequentialistische Interpretation des engen RC würde Kooperation an dieser Stelle verunmöglichen und darüber hinaus kooperative Motive (wenn sie nicht der Maximierung der Konsequenzen entsprechen) nicht zulassen. Aber Kooperation verursacht in der ST auch die oben angeführten Probleme (Koordination und Trittbrettfahrer), wenn wir uns an dieser Stelle allein auf das weite RC begrenzen. So kann beispielsweise von der spezifischen Geschichte der Gefangenen abstrahiert werden und davon ausgegangen werden, dass sich zwei Akteure in einer Interaktionssituation befinden und ihre Präferenzen (unabhängig der Konsequenzen dieser Situation) sich wie im Falle des GD abbilden lassen. Auch wenn nun Präferenzen nicht ausschließlich an Konsequenzen gebunden sind, löst sich das Kooperationsdilemma nicht auf. So können beispielsweise Präferenzstrukturen im Sinne der GD-Interaktionssituation der beiden Spieler auch (umgekehrt) durch altruistische Motive zustande kommen.[26]

Eine kooperative Intention der Spieler setzt dagegen in der vorliegenden Interaktionsstruktur zumindest voraus, dass gesichert wäre, dass der je andere Spieler auch kooperiert.[27] Dies scheint ohne weitere Annahmen zu Absprachen usw. jedoch entlang des RC (nicht-kooperative ST) nicht rational ausweisbar. Innerhalb des engen RC wäre darüber hinaus auch kein kompromissbereites, faires oder altruistisches Verhalten als rational ausweisbar. Kompromisse, faires oder altruistisches Verhalten setzt oft voraus, auf die eigenen Interessen zu verzichten, und muss ebenso wie das Einhalten eines Versprechens auf soziale Institutionen oder auch wünschenswerte moralische Zustände verweisen.[28] Hegselmann (1997) formuliert dies wie folgt für moralisches Verhalten im Allgemeinen:

[25] Prechtl, Burkard (2008), S. 314.

[26] Ein Beispiel hierfür findet sich im sogenannten Saints-Dilemma.

[27] Vgl. Verbeek (2002), S. 255 ff.

[28] Vgl. Scanlon (1988), S. 80 f.

„Dass die moralische Lösung einer Situation in dem Sinne im Interesse aller liegt, dass bei Moralität aller jeder gewinnen würde, kann für selbstinteressierte und strategisch rationale Individuen kein Motiv sein, sich an einer moralischen Lösung zu beteiligen.“[29]

Das Kooperationsdilemma ähnelt nun dem Problem auf intrapersoneller Ebene.[30] Dies rührt daher, dass in beiden Fällen zumindest auf Grundlage der Maximierung über Konsequenzen (oder deren Wünschbarkeit) rationale Ergebnisse entstehen, die für uns intuitiv hinterfragbare Handlungsempfehlungen bewirken. Jedoch bleibt im Vergleich zur intrapersonellen Ebene das Kooperationsproblem ebenso auf der Grundlage von T1 im rein formalen Rahmen ohne eine konsequentialistische Interpretation im Ursprung erhalten. Auch wenn nun andere Handlungsmotive zulässig werden könnten. Dies muss jedoch auf normativer Basis entsprechend inhaltlich weiter gefüllt werden. Geht man in diesem Falle davon aus, dass die Spielmatrix im GD nicht auf die Gefängnisjahre (also entsprechende Konsequenzen in der Welt) bezogen ist, sondern lediglich die Präferenzen der Akteure zu einer irgendwie gearteten Situation wiedergibt, bleibt Kooperation auf der bisherigen Grundlage dennoch nicht rational begründbar. Die Vielschichtigkeit des Problems wird in den nachfolgenden Kapiteln näher thematisiert.

Jedoch zeigt der Blick auf die Empirie entlang des Kooperationsdilemmas, dass reale Personen sich in einer GD-Situation häufig kooperativ verhalten – auch wenn sich dies negativ auf ihren eigeninteressierten Nutzen auswirkt.[31] Allgemein verweist die Empirie hier auf ein facettenreiches prosoziales menschliches Verhalten.[32] So zeigt sich eine weitere Divergenz im GD bei realen Teilnehmern dadurch, dass sich ihr Verhalten entlang der Beschaffenheit eines Kollektivguts verändert oder die Bereitschaft zum Kooperieren bei zunehmender Erschöpfung der Ressourcen beträchtlich zunimmt.[33] Auch zeigen experimentelle Ergebnisse (u. a. zum Ultimatum-Spiel), dass Fairness ein zentrales Motiv menschlichen Handelns darstellt.[34] Menschen nehmen sogar sichere Kosten (entlang des eigenen Nutzens) in Kauf, um unfaires Verhalten zu bestrafen.[35] Dabei kümmern sich

[29] Hegselmann (1997), S. 33.

[30] Nida-Rümelin (2001), S. 84 f.

[31] In anonymen, einmaligen Spielstudien verhalten sich Testpersonen in ca. 40 bis 50 Prozent der Fälle kooperativ.

[32] Siehe hierzu z. B. Samuelson (1996), S. 345 ff. oder Green, Shapiro (1999), S. 111 ff.

[33] Siehe hierzu Brewer, Kramer (1985).

[34] Vgl. Falk, Fischbacher (1998) und Fehr, Fischbacher (2004).

[35] Vgl. Herrmann-Pillath (2009).

Akteure nicht nur generell darum, selbst fair behandelt zu werden, sondern sie sorgen (im altruistischen Sinne) auch für andere.[36] Auch wenn Laborspiele dieser Art kritisierbar sind, sprechen die Ergebnisse an dieser Stelle gegen eine irrationale Ausweisung kooperativen Verhaltens. Will man nicht annehmen, dass reale Menschen sich meist irrational verhalten, und stattdessen die komplexe menschliche Interaktion einer Betrachtung zugrunde legen, bleibt das RC hier weiter zu analysieren.

3.3 Zurückweisung der begrenzten Rationalität

Vor allem entlang der empirischen Kritik (auch über dargestellte Fälle hinaus) gibt es eine relativ junge Strömung aus der Ökonomie selbst, die hier Erwähnung finden sollte: die *Behavioural Economics* (BE). Die BE verweisen entlang der Kritik am RC auf die begrenzte oder auch beschränkte Rationalität (BR) der realen Menschen.[37] Unter der BR firmieren diverse Konzepte rationaler Wahl, die sich explizit auf experimentelle Studien zum menschlichen Handeln und die BE beziehen.[38] Zwei zentrale Vorgehensweisen lassen sich diesbezüglich nach Hahn (2013) zusammenfassen:[39]

a) die destruktiv-analytische Methode, die Abweichungen von dem RC entlang empirischer Ergebnisse ausmacht und ausformuliert;
b) die normativ-konstruktive Methode, die aus den Abweichungen von Methode (a) eigenständige Ansätze formuliert.

Innerhalb der verschiedenen Ansätze der BR (a) lassen sich gemeinsame Merkmale identifizieren. Zum einen werden psychologische Heuristiken ermittelt, wobei Heuristiken sogenannte verkürzte Problemlösungsstrategien ausmachen, die meist vom RC abweichen. Ein Beispiel für eine solche Heuristik ist die sogenannte Verfügbarkeits-Heuristik. Hier zeigt sich, dass Menschen entgegen den Annahmen des RC Informationen von Ereignissen und Wahrscheinlichkeiten besonders stark gewichten, wenn sie ihnen im Gedächtnis leicht zugänglich

[36] Vgl. Priddat (2012), S. 138.
[37] Vgl. Simon (1965).
[38] Vgl. Simon (2008).
[39] Vgl. Hahn (2013), S. 200 ff.

sind.[40] So werden z. B., nachdem in den Nachrichten von einem aktuellen Flugzeugabsturz berichtet wurde, die Wahrscheinlichkeit eines solchen Absturzes und das Fliegen entsprechend gefährlicher bewertet – auch wenn sich an der objektiven Wahrscheinlichkeit eines Flugzeugabsturzes hierdurch nichts geändert hat. Zum anderen wird die spezifische Umgebung ausgezeichnet, in der diese Heuristik angewandt wird. Im Lichte dieser Ergebnisse wird dann meist eine Abkehr vom Optimierungsstreben des engen RC in realen Handlungen unterstellt oder zumindest eine Anpassung gefordert. Entsprechend wird meist ursprünglich vom engen RC ausgegangen. Ein Beispiel hierfür findet sich bei Lindenberg (1990):

> „The controversy centers around the following point: if we know that the various versions of rational choice theory are strictly speaking empirically false or empty, should we or shouldn't we replace them by more realistic psychological theories? The proponents of behavioral economics say we should replace rational choice theory because time and again we find that certain predictions from this theory are contradicted or at least not confirmed in psychological experiments."[41]

Die Annahmen der BR lassen sich jedoch ebenfalls kritisch betrachten, da sie sich entlang eines direkten Vergleichs zur (engen) RC bewegen. Die empirische Analyse untersucht das reale Verhalten der Menschen im Vergleich zu den idealen Annahmen des RC. So wird reales Verhalten, das vom RC abweicht, als irrational ausgewiesen – was mitunter auch zur Namensgebung der BR beiträgt. Dieser Umstand führt dazu, dass normative Interpretationen, die über das RC hinausgehen, ausbleiben. Ein deskriptives und rein an empirischen Daten ausgerichtetes Vorgehen wäre entlang der Auszeichnung einer Konzeption rationaler Wahl dagegen unterbestimmt. Eine Unterscheidung dahingehend, wann sich reale Menschen rational oder irrational verhalten, wäre nicht mehr möglich.[42] Jedes reale Handeln wäre dann rational. Will man jedoch rationale von nicht rationalen Verhaltensweisen unterscheiden, benötigt man immer einen gewissen Bezugsrahmen oder Orientierungspunkt. Erst dieser Bezugspunkt könnte dann z. B. ausweisen, dass ein Agent in Anbetracht der möglichen Umstände rationaler oder besser abgeschnitten hat, wie z. B. entlang der Maximierung der Konsequenzen durch sein Handeln. Ein solcher Bezugspunkt ist in der BR bei a) und b) meist ausschließlich durch den Vergleich zum engen RC gegeben. Dieser Umstand führt dazu,

[40] Vgl. Frey, Benz (2001), S. 14.

[41] Lindenberg (1990), S. 734.

[42] Dies wäre auch dann der Fall, wenn Heuristiken entlang des weiten RC angesetzt werden. Wobei das weite RC für sich genommen dann im Vergleich teils unterdeterminiert wäre.

dass die grundlegende Interpretation des (engen) RC in der BR in der einen oder anderen Ausführung erhalten bleibt.

Vor diesem Hintergrund möchte ich hier dem Ergebnis von Opp (1999) folgen, der entlang einer spezifischen Analyse argumentiert, dass es sich bei der BR um einen restriktiven Spezialfall des RC handelt.[43] Die konsequentialistische Grundlage bleibt erhalten und die BR vermag es nicht, eine alternative Konzeption rationaler Wahl entlang der Problemstellung zu formulieren. Auch neuere Formen der experimentellen Rationalität greifen häufig auf diesen Bezugsrahmen zurück, wenn sie die Rationalität der Spieler entlang ihres jeweiligen Abschneidens in einer bestimmten Situation (wer also am Ende mit den besseren Folgen aus der Situation herausgeht) werten.

Zwischenresümee

Innerhalb des Kapitels wurden zwei wichtige Problemstellungen entlang des RC beschrieben und dargelegt. Dabei war es das Ziel zum einen die Kritik des engen RC zu erweitern und zum anderen die Probleme mit Blick auf das weite RC zu betrachten. Auch, wenn hier nicht alle Problemstellungen des RC betrachtet werden konnten. Die intrapersonelle Problemstellung bezieht sich auf die Koordination des Verhaltens von Akteuren und den Bereich der ET. Es handelt sich hier nicht um ein ausschließlich temporäres Problem, sondern vielmehr um ein Problem konfligierender Präferenzen und der übergeordneten Fragestellung, wie Akteure Intentionen verfolgen können und, wie sich dies auf ihre Präferenzen auswirkt. Entlang des engen RC und der Festlegung der Präferenzen auf ausschließlich konsequentialistische Motive oder gar ungerichtete Wünsche verursacht dies entsprechende Probleme oder zumindest Annahmen, die unseren Alltagserfahrungen zuwiderlaufen. So bringt der ungerichtete Wunsch, am Abend ausgehen zu wollen entlang des engen RC entsprechende Präferenzen zum Tragen, und eine langfristige Intention auf eine baldige Prüfung ausreichend lernen zu wollen, wird entsprechend erschwert bzw. verunmöglicht. Innerhalb des weiten RC verursacht die Handlungskoordination ähnliche Probleme, wenn Präferenzen konfligieren. Jedoch lässt sich die Problemstellung hier gravierend abschwächen, da Präferenzen nicht auf ungerichtete Wünsche oder Konsequenzen beschränkt bleiben müssen. Unter entsprechenden (zusätzlichen) Annahmen ließe sich dann beispielsweise die These vertreten, dass Intentionen eines Akteurs entsprechend

[43] Siehe hierzu Opp (1999).

in Präferenzen zum Tragen kommen und mit Willensstärke oder Planung umsetzbar sind.[44] So könnte ein Akteur, der die Intention verfolgt bei einer baldigen Prüfung gut abzuschneiden und gefragt wird, ob er am Abend ausgehen will, die Präferenz haben zu lernen und nicht auszugehen, auch wenn er vielleicht den ungerichteten Wunsch verspürt lieber wegzugehen, weil Lernen anstrengend ist.

Die interpersonelle Problemstellung bezieht sich dagegen auf ein Kooperationsproblem zwischen zwei Akteuren in einer Interaktionssituation und damit auf die ST. Dabei zeigt sich, dass beim Vorliegen der Interaktionsstruktur in Form des GD Akteure ein schlechteres Ergebnis erzielen, wie wenn sie kooperiert hätten. Das kooperative Ergebnis Pareto-dominiert das Ergebnis das die Akteure auf Grundlage der rationalen Handlungsanweisung erzielen. Eine konsequentialistische Interpretation des engen RC würde nun ausschließlich dazu anhalten in einer Interaktionssituation wie dem GD bspw. die drohenden Gefängnisjahre in den Blick zu nehmen (Konsequenzen der Weltzustände). Entsprechend unplausibel wird an dieser Stelle jegliches Motiv von Akteuren zu prosozialem oder kooperativem Handeln. Die Festlegung auf das eigenorientierte konsequentialistische Motive der Akteure würde dies entsprechend verunmöglichen. Im weiten RC wären solche Motive entsprechend zulässig und die Präferenzen der Akteure nicht auf die Konsequenzen in der Welt beschränkt. Haben jedoch die Präferenzen der Akteure die entsprechende Interaktionsstruktur, wie dies u. a. im GD der Fall ist (egal auf welcher motivationalen Grundlage), bleibt das Kooperationsproblem dennoch erhalten und die Akteure erzielen ein schlechteres Ergebnis, wie dies durch Kooperation möglich wäre. Dies scheint jedoch, nicht nur ein schlechteres kollektives Ergebnis für beide Akteure hervorzubringen, sondern auch unseren Alltagserfahrungen und dem kooperativen Verhalten, welches wir hier vorfinden, zu widersprechen.

Abschließend wurde verdeutlicht, dass der Bezug auf die BR an dieser Stelle keine Abhilfe hinsichtlich der betrachteten Problematiken schafft, da es sich hier um eine Spezialform des RC zu handeln scheint. Beide besprochenen Probleme innerhalb des RC – intra- und interpersonell – scheinen nun mitunter durch ihren intentionalen und koordinativen Bezug miteinander eng verknüpft zu sein.[45] Für beide Problemstellungen kann eine weitere Diskussion sowie Ansätze zur Vermeidung und Analyse dieser vorgefunden werden. Nachfolgend will ich mich jedoch v. a. auf die weitere Auseinandersetzung mit dem Kooperationsproblem

---

[44] Auch wenn dies separat hinsichtlich vielfach verschiedener Theorien und Ansätze im Detail zu diskutieren wäre.

[45] Vgl. Nida-Rümelin (2001).

beschränken, auch wenn verschiedene Ansätze zur intrapersonellen Problemstellung im weiten RC weiter diskutierbar wären. Dies hängt v. a. damit zusammen, dass das Problem der Kooperation in der ST entlang des weiten RC erhalten bleibt. Die intrapersonelle Problemstellung wurde hier zum einen zur Erweiterung der Kritik des engen RC herangezogen und wird an Stellen, wo dies zur Diskussion der Kooperation sinnig ist, wieder herangezogen.

Alternative Ansätze – eine Diskussion entlang des Kooperationsdilemmas 4

Im vorherigen Kapitel wurde dargelegt, welche intra- und interpersonellen Probleme sich entlang des RC ergeben. Dabei zeigte sich zum einen, dass sich die dargestellten Probleme im engen und im weiten RC je angepasst darstellen und, dass diese je nach vertretener Auffassung teils unterschiedlich zu werten sind. Eine konsequentialistische Auffassung muss die intrapersonelle Kritik nicht zwingend als problematisch erachten. Betrachtet ein Konsequentialist das in Kapitel 3 angeführte Beispiel von Britta, sind für ihn nur ihre punktuellen Präferenzen relevant. Für den Konsequentialisten liegt hier kein Konflikt vor, wenn Britta sich fragt, ob sie lieber abends ausgehen soll oder doch lieber weiterhin für die Prüfung lernt. Ähnlich ergeht es dem Konsequentialisten mit dem Vorwurf, dass sich auf der Grundlage des RC keine adäquaten moralischen Regeln ableiten lassen. Für ihn sind alle relevanten moralischen Regeln über die Präferenzmaximierung selbst abgebildet. Die beiden Kritikpunkte erfordern daher einen externen Blickwinkel. Einige wirtschaftsethische Ansätze versuchen dennoch, auf die Probleme zu reagieren, und greifen auf zusätzliche deontologische Elemente zurück. Dieses Vorgehen erweist sich meist als inkonsequent.[1]

Anders verhält es sich mit dem Kooperationsdilemma: Hier zeigen sich Inkonsistenzen innerhalb des RC-Ansatzes selbst, wenn erweitert unterstellt wird, dass das (enge) RC zu den besten gesellschaftlichen Ergebnissen führt. Diese Inkonsistenzen entstehen, weil durch die je individuell rationalen Entscheidungen ein nicht Pareto-optimales Ergebnis erzielt wird. Darüber hinaus wurde in Kapitel 3 bereits darauf verwiesen, dass sich die Problematik der Kooperation im weiten RC nicht auflöst – zumindest dann nicht, wenn die GD-Struktur der Interaktionssituation die Präferenzen der Akteure spiegelt. Entsprechend avanciert das Kooperationsdilemma zum meistdiskutierten Problem innerhalb der

[1] Siehe u. a. Höffe (2008) oder Birnbacher (2015).

A.-V. Faix, *Ökonomische versus strukturelle Rationalität im Kooperationsdilemma*, https://doi.org/10.1007/978-3-662-72226-8_4

ST. Es bildet ein wichtiges Hauptaugenmerk der Arbeit in der Auseinandersetzung mit Kooperation. Ziel des Kapitels ist es eine Übersicht über wichtige Ansätze zu Kooperation im Kooperationsdilemmas zu geben und dabei eine (vergleichende) Analyse über diese zu gewinnen. Dabei will ich mich auf Grund der dargestellten Problematik des engen RC auf das weite RC beziehen, mit Ausnahme entlang eines möglichen Fehlbezugs der betrachteten Ansätze selbst. Entlang der Betrachtung des Kooperationsdilemmas sollen folgende bekannte Lösungsstrategien diskutiert werden:

i) ökonomischer Ansatz: Veränderung der Situationsparameter durch Bestrafungs- und Anreizsysteme (4.1),
ii) utilitaristischer Ansatz: Veränderung des Blickwinkels (4.1),
iii) Sen‘s Präferenzanpassung: Veränderung der Präferenzen der Akteure (4.2–4.3),
iv) Axelrods Evolution der Kooperation (erweiterte Anmerkungen zu Skyrms): Veränderung der Situation durch Iteration und Diskontparameter als Form der Unwissenheit (4.4–4.5),
v) Tuomelas Kollektivismus: Veränderung der Akteure und die kollektivistische Lösung (4.6–4.7),
vi) Nida-Rümelins strukturelle Rationalität: Kohärenztheorie guter Gründe (4.8–4.9).

Sämtliche Theorien bergen gewisse Vor- und Nachteile, die es miteinander zu vergleichen und abzuwägen gilt. Vor allem der Kollektivismus nach Tuomela (2007) erweist sich als teils hochgradig funktional. Das vorliegende Kapitel versucht darüber hinaus jedoch zu zeigen, dass vor allem die strukturelle Rationalität nach Nida-Rümelin (2001) einen sehr vielversprechend erscheinenden Ansatz bietet, der unsere Intuition und Alltagserfahrungen im kooperativen Zusammenhang adäquat zu spiegeln scheint. Jedoch bleiben hierbei v. a. Fragen der epistemischen Bedingungen der Ermöglichung von Kooperation zwischen Akteuren zumindest unterbeleuchtet.

4.1 Ökonomische und utilitaristische Lösungsstrategien

Im Rahmen der Ökonomie und der ST selbst werden häufig Sanktions- und Anreizsysteme verwendet, um die Kooperationsproblematik der Interaktionsstrukturen des GD aufzulösen. Dabei wird das stringente Eigeninteresse der Agenten genutzt, um Kooperation für sie entsprechend attraktiv zu gestalten – entweder durch Sanktionen bei Nicht-Kooperation oder alternative Belohnung der Kooperation.[2] Innerhalb der ST lässt sich dies z. B. durch die zusätzliche Annahme modellieren, dass den beiden Spielern bei Defektion neben den Gefängnisjahren eine zusätzliche Strafe droht. Der je andere Akteur oder ein möglicher Drahtzieher der kriminellen Machenschaften beider Akteure könnte sich für den eigenen Gefängnisaufenthalt oder das Ausplaudern bei der Polizei rächen. Durch dieses Vorgehen wäre die Wahl des Defektierens mit einem entsprechend negativeren Outcome (beispielsweise – 2) zu bewerten und das kooperative Gleichgewicht (cc) wäre gesichert (Abbildung 4.1).

Spieler B / Spieler A	c	d
C	(3/3)	(1/2)
D	(2/1)	(0/0)

Abbildung 4.1 Ökonomische Lösungsstrategie

Sanktions- und Anreizsysteme verbleiben meist innerhalb der konsequentialistischen Interpretation T2 (Veränderung der Konsequenzen) und bergen entsprechende Probleme. Kritische Aspekte lassen sich aber auch darüber hinaus anführen. Dieses Vorgehen steht vor allem im Widerspruch zu den empirischen Ergebnissen, die teilweise bereits im vorherigen Kapitel dargelegt wurden: Denn auch real scheint Kooperation ohne Androhung von Strafen oder Anreizen ein häufiges Phänomen zu sein. Stattdessen lässt sich nachweisen, dass Strafen häufig die Kooperation sogar eher schädigen und in vielen Kontexten zu Mikrosabotagen führen.[3] Aber auch unabhängig von den empirischen Ergebnissen kann eine Strafe oder ein Anreiz die GD-Situation nicht adäquat auflösen. Stattdessen würden hier Informationen zum Tragen kommen, die im ursprünglichen GD nicht beachtet worden wären. Tatsächlich hätte es sich dann unter Einbeziehung aller relevanten Informationen (auch der zusätzlichen Strafe) nie um

[2] Dieses Vorgehen findet sich u. a. bei Homann und Suchanek (2005) oder in wirtschaftsethischer Anwendung und Verbindung zu anderen Theorien u. a. bei Garmaier (2010).

[3] Siehe hierzu als Beispiel die empirischen Ergebnisse von Yasir et al. (2020) oder Edelman Trust Barometer (2017).

eine GD-Situationen gehandelt. Im Ergebnis lag dann schlicht nie ein tatsächliches GD vor.[4] Übertragbar ist diese Feststellung auch auf Anreizstrukturen (beispielsweise „+2" bei Kooperation). Das Vorgehen hin zur Veränderung der Situationsparameter durch Bestrafung oder Anreize soll deshalb an dieser Stelle nicht weiterverfolgt werden.

Eine andere Möglichkeit, die Kooperationsproblematik im GD zu umgehen, besteht darin, die Bezugsebene zu verändern. Dies ist auch ein Vorgehen, mit dem das Kooperationsdilemma innerhalb eines utilitaristischen Ansatzes aufzulösen versucht wird. Hierzu werden zwei Ebenen der Bewertung angenommen, wobei die zweite Bewertungsebene die Aggregation der ersten beschreibt. Durch dieses Vorgehen kann unter gewissen Annahmen das Kooperationsdilemma auf der ersten Ebene behoben werden.[5] Dies hängt allgemein mit einer möglichen angenommenen Symmetrie zusammen. Beziehen kann man sich an dieser Stelle auch auf das sogenannte Argument der Interpendenz, das darauf verweist, dass rationale Akteure durch kooperatives Verhalten eine höhere Wohlfahrt erzielen können und ihre Interessen (also ihre Präferenzen) entsprechend ausrichten.[6] Auch wenn hierbei Kooperation nicht dauerhaft gesichert ist (da sich die Interessen ändern können), scheint die Dilemma-Situation gewissermaßen überwunden. Dies setzte jedoch voraus, dass alle Akteure im Sinne eines utilitaristisch definierten Allgemeinwohls dieselbe Nutzenfunktion aufweisen.[7]

Der Blick auf reale Bedingungen scheint hier eher in eine andere Richtung zu verweisen. Auch wendet z. B. Kratochwil (1998) ein, dass Interpendenz keineswegs ausreichend ist, um Kooperation zu stabilisieren. Stattdessen zeigt sich, dass Ansätze dieser Richtung in ihrer Argumentation auf externe Theorieelemente, wie gegenseitiges Vertrauen oder entsprechende Verträge zwischen den Akteuren, zurückgreifen müssen, um das Interesse der Akteure am Gemeinwohl zu sichern.[8] Diese sind jedoch nicht auf der Grundlage des (engen) RC selbst ausweisbar und entlang von T1 entsprechend unterbestimmt. Auch verdeutlichen u. a. Höffe (2013) oder Nida-Rümelin (2019), dass sich die weitreichende Kritik am Konsequentialismus auf den Utilitarismus übertragen lässt.[9] Dieser Ansatz soll deshalb an dieser Stelle nicht weiterverfolgt werden.

---

[4] Eine kritische Betrachtung findet sich u. a. bei Nida-Rümelin (2014).

[5] Vgl. Nida-Rümelin (2014).

[6] Vgl. Keohane, Nye (2000), S. 21.

[7] Ansätze dieser Art werden z. B. von Rescher (1997, 1983) vertreten.

[8] Vgl. Kratochwil (1998), S. 69 ff.

[9] Es lässt sich an dieser Stelle zeigen, dass alles, was für den Konsequentialismus gilt, auch für den Utilitarismus als Variante des Konsequentialismus gilt – aber nicht umgekehrt.

4.2 Anpassung der Präferenzen: Sens *Rankings of Rankings*

Unter dem Schlagwort der Präferenzanpassung finden sich verschiedene Vorgehensweisen, die alle darauf abzielen, das Problem des Kooperationsdilemmas aufzulösen. Dabei wird meist der formale Kern des RC gewahrt und innerhalb der gegebenen Voraussetzungen modelliert. Vorwiegend nehmen Ansätze der Präferenzanpassung Modifikationen des Eigeninteresses und der Präferenzen der Spieler vor. Dabei werden Präferenzsets oder andersgeartete Präferenzen vorgeschlagen. Hier soll eines der bekanntesten Modelle der Präferenzanpassung diskutiert werden: Sens *Rankings of Rankings.* Ähnliche Meta-Modelle finden sich aber u. a. auch bei Howard (1971), wobei unterstellt wird, dass beide Strategien im GD die Intentionen der Spieler nicht genügend zum Ausdruck bringen. Entsprechend werden die Intentionen im Vorfeld über die Strategien angenommen und die Präferenzen angepasst.

Sens *Rankings of Rankings* (oder auch *Rankings of Preference Ranking*) verweist darauf, dass menschliches Verhalten Maximierung auf unterschiedliche Weise zulässt. Ausgehend von seiner Kritik am Revealed-Preference-Modell[10] argumentiert Sen (1986, 1974, 1977a, 1977b, 2013) für sogenannte Metapräferenzen. Dies soll widerspiegeln, dass menschliches Verhalten auf Kompromissen zwischen Zielen der Moralität und anderen Zielen beruht. Metapräferenzen sind nach Sen Präferenzen, die meist moralisch scheinen und die Akteure auf eine Art von Bezugspunkt zurückgreifen lassen. Die letztendliche Wahl der Spieler basiert dann auf den Metapräferenzen und ein Akteur kann sich entsprechend auch gegen seine ursprünglichen Präferenzen entscheiden. Es verändert sich also die tatsächliche Wahl der Akteure. Die Metapräferenzen beeinflussen in diesem Sinne die ursprünglichen Präferenzen und beziehen sich auf die Handlung selbst und nicht auf deren Konsequenzen (oder deren Outcomes). Die ursprünglichen Präferenzen werden also von der letztendlichen Wahl der Agenten separiert.

> „Let X be the set of alternative and mutually exclusive combinations of actions under considerations, and let Y be the set of ranking the elements of X. A ranking of the set Y (consisting of action-rankings) will be called a meta-ranking of action-set X“[11]

[10] Siehe hierzu auch in ausführlicherer Überlegung Sen (1973), S. 241 ff.

[11] Sen (1977a), S. 337.

Sen geht somit von zwei verschiedenen Typen von Präferenzen aus: Präferenztyp 1, die ursprünglichen Präferenzen der Akteure, und Präferenztyp 2 (Metapräferenzen), der die Handlungsweise des Präferenztyps 1 hinsichtlich ihrer moralischen Relevanz oder anderer Metapräferenzen beurteilen und an die Bevorzugungsrelation des Spielers treten kann. Die Agenten greifen auf ein Set kontrafaktischer Bevorzugungsrelationen zurück, deren Auswahl auf den Metapräferenzen beruht. Die Metapräferenzen verändern so die Einstellungen der Agenten, müssen aber keine ganze Ordnung eines Sets darstellen und können partiell oder unvollständig sein. Die Präferenzen werden nicht selbst transformiert, sondern über die Metapräferenzen modifiziert, um die ursprünglichen Einschränkungen des GD aufzuheben.[12] Hinter der Einführung der Metapräferenzen steht eine Kantische Überlegung,[13] wonach die Spieler davon ausgehen können, dass moralisch adäquates Verhalten dem Verhalten entspricht, das für alle das angemessene wäre. Eine Person kann sich fragen, welche Präferenzen sie sich von dem jeweilig anderen wünschen würde und auf dieser Basis die entsprechenden Präferenzen auch für sich selbst annehmen.

> „It is in analysing this Kantian exercise that variations of individual preferences from those in the Prisoners' Dilemma were considered as a background to moral reasoning in the PD situation."[14]

Sen führt zwei alternative Anwendungsbeispiele für das GD aus, die durch Metapräferenzen zu einer Unterscheidung der Wertbemessung der Kooperation führen. Dies umfasst sogenannte Als-ob-Spiele, von denen Sen das *Assurance Game* (AG) und das *Other-Regarding Game* (OR) darstellt.

Assurance Game (AG)

Das AG wird auch als sogenanntes Vertrauensspiel bezeichnet, da ein kooperatives Gleichgewicht dann erreicht werden kann, wenn die Spieler sich gegenseitig vertrauen.[15] Entscheidend ist die gegenseitige Zusicherung der Kooperation: Im AG werden die Metapräferenzen der Spieler also so aufgefasst, dass Spieler A

---

[12] Vgl. Sen (1974), S. 66.

[13] Der hier zugrunde gelegte Gedanke nimmt indirekt v. a. Bezug auf Kants praktische Philosophie, wie sie sich vornehmlich in der *Grundlegung zur Metaphysik der Sitten* sowie der *Metaphysik der Sitten* wiederfindet.

[14] Sen (1977b), S. 226.

[15] Vgl. zur Bezeichnung als Vertrauensspiel u. a. Nida-Rümelin (2009), S. 42 f.

kooperiert, wenn der je andere Spieler ihm Vertrauen zusichert. Wenn also Spieler A erwartet, dass Spieler B kooperiert, ist es seine beste Antwort, auch zu kooperieren, und umgekehrt (Abbildung 4.2).[16]

Spieler B / Spieler A	c	d
C	(4/4)	(1/3)
D	(3/1)	(2/2)

Abbildung 4.2 Assurance Game

Die jeweiligen Präferenzen der Spieler sind dann wie folgt festzuhalten:

Spieler A: cc > dc > dd > cd; Spieler B: cc > cd > dd > dc.

Es ergeben sich zwei (Nash-)GG in reiner Strategie, die durch cc und dd beschrieben werden. Es gibt keine dominante Strategie und die Kooperation ist aufgrund der Annahme der gegenseitigen Erwartung (und der Anpassung des eigenen Verhaltens daran) nicht gesichert. Das Ergebnis im AG hängt vom erwarteten Verhalten des je anderen Spielers ab.[17]

Other-Regarding Game (OG)

Das OG oder auch das Altruismusspiel geht dagegen von der gleichen Berücksichtigung der Präferenzen der Spieler aus. Sen versteht Altruismus demnach als gleiche Berücksichtigung der eigenen Präferenzen und der Präferenzen des jeweils anderen (Abbildung 4.3).

[16] Die Spieler kooperieren also in diesem Fall in gewissem Maße in der Erwartung positiver Reziprozität.

[17] Vgl. Sen (1977b), S. 227.

Spieler B / Spieler A	c	d
C	(6/6)	(5/5)
D	(5/5)	(4/4)

Abbildung 4.3 Other-Regarding Game

Die jeweiligen Präferenzen der Spieler stellen sich nun wie folgt dar:

Spieler A: cc > cd ~ dc >dd; Spieler B: cc > dc ~ cd > dd.

Hier ergibt sich ein stabiles (Nash-)GG bei cc und die Kooperation ist in diesem Fall eindeutig gesichert. Die Spieler entscheiden sich unabhängig davon, was sie vom anderen erwarten. Begründet wird Altruismus in diesem Zusammenhang von Sen auf der folgenden Basis: Wenn ein Spieler sich wünscht, dass der andere im Sinne von OG-Präferenzordnungen handelt, könnte er selbst eine moralische Verpflichtung entwickeln, so zu handeln.[18]

4.3 Interpretation der Metapräferenzen

Das Konzept der Metapräferenzen nach Sen lässt nun allerdings einige zentrale Punkte ungeklärt. So bleibt beispielsweise schwammig, wie ein angemessener Umgang mit den Metapräferenzen sich gestaltet. Dies hängt auch damit zusammen, dass offen ist, wann Metapräferenzen in welchen moralischen Zusammenhang gebracht werden können und wie sie sich überhaupt generieren. Generell wäre es vorstellbar, dass das Konzept sogar offen für die Annahme bestimmter Ideologien und politischer Prioritäten ist, wie Sen (1977a) selbst dies einräumt.[19] Beschränkt man das Konzept der Metapräferenzen, wie vorgesehen, jedoch ausschließlich auf moralische Systeme, muss dennoch deren Interpretation präzisiert werden.

[18] Vgl. ebd., S. 228 f.

[19] Vgl. Sen (1977a), S. 338 f.

Diesbezüglich kritisiert Nida-Rümelin (1991a, 1997a, 2005a), dass es keine der möglichen Interpretationen der Metapräferenzen vermag, die offenen Fragen gänzlich oder ohne weitere Inkohärenzen zu klären. So wären Metapräferenzen ein überflüssiges Konzept, würden sie genauso wie die ursprünglichen Präferenzen nur das subjektive Interesse der Person zum Ausdruck bringen. Versteht man sie dagegen als anleitendes Verhalten für bestimmte ursprüngliche Präferenzen, bleibt gewissermaßen das Dilemma im GD ungelöst. Dies hängt damit zusammen, dass die Outcomes gänzlich durch die strategischen Kombinationen determiniert sind und in diesem Sinne die Annahme der Maximierung der Metapräferenzen eine Änderung in der Interaktionssituation selbst voraussetzen würde. Interpretiert man sie stattdessen als moralische Kriterien oder Präferenzen zweiter Ordnung, wird der Ansatz aufgrund zweier unterschiedlicher normativer Annahmen (die beide vom subjektiven Interesse der Person ausgehen) inkohärent. Auch wäre nach einer angemessenen Erklärung zu suchen, wieso die moralischen Präferenzen nicht bereits in den bestehenden Präferenzen zum Ausdruck kommen.[20] Es zeigt sich also, dass unabhängig von der für die zusätzliche Menge der Metapräferenzen gewählten Beschreibung man entweder ein erneutes GD auf der Meta-Ebene erhält oder der Ansatz sich auf zusätzliche, nicht mit den ursprünglichen Präferenzen zu vereinbarende Annahmen stützen muss.

Diese Argumentation verdeutlicht, dass es in Sens Theorie an einer passenden Erklärung fehlt, wie individuelle Entscheidungen in eine moralische Beurteilung überführt werden können (T1 oder T2). Versucht man, diese Lücke entsprechend interpretatorisch zu füllen, zeigt sich, dass Sen auf dualistische Annahmen zurückzugreifen muss. Dies verdeutlicht sich besonders, wenn man z. B. als moralisches Kriterium der Metapräferenzen einen Kantischen Akteur annimmt. Nehmen wir an dieser Stelle entlang des GD einen Akteur mit Kantischen Metapräferenzen an und unterstellen, dass dieser – entlang seiner eigenen Handlungsmaxime und der Prüfung durch den Kategorischen Imperativ – es immer für geboten hält zu kooperieren. Entsprechend erwartet der Kantische Akteur, dass andere vernünftige Akteure im Einklang mit dem moralischen Gesetz kooperieren.

[20] Vgl. Nida-Rümelin (1997a), S. 113 ff.

Inwieweit wären die ursprünglichen Präferenzen entlang der kausalen Handlungsfolgen im GD noch von Bedeutung und wenn ja, unter welchen Umständen? Denkbar wäre es vielleicht, die kantische Annahme zu unterstellen, dass der Mensch nicht nur als Vernunftwesen, sondern eben auch als Naturwesen von seinen Trieben geleitet wird. Beschreiben die ursprünglichen Präferenzen jedoch die Wahl der Akteure als Naturwesen, dann wären sie schlicht nie als rationale Wahl in der vorliegenden Interaktionssituation anzusehen. Gebotene Handlungswahl für diesen Akteur wäre immer die Kooperation. Offen bleibt dann, wieso die ursprünglichen Präferenzen von den Akteuren überhaupt noch abgebildet werden und die Akteure nicht direkt ihre Präferenzen entlang des eigentlich für sie ausschlaggebenden moralischen Kriteriums (ob im Kantischen oder einem anderen Sinn) abbilden. Denn egal wie sich die ursprünglichen Präferenzen darstellen, die Metapräferenzen können sie davon unabhängig in eine völlig andere Richtung beeinflussen.

Will man den ursprünglichen Präferenzen stattdessen eine Berechtigung einräumen, müsste man (gegen die Annahme von Sen) unterstellen, dass ein Akteur für eine rationale Entscheidung möglicherweise beide Präferenztypen heranzieht oder abwägt. Dann wäre der Ansatz an dieser Stelle aber unterbestimmt – oder der Akteur gerät zumindest in Situationen mit möglichen konfligierenden Präferenzen ohne eindeutige Handlungsempfehlung diesbezüglich.

Neben diesen interpretatorischen Schwierigkeiten zeigt sich auch, dass die gewählte Modellierung von Sen sehr komplexe Anforderungen an die Akteure stellt. Es resultieren mehrere Typen von Präferenzen und eine sehr hohe Anzahl unterschiedlicher Präferenzordnungen (ursprüngliche Präferenzordnung, Metapräferenzordnung und ggf. eine Gesamtordnung über beide Präferenztypen).[21] Dies stellt zum einen real recht hohe Anforderungen an den einzelnen Akteur. Zum anderen bleibt unklar, inwieweit die entsprechenden Axiome über die Ordnung der Metapräferenzen überhaupt erfüllt werden müssen. Aufgrund dieser offenen Punkte und interpretatorischen Probleme scheinen mir die Kosten des Ansatzes relativ hoch. Zusammenfassend bleiben die Interpretation und die Verwendung der Metapräferenzen unklar, das Zusammenspiel zwischen ursprünglichen und Metapräferenzen relativ offen, ja sogar teils inkohärent und eine mögliche Gesamtpräferenzordnung hochgradig fragwürdig.

Trotz der möglichen Einwände enthält Sens Ansatz wichtige Elemente, die die Diskussion um das Kooperationsdilemma voranbringen und für die weitere Betrachtung deshalb eine Rolle spielen. Zum einen ist die Verwendung des Phänomens von Vertrauen als Grundlage zur Kooperation intuitiv plausibel und

---

[21] Vgl. Nida-Rümelin (1991a), S. 142.

verdeutlicht bestehende Probleme innerhalb des RC. Wenn wir Menschen vertrauen, sind wir im Allgemeinen eher bereit, mit ihnen zu kooperieren als mit Menschen, denen wir nicht vertrauen. Auch das Hervorheben von Altruismus als mögliche Handlungsweise verweist auf ein realeres Bild des GD – unabhängig davon ob man dem hier vertretenen Konzept von Altruismus folgen möchte oder stattdessen für eine Begriffsbestimmung plädieren würde, die näher an unserer alltagssprachlichen Verwendung („uneigennützig“ oder „völlig selbstlos handeln“) liegt. Ist die Interpretation nicht auf eine konsequentialistische beschränkt, wie es hier der Fall ist, sind altruistische Präferenzen darüber hinaus auch ohne Metapräferenzen modellierbar. Zentral und grundlegend scheint jedoch die Erkenntnis von Sen, dass sich die Präferenzen von der Wahlentscheidung eines Akteurs separiert betrachten lassen.

4.4 *Tit for Tat* und die Evolution der Kooperation

Innerhalb der ST gibt es das Vorgehen, die Struktur von Dilemmata wie dem GD durch Iteration (Wiederholung) und verschiedene Annahmen zum gemeinsamen Wissen zu lösen. Eine Rolle spielt dabei die relativ junge Teildisziplin der evolutionären Spieltheorie, die beansprucht, Veränderungen von Interaktionssituationen im evolutionären Modellrahmen endogenisieren zu können. Dabei wird die Einbettung in den evolutionären Kontext dazu benutzt, die Entwicklung von Strategien zu erklären bzw. die Wahl von Strategien zu plausibilisieren.[22] Zentral sind Überlegungen zu unvollständigem Wissen, wie z. B. die Unwissenheit der Akteure, an welchem Punkt eines wiederholten Spiels sie sich befinden, und die Tatsache, dass im Fall unendlich wiederholter Spiele auch unendlich viele GG angegeben werden können (Folk-Theorem). Die Spieler können so ihre Strategiewahl an vergangene und zukünftige Spielrunden anpassen.[23]

Meist wird eine endliche Zahl von Spielrunden als realistischeres Konzept angesehen, da reale Spieler schlicht nicht unendlich oft aufeinandertreffen. Auf der Grundlage des RC und des hier angenommenen vollständigen Wissens zeigt sich dann jedoch im endlich wiederholten GD, dass kooperatives Verhalten sich nicht als beste Strategie etabliert. Untersucht man eine endliche Zahl Spielrunden mit dem angewandten Verfahren der Rückwärtsinduktion, wird die letztmögliche Runde betrachtet und das Spiel hierüber in einzelnen Teilschritten rückwärts über

[22] Vgl. Izquierdo et al. (2014), S. 92 ff.

[23] Vgl. Smith (1982), S. 1 ff. und Amann (1999), S. 49 ff.

GG unter dem jeweils resultierenden Ergebnis der vorherigen Runde gelöst.[24] Dies führt im Fall eines endlich wiederholten GD zu dem GG-Ergebnis, indem beide Spieler defektieren.[25] Hinsichtlich des Argumentes der Rückwärtsinduktion besteht eine ausgiebige Diskussion, da dies im Wesentlichen auf der Annahme des gemeinsamen Wissens der Akteure auf allen Stufen (eines Spieles bzw. der Spielrunden) basiert. Gemeinsames Wissen und mögliche Kritik dahingehend wird in späteren Kapiteln der Arbeit ausführlicher diskutiert. Das Argument der Rückwärtsinduktion verliert unter abgeschwächten Annahmen über das Konzept gemeinsamen Wissens zumindest teils an Wirkungsstärke.[26]

Ausgehend von der Problemstellung im evolutionären Rahmen entwickelte Axelrod (1984) unter der Einbeziehung von Computersimulationen eine Theorie der Evolution der Kooperation. Entlang seiner Untersuchungen soll gezeigt werden, wie sich Kooperation unter reinen Egoisten (T2) ohne eine zentrale Autorität entwickeln kann.[27] Elementar ist dabei die Annahme der Wahrscheinlichkeit w eines Wiedertreffens (Diskontparameter) der jeweiligen Individuen.[28] Dadurch kann unterstellt werden, dass der Spieler nicht weiß, wann er sich in der letzten Runde befindet (unvollständiges Wissen).

> „Unter realistischen Umständen können die Spieler aber tatsächlich meistens nicht sicher sein, wann die letzte Interaktion zwischen ihnen stattfinden wird.“[29]

Ist der Diskontparameter groß genug, kann Kooperation in Interaktionen wie dem GD entstehen und es kann keine beste Strategie mehr geben.[30] Die Überlegungen zur besten Strategie hängen dann im iterierten Fall von der Strategie des jeweils anderen Akteurs ab. Die Möglichkeit der Iteration ist für Kooperation dann zwar notwendig, aber nicht hinreichend. Statt Vertrauen wird so die Dauerhaftigkeit der Beziehung zum zentralen Faktor der Kooperation.

---

[24] Vgl. Amann (1999), S. 83 f.

[25] Vgl. Luce, Raiffa (1957), S. 94 f.

[26] Ebd.

[27] Dies ist der Ausgangspunkt vieler Untersuchungen im evolutionären Bereich, hin zu der Entwicklung prosozialen Verhaltens, wie dies beispielsweise bei Bergstorm (2002) deutlich wird.

[28] Dieser Schatten der Zukunft kommt bereits in Überlegungen von Hobbes (1668) oder auch Hume (1739) zum Ausdruck und ist nicht erst von den Überlegungen Axelrods geprägt.

[29] Axelrod (1984), S. 9.

[30] Die Akteure müssen gewissermaßen aufgrund ihrer Unwissenheit von einer nicht endlichen Iteration ausgehen.

Ausgangslage für Axelrods Überlegungen sind die Ergebnisse aus seiner Ausschreibung von Computerprogrammen über iterierte GD. Die Spielformate traten in der Simulation paarweise gegeneinander an und das Spiel wurde in einer gewissen Anzahl hintereinander, unter den obigen Annahmen der Iteration, durchgespielt. Die Auszahlungen der Spieler der verschiedenen Programme wurden am Ende aufsummiert und die höchste Durchschnittspunktzahl erreichte dabei die vierzeilige Programmierung *Tit for Tat* (TFT), die von A. Rapoport eingereicht worden war. Auch in einer zweiten Runde, in der die Teilnehmer über den Ausgang der ersten Ausschreibung informiert waren, schnitt TFT am besten ab. Ausgehend hiervon entwickelte Axelrod eine weitere Computersimulation einer evolutionären bzw. populationsdynamischen Darstellung von Strategien – und erneut setzte sich TFT im Gesamtschnitt durch. Diese Ergebnisse veranlassten ihn zu einer Untersuchung der Eigenschaften der Strategie. Nach Axelrod kann diese Analyse aufzeigen, wieso verschiedene Faktoren dazu beitragen, dass Akteure im GD kooperieren, und welche Eigenschaften für die Entwicklung von Kooperation notwendig sind.[31]

Die Strategie von TFT ist die folgende: „Kooperiere in der ersten Runde und dann tue das, was der andere Spieler die Runde davor getan hat.“ TFT wird auch als nette (freundliche) Strategie bezeichnet, weil die Spieler nie zuerst defektieren und ein Defektieren zudem nur durch einmaliges, erwiderndes Defektieren bestraft wird. Nachfolgend ist das Spielformat mit zwei TFT-Spielern dargestellt:

Spieler A	Spieler B	
	C	D
C	(3/3)	(1/4)
D	(4/1)	(2/2)

Strategien der einzelnen Spielrunden, solange kein Spieler defektiert (Abbildung 4.4):

[31] Vgl. Axelrod (1984), S. 14 f. und 51 ff.

Spieler B / Spieler A	C	D
C	(3/3)	(1/4)
D	(4/1)	(2/2)

Strategien der einzelnen Spielrunden, solange kein Spieler defektiert:

Spielrunde:	1	2	3	4	5	...
Spieler A	c	C	c	c	c	...
Spieler B	c	C	c	c	c	...

Abbildung 4.4 Spielrunden TFT

Neben der freundlichen Eröffnung des Spiels sind folgende weitere Eigenschaften für den Erfolg der Strategie relevant: Die Vermeidung von Konflikten (a), Verzeihen als eine gewisse Form der „Nachsichtigkeit“ (b) sowie das Bestrafen der Defektion und die Möglichkeit des betroffenen Spielers, hieraus zu lernen (c), sowie eine gewisse Verständlichkeit des Verhaltens bzw. der Strategien (d). Die geforderte Nachsichtigkeit ist dabei so zu verstehen, dass man nach einer einmaligen Bestrafung des anderen Spielers bei Defektion wieder kooperiert. Dennoch ist die einmalige Bestrafung wichtig für den Erfolg von TFT, da so eine Ausbeutung vermieden wird.[32] Über die Betrachtungen hinweg erweist sich TFT unter den abgeleiteten Eigenschaften als robust und stabil. Trotz der Stabilität der Kooperation handelt es sich jedoch um kein kooperatives Nash-GG. Stattdessen zeigt TFT für Kooperation schlicht eine gewisse Stabilität als mögliche kollektive Strategie (abhängig von den Überlegungen des Diskontparameters).[33] Auch gegenüber der

[32] Vgl. Axelrod (1984), S. 28 ff.

[33] Auch bei der populationsdynamischen Betrachtung zeigt die Strategie, dass sie das Eindringen anderer Strategien vermeidet und zudem selbst in andere Strategien relativ erfolgreich eindringen kann.

ursprünglichen Strategie der Defektion – hier als IMMER d dargestellt – erweist TFT sich unter den getroffenen Annahmen der Iteration als kollektiv stabil.[34]

Hieraus kann abgleitet werden, dass sich die Evolution der Kooperation in biologischen Systemen tatsächlich so abgespielt haben könnte und die reziproke Entwicklung dazu führt, dass Menschen entsprechend oft kooperieren. Nach Axelrod müssen dafür folgende Voraussetzungen erfüllt sein: Die Individuen müssen von der Kooperation profitieren und über die Zeit mit denselben Individuen agieren. Auch wenn Defektion weiterhin als Lösung des Spiels gewertet wird, erweitert so das mehrfach gespielte Format die Fülle der Annahmen und schafft auf diese Weise eine realistischere Basis. Etappenweise lässt sich dann annehmen, dass Kooperation sich erst in kleinen Gruppen, ausgehend von einzelnen Individuen, zeigt und hierauf aufbauend irgendwann auf Gegenseitigkeit stützt. Erweist sich dies als evolutionär erfolgreich, kann dies zur Etablierung kooperativen Verhaltens in der Gruppe führen und es wird möglich, dass Individuen Kooperation als strategisches Setting bevorzugen.

> „Die Evolution der Kooperation erfordert, dass die Individuen eine hinreichend große Chance haben sich wieder zu treffen, damit sie ein ausreichendes Interesse für die zukünftige Interaktion besitzen. Wenn dies gilt, kann Kooperation sich in Etappen entwickeln.“[35]

Dennoch bleibt die Frage danach, wie eine Gruppe TFT-Spieler in evolutionären Prozessen entstehen könnte. Verstreute oder einzelne Individuen unter lauter Egoisten, die sich nie treffen würden, wären nicht in der Lage, Kooperation als stabile Strategie zu etablieren. An dieser Stelle greift Axelrods Ansatz auf die Verbindung der genetischen Verwandtschaftstheorie[36] und der Reziprozitätstheorie[37] zurück. In der genetischen Verwandtschaftstheorie wird Altruismus im spezifischen Rahmen des Schutzes der „eigenen Gene“ über die nachfolgende Generation und Verwandtschaft angenommen und beobachtet.[38] Über diese

---

[34] Eine kleine Gruppe von TFT-Spielern, die ebenso innerhalb einer Gruppe von IMMER-d-Spielern aufeinandertreffen können, reicht aus, um Kooperation als erfolgreiche Strategie zu etablieren. Wichtig ist hierbei, dass die TFT-Spieler sich gegenüber den anderen Spielern diskriminierend verhalten.

[35] Axelrod (1984), S. 18.

[36] Siehe hierzu u. a. Buss (2008), S. 231.

[37] Siehe hierzu u. a. Wiebes (1976) oder Janzen (1979).

[38] Siehe u. a. Maynard Smith (1964) für die Annahme, dass man den eigenen Nachkommen hilft und sich so unter den richtigen Bedingungen aus egoistischen Genen altruistische Individuen entwickeln können.

Annahme kann sich stabile Kooperation im Sinne von TFT in einer Gruppe Egoisten über die Verwandtschaft hinaus entwickeln und durchsetzen. Der Altruismus der Verwandtschaftstheorie lässt sich über Anteile der eigenen Fitness durch ein Individuum zum Vorteil eines anderen definieren. Ein Beispiel ist die Fürsorge für den eigenen Nachwuchs.[39]

Im Vergleich zu Sen (1977a) begreift Axelrod nicht das Vertrauen als grundlegend, vielmehr kann Kooperation als erfolgreiche Strategie nur auf reziproke Weise stabil zwischen den Agenten angenommen werden. Erfolgreich bedeutet hier, dass sich die Strategie im Sinne des besseren Ergebnisses für die je einzelnen Individuen durchsetzt. Im Blick stehen die Konsequenzen der je einzelnen Individuen und die über stabile Kooperation mögliche höhere (oder Pareto-effiziente) Auszahlungsmenge.

> „Das Dilemma tritt auf, wenn diese Hilfeleistung Kosten verursacht. Wechselseitige Vorurteile aus der Kooperation werden dann möglich, wenn die Vorurteile aus der Kooperation des anderen größer sind als die Kosten.“[40]

Die Grundlage für die Stabilität der Strategie ergibt sich aus der Dauer der Kooperation und einem hinreichend großen „Schatten der Zukunft“, um Axelrods Begrifflichkeit zu verwenden. Altruismus ist ausschließlich über Verwandtschaftsbeziehungen (notwendig für den Altruismus verursachende Gene) gegeben und somit über diese Form der Beziehung und entsprechende Kosten- und Nutzen-Bedingungen definiert. In diesem Sinne führt Altruismus dazu, in einem einmaligen GD nicht zu defektieren, und schafft die Voraussetzung, dass TFT sich weiter etablieren kann, da die Spieler die Vorteile daraus erkennen. Die Spieler haben dabei keine veränderten oder modifizierten Präferenzen. Die Begriffsdefinition ist also schwächer gewählt als bei Sen und greift über den notwendigen Grad der Verwandtschaft auf eine gewisse Form des (genetisch orientierten) egoistischen Verhaltens zurück.[41]

[39] Axelrod bezieht sich hier u. a. auf Hamilton (1971) und Trivers (1971), der dies über das zunehmende Vorhandensein der Gene für Kooperation entwickelt und Verwandtschaftsaltruismus im Hinblick auf das Überleben der eigenen Gene deutet.

[40] Axelrod (1984), S. 156.

[41] De Waal (2015), S. 72 oder Warneken et al. (2007), S. 1414 f.

4.5 Argumente gegen die Stabilität der schwachen Reziprozität bei TFT

Ein häufig in der Literatur kritisierter Punkt an Axelrods Theorie ist vor allem der sogenannte Echo-Effekt, der zwischen zwei TFT-Spielern bereits durch einmalige Defektion dazu führen kann, dass Kooperation nicht mehr vorkommt,[42] also das Ergebnis nicht zwingend dazu führt, dass die Kooperation immer stabil erhalten bleibt. Der sogenannte Echo-Effekt ergibt sich, weil die TFT-Spieler sich je an der vorherigen Reaktion des anderen orientieren. So kann nach Hunderten kooperativen Runden der Partner plötzlich defektieren und dies führt zur Defektion als Ergebnis aller weiterführenden Runden. Verhindert werden kann dies nur durch die Drohung, dass die Spieler sich durch die Abweichung selbst verschlechtern. Jedoch ist dieses Problem in Anbetracht der populationsdynamischen Beschreibung von Axelrod als weniger gravierend einzustufen. Zum einen können nun Zufallsprozesse, wie die *gambling Hand* (eigentlich will keiner von der Strategie abweichen, aber irgendein zufälliger Prozess führt zu einem anderen Ergebnis) zwischen zwei eigentlich freundlich gesinnten Spielern mit TFT-Strategie zu einer möglichen Defektion führen.[43] Zum anderen bezieht sich das Problem auf den Umgang mit Akteuren, die eine andere Strategie, wie IMMER d, verfolgen. Solange ausreichend TFT-Spieler existieren und diese nur ab und an aufeinandertreffen, kann Kooperation gewährleistet werden. Langfristig als stabil innerhalb einer Population durchsetzen kann sich die TFT dann, wenn die TFT-Spieler die Spieler anderer Strategien diskriminierend behandeln. Der am Echo-Effekt ansetzende Einwand scheint damit zwar nicht gänzlich unberechtigt, aber weitestgehend vernachlässigbar.

Kehren wir an dieser Stelle kurz zu einem eingangs erwähnten Beispiel (2.3) zurück, in dem es zur rationalen Handlungsempfehlung wurde, einen blinden und tauben Bettler zu bestehlen. Wie verhält sich dieses Beispiel nun unter den Bedingungen von TFT? Bleibt unter den von Axelrod getroffenen Annahmen ein TFT-Spieler hier kooperativ? Interessant ist an dieser Stelle, dass unabhängig von der Höhe des Diskontfaktors der Faktor der Zukunft gewissermaßen durch den Umstand eines blinden und tauben Mitspielers ausgeschaltet wäre – vorausgesetzt der Dieb verhält sich entsprechend unauffällig oder anderweitig anonym. Ein Wiedertreffen würde hier also zu keinem Zeitpunkt die Ausgangssituation beeinflussen. Der Diskontparameter kann also nicht das intuitive Gefühl erklären, dass es nicht die angemessene Handlungsempfehlung scheint, den Bettler

[42] Siehe z. B. Diekmann, Voss (2008), S. 86 ff.

[43] Selten (1983).

übers Ohr zu hauen. Sobald Anonymität gewährleistet ist, spielt der Schatten der Zukunft keine Rolle mehr und es bleibt rational, den Kooperationspartner „auszubeuten". Dies deutet meines Erachtens auf tiefergreifende Probleme des Ansatzes hin.

Reziproke Kooperation kann in der gewählten Darstellung weder Altruismus (egal ob in starker oder schwacher Form) erklären, noch können hieraus stabile moralische Institutionen, die langfristig ohne Bestrafung auskommen, abgeleitet werden. Reiner Altruismus verbleibt hier immer innerhalb der biologischen Verwandtschaftstheorie und dem entsprechenden Erhalt der eigenen Gene. Axelrod nimmt hinsichtlich der sozialen Institutionen Folgendes an: „Sobald einmal erkannt ist, dass das Prinzip der Gegenseitigkeit funktioniert, wird es zu einer Verhaltensmaxime."[44] Es geht also um eine gewisse Form der Gewöhnung. Jedoch bleibt dieses Konzept in Teilen eher rigide und weitere Erklärungen bleiben aus. Erklärungsbedürftig wäre jedoch, auf welcher Grundlage Trittbrettfahrertum entlang von Situationen, die vollständige Informationen (über den „Schatten der Zukunft" hinaus) zulassen, ausbleibt. Wieso sollte ein Akteur nach T2 die Situation dann nicht entsprechend ausnutzen? Wie könnte sich ethische Gewöhnung in einer Situation ausbilden – vor allem im Rahmen eines Ansatzes, in dessen Herleitung die spezifische Diskriminierung der je anderen Spieler grundlegend ist? Dies verweist darauf, dass die gewonnene Stabilität der Kooperation zumindest zu hinterfragen ist.

Da die Kooperation als eine lediglich (kollektiv) stabile Strategie angesehen wird, kann sie genau genommen auch nicht zur rationalen Lösung werden. Durch seine Stabilität wird TFT zwar zur robusten Strategie, jedoch handeln die auf dieser Grundlage kooperierenden Akteure nur aufgrund ihrer Unwissenheit nicht entlang der rationalen Handlungsentscheidung. Soll Kooperation stattdessen zu einer möglichen rationalen Handlungsanweisung werden, müssen weitere Elemente, wie z. B. gegenseitige kooperative Erwartungen oder Vertrauen (wie bei Sen), angenommen werden. Die Gewährleistung der Stabilität über den „Schatten der Zukunft" ist verhältnismäßig schwach. Jedoch scheint es auch nicht Axelrods Ziel, Rationalität in dieser Hinsicht erklären zu können. Eine stabile Strategie kann sich vielmehr auch durch blinde Imitation und weniger bewusste Lernprozesse entwickeln.

[44] Axelrod (1984), S. 169.

> „Die Individuen müssen nicht rational sein: der Evolutionsprozess erlaubt es den erfolgreicheren Strategien sich zu entwickeln, selbst wenn dies Spieler nicht wissen, warum oder wie dies geschieht."[45]

Dies ist aber problematisch, wenn man sich fragt, weshalb die egoistischen Spieler überhaupt freundlich in ein Spiel starten und dann nachsichtig reagieren. Erinnern wir uns kurz an das hier gewählte Kriterium für die Bewertung und Einsicht der Spieler, wodurch Kooperation erst zu einer erfolgreichen Strategie wird, wenn die Akteure in ihrer Situation die Vorteile daraus erkennen. Axelrod setzte diesbezüglich voraus, dass die Spieler zumindest erkennen, dass Kooperation entlang des „Schattens der Zukunft" für sie langfristig die besseren Konsequenzen in einer Gruppe erbringen kann (erfolgreiche Strategie). In diesem Sinne muss den Spielern also ein gewisses Wissen über das strategische Vorgehen eingeräumt werden. Eingebettet ist TFT für einen Akteur zumindest immer in die Hoffnung, dass genug andere TFT-Spieler vorhanden sind oder sogar die Nicht-TFT-Spieler erkennen, dass TFT in Anbetracht der iterierten Situation eine stabile Strategie sein kann. In einem gewissen Maße wird hier der Versuch unternommen, durch den Diskontparameter ein strukturelles Element einzuführen. Die Spieler starten freundlich und verhalten sich entsprechend nachsichtig, weil sie wissen, dass sie sich in einer Population befinden, in der andere lernen, wie sie sich verhalten. Der „Schatten der Zukunft" führt zu den Annahmen einer gewissermaßen unendlichen Iteration, auch wenn es sich eigentlich um eine endliche handelt. Erst auf dieser Grundlage lohnt sich ein Ausnutzen nicht mehr. Nun könnte man die Kritik hinnehmen und die Erklärungskraft der Theorie auf die alleinige reziproke Kooperation beschränken, denn hier liegt ja das eigentlich zentrale Ziel Axelrods. Fraglich bleibt dann aber, ob dieses Konzept nicht zusammenbricht, wenn deutlich wird, dass man sich nun vielleicht wirklich im letzten Zusammentreffen befindet.

Sobald ein Individuum merkt, dass der je andere bald stirbt, dauerhaft wegzieht oder gar die GD-Interaktion mit Formen von Tötungsakten verbunden wäre, wäre es nicht mehr bereit zu kooperieren. Die Iteration wird wieder endlich, der Diskontparameter ist nicht mehr ausreichend hoch genug und die Situation wird instabil. In diesem Sinne kann ein egoistischer Akteur des (engen) RC nie dauerhaft in eine ausreichend stabile Kooperation eingebunden sein. Sobald es sich merklich lohnt, fällt er in die ursprünglich rationale Handlungsanweisung der GD-Situation zurück. Die populationsdynamischen Argumente pro Stabilität von Kooperation fußen hier auf einer spezifischen Ungewissheit

[45] Ebd., S. 156.

(Wahrscheinlichkeit des Wiedersehens). Fällt diese weg, reorientiert sich ein so gearteter Akteur – ohne zusätzliche Erklärungen, die dies als erweiterte Verhaltensmaxime o. Ä. stabilisieren könnten – jedoch erneut an der rationalen Lösung. Hinter beispielsweise der Pflege alter oder schwacher Mitglieder der Gesellschaft scheint entsprechend eine andere Grundlage der Kooperation zu stehen oder eine andere Form des Altruismus (welcher nicht auf reine Verwandtschaftsbeziehungen beschränkt bleibt) eine Rolle zu spielen.

An dieser Stelle möchte ich auf einen Ausweg verweisen, der bislang unbeachtet blieb, doch in der Evolution nicht selten eine tragende Rolle spielt: Treibt man den Gedanken auf die Spitze, dass die Unwissenheit für so geartete Akteure ein Nachteil ist, wäre innerhalb einer Population zu keinem Zeitpunkt gewährleistet, dass die Individuen nicht irgendwann merken könnten, dass intraspezifischer Totschlag sich innerhalb der Gruppe (außerhalb genetischer Verwandtschaftsbeziehungen) rational für sie gravierend lohnen würde. Ein Akteur, der ein Wiedertreffen mit dem anderen Spieler verhindert und die Wahrscheinlichkeit des Diskontparameters entsprechend senkt, wäre hier im Sinne der Ausgangsüberlegungen des (engen) RC gravierend im Vorteil. Da zusätzliche soziale Überlegungen oder moralische Annahmen, die dies unterbinden könnten und aus dem Ansatz heraus herleitbar wären, nicht gegeben sind, gibt es nichts, was dieses Vorgehen verhindern könnte.

Auch zeigen empirische Studien mittlerweile, dass Altruismus und Kooperation auch ohne einen ausreichenden *Schatten der Zukunft* bei wissentlich einmaligen Treffen entstehen können.[46] Und dieses Verhalten lässt sich in altruistischer Form auch gänzlich ohne Verwandtschaftsbeziehungen beobachten.[47] Die evolutionäre und empirische Forschung hat sich hier seit Axelrods Veröffentlichung weiterentwickelt und weitere Elemente scheinen nötig, um soziale Phänomene ausreichend beschreiben zu können. Hierzu plädieren u. a. Tomasello (2009, 2010, 2016) und De Waal (2005, 2008, 2015) für Erklärungsansätze, die weit über schwache Reziprozität und Verwandtschaftsbeziehungen hinausgehen, und liefern ebenso die empirischen Daten für diese Annahme. Auch sind der „Schatten der Zukunft“ und die biologische Verwandtschaftstheorie über Gene nicht ausreichend, um empirische Phänomene wie die Fürsorge um unsere Alten oder gar im Sterben liegende Mitglieder der Gesellschaft aufrechtzuerhalten.[48] Es erweist sich entlang der hier beobachteten Aspekte sogar als wahrscheinlich,

---

[46] Siehe hierzu u. a. Colema (1990), S. 245.

[47] Siehe u. a. Nagel (2005).

[48] Besonders da dies ein Verhalten ist, das bisher eindeutig ausschließlich bei Menschen und bei Schwertwalen beobachtet werden konnte, wie sich dies bei Forster et al. (2012) zeigt.

dass der evolutionäre Erfolg des Homo sapiens auf seinem Gruppenzusammenhalt und anderen weitreichenden sozialen Aspekten beruht.[49] Eine kohärente Theorie, die auf ein naturalistisches oder populationsdynamisches Problem zurückgreifen will, sollte die oben angeführten neueren Erkenntnisse daher entsprechend berücksichtigen.

Trotz meiner weitreichenden Kritik am Ansatz von Axelrod ist seine Rolle im Erkenntnisgewinn um das Kooperationsdilemma keineswegs zu vernachlässigen. Er verdeutlicht durch seinen Ansatz die Möglichkeit eines interdisziplinären Blickwinkels auf die Handlungstheorie. In diesem Kontext vermag es Axelrod, realere Bedingungen und Annahmen innerhalb der ST zugrunde zu legen. Vorerst lässt sich damit als zentral festhalten, dass bedeutende Faktoren für Kooperation existieren können, die aus der iterierten Betrachtung der GD-Situation rühren und die in Verbindung mit populationsdynamischen und evolutionären Aspekten entscheidende Erkenntnisse hervorbringen können. TFT verweist darüber hinaus auf die Wichtigkeit freundlichen und nachsichtigen Verhaltens einerseits und einer angemessenen Bestrafung von Fehlverhalten andererseits. Der Blickwinkel auf die Betrachtung des Kooperationsproblems wird dadurch um wichtige Bestandteile erweitert. Zentral ist dabei v. a. auch der Blick auf das mögliche Wissen der Akteure, sowie das gemeinsame Wissen in einer Interaktionssituation.

Erweiterung der Evolution der Kooperation durch Skyrms

Nun wurde im Zuge der Evolution der Kooperation Axelrods auf die Beachtung neuerer Theorien und Entwicklungen verwiesen. Hier lohnt sich ein anschließender Blick auf die Ausführungen von Skyrms (2004, 2010, 2014). Es sei vorweg darauf hingewiesen, dass Skyrms Ausführungen über die mögliche Evolution einer sozialen Struktur, bis hin zur Evolution eines Gesellschaftsvertrages sehr umfangreich und detailreich sind. Da viele grundlegende Bezüge zur evolutionären Betrachtung bereits bei Axelrod (1984) indirekt angerissen wurden und die Betrachtung von Skyrms Annahmen vorwiegend auf die indirekten Ausführungen zum GD beschränkt bleiben sollen, soll dies hier als abschließender Vergleich angebracht werden. Skyrms Überlegungen bieten sehr viel differenzierte Ausführungen auf den komplexen Themenbereich der Betrachtung (Evolution). Dabei zeigt sich v. a., dass eine Evolution der Kooperation verschiedene Mechanismen, Settings und Dynamiken auf verschiedenen Ebenen einbeziehen muss. Eine Evolution der Kooperation also sehr viel komplexer verstanden werden muss, als dies bei Axelrod der Fall ist.

---

[49] Siehe hierzu u. a. Tomasello (2019) oder auch Hare, Woods (2020).

> „Evolutionary explanation of the emergence of moral norms proceed in stages, as the evolutionary process itself proceeds in stages, rather than arriving all-at-once at a finished product.“[50]

Dabei kommen verschiedene Überlegungen und Ebenen zum Tragen, die sich mit grundlegenden sozialen Mechanismen und Systemen befassen. Nachfolgend soll sich auf die Kernthesen beschränkt werden, um die Perspektive der Evolution an dieser Stelle der Arbeit nicht zu überreizen. Folgt man den Argumenten von Skyrms kann Evolution zu stabiler Kooperation führen: Lokale Interaktion macht hier den Unterschied.[51] Stabile evolutionäre Kooperation ist dabei nicht so zu verstehen, dass durch die Evolution einfach ein kooperatives Gleichgewicht kreiert wird, sondern schlicht so, dass ein nicht-kooperatives Gleichgewicht destabilisiert wird.[52]

Skyrms (2004) diskutiert die evolutionäre Entstehung von Kooperation mitunter entlang der GD-Interaktionssituation und dem *Schatten der Zukunft.* Jedoch verbleibt die Entwicklung des Ausgangs der Evolution der Kooperation nicht entlang des GD, sondern wird vielmehr in eine Argumentation des Hirschjagdspiels überführt.[53] Das Spiel scheint die grundlegenden Aspekte der Kooperation zu erfassen, jedoch ohne direkt auf die volle „Dramatik“ der Interaktionssituation des GD zurückzugreifen. Dramatik bezieht sich hier auf die dargelegte Präferenzstruktur des Spieles. Das Hirschjagdspiel (auch Versicherungsspiel) lässt sich wie folgt beschreiben: *Zwei Jäger gehen gemeinsam auf die Jagd. Sie können nun entweder Hasen oder einen Hirsch jagen. In dem Wald in dem sie jagen, gibt es jede Menge Hasen und sie sind jeweils für sich in der Lage einen Hasen alleine zu erlegen. Zusammen (in Kooperation) sind sie jedoch in der Lage einen Hirsch zu erlegen. Der Hase ergibt jedoch eine kleinere Beute, wie ihr Anteil am Hirsch dies ergeben würde. Jeder Jäger steht nun vor der Wahl, ob er auf die anderen Jäger vertrauend, seinen Teil dazu leistet, gemeinsam den Hirsch zur Strecke zu bringen, oder lieber auf Nummer Sicher zu gehen und alleine einen Hasen zu jagen.* In Matrixform lässt sich das Spiel wie folgt wiedergeben (Abbildung 4.5):

---

[50] Harms, Skyrms (2007), S. 434.

[51] Skyrms (2004), S. 40 f.

[52] Skyrms (2004), S. 65 f.

[53] So zeigt u. a. sich entlang der Darstellung von Hobbes (1668), dass sich das GD-Kooperationsproblem zwar entlang des *Schattens der Zukunft* nicht auflöst, jedoch in ein Kooperationsproblem des Hirschjagdspiels überführen lässt.

Spieler B / Spieler A	Hirschjagd C	Hasenjagd D
Hirschjagd c	(4/4)	(0/3)
Hasenjagd d	(3/0)	(3/3)

Abbildung 4.5 Das Hirschjagdspiel

Das Spiel besitzt nun zwei Gleichgewichte: Ein kooperatives (4/4) und ein nicht-kooperatives (3/3). Das Spielformat beschreibt dieselbe Spannung zwischen einer möglichen Kooperation (Zusammenarbeit bei der Jagd) und dem damit entstehenden Risiko.[54] Die „Dramatik" der GD-Interaktionssituation, die hierbei jedoch abgemildert ist, ist jedoch, dass Ausnutzen sich nicht lohnt.[55] Akteure können mit nicht-Kooperation schlicht auf Nummer Sicher gehen, wenn sie nicht wissen, ob der andere sich wirklich an die gemeinsame Abmachung hält.

Als Grundlage für die Betrachtung werden unterschiedliche Modelle der evolutionären Methodik herangezogen.[56] Dabei werden statt großen Gruppen die zufällige Begegnungen haben, nun – ausgehend von Überlegungen zu Ergebnissen bei Fairness entlang des Bargaining-Spiels – kleine Gruppen mit lokalen Interaktionen betrachtet. Dies wird entlang des Ultimatum-Spiels ausgeführt. Ein Beispiel dafür ist u. a. die Aufteilung eines Dollar s zwischen zwei Akteuren. Akteur 1 entscheidet wie viel von dem Dollar er für sich selbst behält x und, wie viel er Akteur 2 gibt (1-x). Wenn Akteur zwei das Angebot annimmt, dann erhalten beide die jeweiligen Beträge (x und 1-x). Lehnt Akteur zwei ab, erhält keiner der beiden etwas. Solche Spielformate werden häufig auch für Diskussionen über Fairness herangezogen. Dabei zeigen sich andere (empirische) Ergebnisse,

[54] Es sei an dieser Stelle vermerkt, dass nicht alle Ansätze Skyrms' Sicht hier teilen, dass das Hirschjagdspiel tatsächlich Kooperation spiegelt. Jedoch spiegelt es Koordination unter Risiko und entlang einer Betrachtung der evolutionären Entwicklung von Kooperation scheint dies eine wichtige Grundlage hin zu Kooperation (unter der möglichen Rückstellung von eigenen Präferenzen) zu sein und somit an dieser Stelle eine begründbare Annahme – egal ob als Kooperation oder Koordination unter Risiko gewertet.

[55] Skyrms (2004), S. 7 f.

[56] Dabei sind v. a. Vorüberlegungen zu Fairness entlang der Betrachtung von Bargaining-Spielen (als bestes Indiz für Fairness) von Bedeutung. Hier wird untersucht, wann und wieso Akteure fair teilen.

wenn man kleine Gruppen betrachtet – auch hinsichtlich der Aufteilung (Verhandlungslösung).[57] Auf Grundlage dieser Betrachtung werden Fragestellungen im Hirschjagdspiel weiter untersucht. Unterschiedliche Strategien führen hier zu unterschiedlichen Ergebnissen. So zeigt sich bei den Untersuchungen von Ellison (1993) kein Unterschied zu großen Gruppen mit zufälligen Begegnungen – das risikodominante Gleichgewicht der Hasenjagd (nicht Kooperation) setzt sich durch.[58] Die zugrunde gelegte Strategie ist hier die *„beste Antwort auf deine Nachbarn"* (*„best-response"-Strategie*). Hier schaut ein Akteur, was seine Nachbarn in der letzten Spielrunde gemacht haben und unterstellt, dass sie wieder dasselbe tun. Auf dieser Grundlage wählt er eine Strategie aus, die ihm vor diesem Hintergrund den höchsten Nutzen verspricht. Andere Ergebnisse, die auf grundlegenden Überlegungen des Bargaining-Spiels basieren, legen die Strategie *„Imitiere am besten"* zu Grunde. Ein Akteur befindet sich im Hirschjagdspiel mit seinen Nachbarn und wann immer ein Nachbar in der Population eine höheren Nutzen erreicht, wird die Strategie durch Imitation angepasst oder die eigene Strategie ansonsten weiter verfolgt (wenn kein Nachbar einen höheren Nutzen erreicht). Dabei zeigt sich, dass Hirschjäger (Kooperation) die Population in 99 Prozent der Fälle übernehmen. Die Strategie kann erweitert werden als *„imitiere die Strategie, die im Durchschnitt in der Nachbarschaft am besten abschneidet"*.[59] Dies bettet die Strategie in evolutionär realere Bedingungen ein.

Im ersten Fall der „best-response"-Strategie scheinen Akteure blind gegenüber dem Schatten der Zukunft zu sein und Kooperation breitet sich hier nicht über die ganze Population aus. Es handelt sich um die einfachste Repräsentation einer Klasse von Regeln, die versucht vorherzusagen, in welcher Situation man sich befinden wird, auf Grundlage von vergangener Erfahrungen. Der Nutzenerwartungswert der aktuellen Situation wird auf Grundlage dieser Vorhersage abgebildet. Dabei argumentiert Skyrms, dass dies zu kurzsichtig ist, da aktuelle Bezüge nicht in zukünftige Handlungen miteinbezogen werden und so „best response is stripped-down version of rational-choice. It is rational choice coupled with simple-minded predictive rule and naive view of consequences."[60] Was sich in beiden Fällen unterscheidet ist (a) die Dimension des Modells und (b)

---

[57] Skyrms (2004), S. 23 f.

[58] Einziger Unterschied war, dass dies in kleinen Gruppen noch schneller vonstatten ging als dies in der Betrachtung von großen Gruppen der Fall war.

[59] Auch hier zeigt sich, dass die Hirschjagd sich evolutionär in den Simulationen in einer kleinen Population relativ schnell durchsetzt.

[60] Skyrms (2012), S. 34.

die dynamischen Regeln auf die die Evolution einer Population reagiert.[61] Darüber hinaus spielen neben der Dimension und der Dynamik auch die involvierten Akteure einer Nachbarschaft eine Rolle und beeinflussen das Ergebnis solcher Betrachtungen. Dies verdeutlicht, dass lokale Interaktion einen Unterschied macht und die Betrachtungen hier dann sensitiv werden auf die unterstellte Dynamik. Eine erweiterte Betrachtung des GD zeigt an dieser Stelle ebenso, dass in lokalen Modellen, die auf Imitation und Reproduktion (und nicht „best-response") basieren, Kooperation in einer Population fortbestehen kann. Dies verdeutlicht, dass Betrachtungen lokaler Interaktionen Möglichkeiten eröffnet, die über ein traditionelles Setting hinausgehen und, dass Dynamiken der Imitation Kooperation eher fördern als dies bei best-response-Dynamiken der Fall ist (wie letzteres auch in der Diskussion entlang Axelrod zu Grunde gelegt wurde).

Ausgehend dieser Betrachtung entwickelt Skyrms (2012) weitere Argumente, wie die lokale Kultur der Hirschjagd sich auf große, gemischte Populationen ausgebreitet haben könnte. Ein zentraler Punkt an dieser Stelle sind Signale zwischen den Akteuren. Diese kommunizieren Teilinformationen (im gemeinsamen Interesse) und begünstigen so die Emergenz von Inferenzen. Sie entstehen durch Lerndynamiken und führen zu einem erfolgreichen Gleichgewicht der Koordination von Signalsystemen.[62] Darüber hinaus muss beachtet werden, dass durch Lernen (auch im GD-Fall) ein Akteur sich nicht stets in einer neuen Umgebung mit fremden Individuen befindet (v. a. nicht in kleinen Populationen), sondern in seinen Handlungen lernt zwischen Freund und Feind zu unterscheiden. In Folge wird ein Akteur, der kooperiert, es lernen solche Akteure zu meiden, die nicht kooperieren, während andere kooperierende Akteure sehr beliebt sind. Imitationsdynamiken auf dieser Grundlage können zu stabiler Kooperation führen (Struktur der Evolution der Interaktion im GD-Fall).[63]

Es sei an dieser Stelle abschließend angemerkt, dass die Kürze mit denen Argumente hier vorgebracht wurden den detaillierten Argumenten und Ausführungen von Skyrms selbst nicht gerecht werden. Dies stellt lediglich einen kurzen Einblick in zentrale Punkte dar. Dies hat den Grund, dass die angewandten Dynamiken den Rahmen der ST – auch innerhalb der Betrachtung aus Perspektive der Evolution von Kooperation – verlassen und sich so der Fokus der Betrachtung hier etwas verschiebt. Zentral zu werten sind jedoch die folgenden Punkte, die in dieser Übersicht zu Skyrms' Ausführungen deutlich wurden:

[61] Ebd.

[62] Skyrms (2012), S. 42 ff.

[63] Skyrms (2012), S. 108 ff.

i) Theorien zur Evolution der Kooperation müssen verschiedene Dynamiken, Settings und Ebenen beachten und miteinbeziehen. Sie sind mehrdimensional. Entsprechend rigide scheinen die Ausführungen entlang von TFT.
ii) In kleinen Gruppen und durch Dynamiken der Imitation und Reproduktion kann Kooperation entlang vereinfachter Betrachtungen von Kooperation (wie dem Hirschjagdspiel) evolutionär stabil werden. Die Diskussion entlang von TFT dagegen beharrt auf best-response-Analysen, die hier zu kurz greifen.
iii) Auf dieser Grundlage kann sich, durch Signale und Lernen, Kooperation in größeren Gruppen und Populationen ausbreiten (auch hier spielt Imitation und Reproduktion eine weitreichende Rolle, ebenso wie das Weitergeben von Teilinformationen innerhalb einer Population).

Die Ergebnisse helfen jetzt erstmal nicht direkt bei der Frage, wann und wieso Kooperation bei einzelnen Akteuren in einer GD-Interaktionssituation entlang der ST rational erscheint und auf welcher Grundlage.[64] Doch die Ergebnisse verweisen darauf, dass Kooperation durchaus evolutionär stabil sein kann. Dies legt eine Grundlage dafür, dass sie dann auch in einem erweiterten Blick irgendwie rationalisierbar sein muss. Darüber hinaus verweisen die Ergebnisse darauf, dass die ST und ihre zugrunde gelegten Dynamiken dabei weniger dienlich scheinen (zumindest in der orthodoxen Betrachtung von best-response-Antworten ausgeweitet auf Populationen). Dagegen scheinen Informationen aus der Umwelt (die anderen schneiden besser ab) darauf aufbauend Signale zur Mitteilung von Teilinformationen viel zentraler zu sein. Diese Ergebnisse sind im direkten Vergleich zu alternativen Ansätzen erstmal zu vernachlässigen, aber sie sind generell zentral und sollen entsprechend zu einem späteren Zeitpunkt der Arbeit als Argument erneut herangezogen werden.

4.6 Kollektivismus nach Tuomela

In der Handlungstheorie liegt wie bisher dargestellt der Fokus aus verschiedenen Gründen meist auf dem individuellen Handeln und der Beziehung zwischen dem Akteur und seiner Handlung. In der (ET und) ST wird deshalb meist von einem methodologischen Individualismus ausgegangen. Bereits in der Darstellung des Kooperationsdilemmas wurde jedoch die Kollision individueller und kollektiver Rationalität zur Problemausführung herangezogen. Dies verweist auf die Möglichkeit, dass der Kollektivismus Lösungen bieten und aufzeigen kann.

[64] Zumindest dann, wenn wir hier keinen strikten Naturalismus unterstellen wollen.

Für den Kollektivismus ist dabei spezifisch, dass die Einstellungen der Akteure nicht auf individuelle Einstellungen reduziert werden können.[65] Beim Kollektivismus handelt es sich dabei um eine methodologische Einstellung, die mit der Zurückweisung des reinen methodologischen Individualismus des RC einhergeht. Es geht dabei um die Betrachtung und Annahme kollektiver Einstellung und die Zurückweisung der Annahme, dass Handlungen und soziale Phänomene nur auf intentionalen Einstellungen von individuellen Akteuren (und darauf reduzierbare Gruppen) beruhen. Innerhalb des Kollektivismus finden sich dabei verschiedene Ansätze und Strömungen.

Die Auseinandersetzung mit der kollektiven Intentionalität und der sozialen Ontologie stellt aktuell ein gefragtes philosophisches Thema dar. Der Kollektivismus geht dabei von kollektiven Einstellungen aus und beschränkt sich nicht, wie dies in der Standardauffassung der Fall ist, auf rein individuelle Einstellungen von Akteuren. Die Strömung des Kollektivismus differenziert sich dabei in verschiedene Ansätze, Annahmen und Überlegungen. Die bekanntesten Autoren sind u. a. M. Bratman, M. Gilbert, J. Searle, R. Tuomela und P. Pettit.[66] Die meisten der unterschiedlichen Ansätze gehen dabei davon aus, dass Gruppen selbst kollektive Intentionen haben. Diese können dann als ontologisch autonom und irreduzibel angenommen werden (a) oder es wird argumentiert, dass die kollektiven Intentionen auf den individuellen Intentionen der Akteure (der Gruppe) basieren (b). Dabei argumentieren z. B. Gilbert (1989) und auch Searle (1990, 1995), dass es irreduzible Gruppeneinstellungen gibt. Dagegen findet sich die häufigere Argumentationslinie, nachdem kollektive auf individuellen Intensionen der Beteiligten basieren z. B. bei Pettit (1993). Bei Tuomela (1995, 2000, 2007, 2013) werden irreduzible Gruppeneinstellungen angenommen. Jedoch unterscheidet sich der Ansatz (im Vgl. zu a) grundlegend darin, dass nicht die Gruppe kollektive Intentionen hat, sondern die Individuen selbst neben individuellen Einstellungen auch kollektive Einstellungen haben können (genuine Wir-Einstellungen). Diese sind bei kooperativem Verhalten und deshalb auch im RC zu berücksichtigen.[67]

Im Folgenden will ich den Ansatz Tuomelas (2000a, 2007, 2013) diskutieren, da er eine detaillierte Erörterung des sozialen Handelns bietet und die Kooperationsproblematik im Rahmen des RC und der ST als wichtiges Thema behandelt. Wobei im weiteren Verlauf der Arbeit noch ein genauerer Blick auf verschiedene Ansätze kollektiver Intentionen geworfen wird. Tuomela hat nun die Thematik der kollektiven Intentionalität maßgeblich mitbefördert. Dies hängt zum einen

[65] Schmid, Schweikard (2009).

[66] Vgl. Roth (2014), S. 136 f.

[67] Vgl. u. a. Tuomela (2013), S. 178 f.

damit zusammen, wie der Ansatz sich innerhalb der Debatte abhebt und zum anderen mit der Robustheit, die er dadurch mit sich bringt. Seine leitende Idee beschreibt Tuomela (2007) folgendermaßen:

> „On a general level, it is argued in this book that central parts of the social world – including social groups, social practices, and social institutions – conceptually (and typically, functionally) require we-mode thinking and acting and, more broadly, the full we perspective.“[68]

Übergeordnetes Ziel ist es, sowohl begrifflich, als auch philosophisch die Voraussetzung des sozialen Bereichs zu klären. Angesichts des Umfangs und Detailreichtums ist eine ganzheitliche Betrachtung der Theorie von Tuomela an dieser Stelle jedoch nicht möglich. Um der Theorie bestmöglich gerecht zu werden, beschränke ich mich nachfolgend vor allem auf die Darstellung der Kooperationsproblematik in der Auseinandersetzung mit der ST.[69] An einigen Stellen setzt die hier verfolgte Argumentation jedoch eine erweiterte Beschreibung sozialer Institutionen und naturalistischer Elemente der Theorie voraus – in einem solchen Fall wird die Darstellung entsprechend erweitert.

Hinsichtlich des Kooperationsdilemmas sind innerhalb der Theorie zwei Teilansätze zu unterscheiden, die auf einer gemeinsamen Ausgangsüberlegung fußen. Zum einen wird eine Transformation der Präferenzen (a) vorgenommen und zum anderen eine Art Transformation des Agenten (b) selbst. Letzteres geht von einem Wir-Denken im sogenannten Wir-Modus aus. Dieser Gruppenstandpunkt (die Wir-Perspektive der Gruppenmitglieder) ermöglicht erst den sozialen Bereich. Beide Teilansätze liegen außerhalb der Darstellung der klassischen ST und verweisen auf einen weitaus reicheren konzeptuellen Rahmen. Zentrale Grundlage ist die getroffene Unterscheidung zwischen dem Ich-Modus und dem Wir-Modus. Während der Ich-Modus das Denken und Handeln als private Person erfasst, geht es im Wir-Modus um das Denken und Handeln als Mitglied einer Gruppe. Beiden Modi sind Intentionen der Agenten unterstellt, die sich entsprechend verändern – der jeweilige Modus ändert also die Einstellung der Person. Die Standardtheorie geht nur von dem reinen Ich-Modus von Entscheidungen aus, die nun um eine Multi-Agenten-Deliberation[70] erweitert wird, wie Hakli et al. (2010) dies in den folgenden vier Ebenen veranschaulichen (Abbildung 4.6):

---

[68] Tuomela (2007), S. 13.

[69] Dies betrifft vorzugsweise Tuomela (2000, 2007) sowie Tuomela, Tuomela (2005).

[70] Tuomela (2001, S. 1) spricht entsprechend auch von einem erforderlichen Multi-Agenten-System (MAS).

	Reasoning prior to a decision problem	Reasoning in a decision problem
I-Mode Reasoning	A	B
We-Mode Reasoning	C	D

Abbildung 4.6 Multi-Agenten-Deliberation

Ausgehend von der Standardtheorie (B) muss rationales Entscheiden auf allen Ebenen möglich sein. Ein Wir-Argumentieren kann sowohl im Ich-Modus als auch im Wir-Modus auftreten. Ersteres beschreibt in Abgrenzung zum einfachen Ich-Modus den sogenannten Pro-Gruppen Ich-Modus. Der Pro-Gruppen Ich-Modus (i) betrachtet nicht nur das Interesse des Individuums (im Vergleich zum einfachen Ich-Modus), sondern beschreibt das Unterstützen eines Gruppeninteresses als einzelne Person. Der Wir-Modus (ii) dagegen sieht die Gruppe primär als Agenten. Aus der Perspektive einer Person A lässt sich die Unterscheidung wie folgt darstellen:

i) „Ich will, ich glaube oder ich befürchte q, weil ich Teil einer Gruppe bin."
ii) „Ich, als Mitglied einer Gruppe, will, glaube oder befürchte q."

Die Transformation der Präferenzen bezieht sich auf die Kooperation der Perspektive aus (i). Auch hier agieren Menschen wie im Wir-Modus in einer geteilten Wir-Perspektive, jedoch ohne ein kollektiv geteiltes Ziel zu verfolgen. Die Akteure kooperieren individuell und nicht kollektiv intentional, allerdings müssen sie in beiden Fällen intendieren zu kooperieren. Die Akteure müssen also rational zumindest glauben, dass sie mit jemandem kooperieren, der auch kooperiert (auch bei einem Unbekannten und keinem Wissen über dessen Ziele). Es wird also von einer Form der gegenseitigen Überzeugung ausgegangen. Im Pro-Gruppen Ich-Modus dient dies dem Verfolgen des eigenen Ziels des Akteurs.

Transformation der Präferenzen: Kooperation im Ich-Modus

> „I-mode cooperation essentially involves adjusting one's means actions and goals to the other participant's actions and goals so as to further both the other's goal and one own goal."[71]

[71] Tuomela (2007), S. 153.

Die Transformation der Präferenzen kann von verschiedenen Faktoren, wie den Beziehungen der Agenten oder ihren gelernten Erfahrungen usw., abhängen. Diese passen entsprechend die individuellen Bewertungsverhältnisse der Agenten und ihre Deliberation im Lichte sozialer Informationen und ihrer Kooperationswilligkeit (in Abhängigkeit z. B. von den Erwartungen und dem möglichen Nutzen oder den Zielen der anderen Beteiligten) an. Auf dieser Grundlage wird eine Trennung in ursprüngliche (Typ 1) und handlungsleitende Präferenzen (Typ 2) unterstellt, wobei handlungsleitende Präferenzen die eigentliche Interaktionssituation häufig verändern. Tuomela (2000, 2007) exemplifiziert dies anhand der linearen Transformation, die gegeben der Nutzenfunktion u_{ijh} zu einer finalen Nutzenfunktion wie u'_{ijh} in einer Interaktionssituation im zwei-Personen-Fall (Person 1 und 2) durchgeführt wird:

$$(LT)\ u'_{ij1} = au_{ij1} + bu_{ij2},$$

wobei $i \in I$ mit $I = \{1, 2, ..n\}$ die Menge der Akteure bezeichnet. Darüber hinaus müssen im Pro-Gruppen Ich-Modus die Ziele der Akteure angepasst werden. Dies ist der Fall, da die Teilnehmer hier dennoch intendieren müssen zu kooperieren. Dahingegend muss ein Akteur zumindest glauben, dass es andere teilnehmende Akteure gibt. Entsprechend nimmt jeder Akteur rationaler Weise an, dass ein Akteur $i = 1{,}2$ überzeugt ist, dass die anderen dies intendieren (A_i ist gleich Ziel von i). Dies findet hinsichtlich beider Akteure entsprechenden Ausdruck in der Nutzenfunktion für Akteur 1 u_{ij1}. Die Ziele werden im Ich-Modus also (gegeben der Präferenzen) an Wir-Ziele angepasst. Weiter sind a und b Parameter der Werte zwischen 1 und -1, die die Nutzenwerte der Agenten mit Einstellungsfaktoren versehen. Hieraus ergeben sich neun verschiedene Fälle, unter denen die folgenden interessant erscheinen (nachfolgend aus Perspektive eines Akteurs A dargestellt):

a. $u'_{ij1} = u_{ij1}$; $a = 1$, $b = 0$ (own gain, selfishness)
b. $u'_{ij1} = u_{ij2}$; $a = 0$, $b = 1$ (others gain, altruism)
c. $u'_{ij1} = u_{ij1} + u_{ij2}$; $a = 1$, $b = 1$ (joint gain, cooperation)
d. $u'_{ij1} = u_{ij1} + u_{ij2}$; $a = 1$, $b = -1$ (relative gain, competition).[72]

Der Fall a. beschreibt den Fall ohne Nutzentransformation von Spieler A. Der Fall b beinhaltet die komplette Identifikation mit dem Nutzen des anderen Spielers B, während der Fall c. den kooperativen Pro-Gruppen Ich-Modus beschreibt.

[72] Tuomela (2007), S. 158.

Hier wählen die Spieler die Handlungen, die am besten die Präferenzen wiedergeben, die das Gruppeninteresse reflektieren, weil dies in ihrem eigenen Interesse ist. Werden für beide Spieler symmetrisch kooperative Transformationen nach c. angenommen, ergibt sich für den Fall c. das folgende Spielformat im GD (Abbildung 4.7):

Spieler B / Spieler A	C	D
C	(6/6)	(5/5)
D	(5/5)	(4/4)

Abbildung 4.7 Kooperative Präferenztransformationen

Das NGG ist nun in cc beschrieben und stellt die Pareto-optimale Lösung. Die Präferenzen der Spieler stellen sich wie folgt dar:

Spieler A: cc > dc > cd > dd; Spieler B: cc > cd > dc > dd.

Auch im Fall des Pro-Gruppen Ich-Modus kooperieren die Spieler entsprechend intentional. Spieler A und Spieler B kooperieren hier im kooperativen Ich-Modus, um ihre Ziele (Z_A und Z_B) zu erreichen. Eine entsprechende Handlung ist im kooperativen Ich-Modus rational, wenn die Spieler dieses (private) Ziel haben (z. B. schlicht zu kooperieren) und ihre Handlung entsprechend an die des anderen Spielers anpassen ($Z_A = Z_B$). Es muss epistemische Kohärenz zwischen den Spielern hergestellt sein (*mutual belief*).[73] Auch wenn die Kooperation also entlang der obigen Matrixdarstellung im Vergleich zu Sen gesichert ist, setzt dies bereits die entsprechenden Transformationen beider Spieler im kooperativen Sinne voraus. So besteht die (vorgelagerte) Möglichkeit, dass die Akteure in das Kooperationsdilemma zurückfallen, wenn die gegenseitige Überzeugung zur Kooperation nicht gewährleistet ist.

Der Fall b in altruistischer Spielform stellt sich dagegen, wenn Altruismus seitens des Spielers A angenommen wird, wie folgt dar (Abbildung 4.8):

[73] Vgl. ebd., S. 158 f.

Spieler B / Spieler A	c	D
C	(3/3)	(4/4)
D	(1/1)	(2/2)

Abbildung 4.8 Altruistische Präferenztransformationen

Das NGG liegt nun bei cd und die Präferenzen der Spieler ergeben Folgendes:

Spieler A: cd > cc > dd > dc; Spieler B: cd > cc > dd > dc.

Für die rationale Lösung ist es auch hier nötig, dass die Spieler ihre Handlung koordinieren, wenn sie ihre entsprechenden Ziele erreichen wollen. Im Fall von Altruismus bedeutet dies, dass ein Spieler (hier A) zum Ziel hat, das Ziel des anderen zu erfüllen.[74] Nimmt man an dieser Stelle dagegen für beide Spieler ein altruistisches Verhalten an, würde dies erneut ein Handlungsdilemma (umgekehrtes GD) hervorrufen und die beiden Spieler würden verschiedene Ziele verfolgen. In diesem Fall wären die Präferenzen der Spieler schlicht gespiegelt und die Koordination der je individuellen Ziele wäre nicht gesichert („Saints Dilemma").

Genau genommen handelt es sich so in beiden Fällen der Transformation im Ich-Modus um eine spezielle Form der egoistischen Kooperation, da die Präferenzen den eigenen Zielen entsprechend der Intention des Akteurs „angepasst" werden (Spieler A handelt im Sinne des Ziels des anderen, um damit das eigene Ziel zu erreichen, wie z. B. schlicht altruistisch zu sein). Im Vergleich zu Sen (1977a) erfolgt die Modifizierung der Präferenzen im Spielformat des GD durch eine direkte Transformation der Präferenzen. Es handelt sich also nicht um dieselbe Form der Modifizierung. Hier werden die Präferenzen und die Wahlentscheidung nicht entsprechend separiert, sondern die Präferenzen direkt über Einstellungsfaktoren angepasst. Die kooperative Transformation (c) gleicht zwar in der Darstellungsform der Matrix im OR bei Sen, jedoch stellen sich die Präferenzordnungen der Spieler vertauscht dar. Technisch scheint das AG einer symmetrischen altruistischen Spielform bei Tuomela zu entsprechen. Im Vergleich zeigt sich jedoch, dass hier eine andere Form des Verständnisses des Begriffs von Altruismus zugrunde liegt. Bei Tuomela orientiert sich ein altruistischer Spieler an den Präferenzen des anderen Spielers. Somit wird auf ein

[74] Vgl. ebd.

stärkeres Altruismus-Verständnis zurückgegriffen, das rational die Koordination der Ziele der Akteure erfordert.

Tuomelas Altruismus-Verständnis liegt in der dargelegten Beschreibung erst einmal näher an unserer alltäglichen Begriffsverwendung. Man verwendet den Begriff des Altruismus meist weniger, um damit die gleiche Bewertung anderer und eigener Präferenzen zum Ausdruck zu bringen, sondern vielmehr in Situationen, in denen man alleine und uneigennützig die Präferenzen einer anderen Person in den Vordergrund stellt, ohne hiervon selbst einen möglichen Nutzen zu haben. Diese Darstellungsform wird auch häufig als „starker" Altruismus verstanden, während man Sens Darstellung dagegen als eine abgeschwächte Form des Altruismus deuten könnte.[75] Intuitiv scheint dagegen die kooperative Situation im AG nach Sen besser nachvollziehbar zu sein, da Vertrauen hier jedem ein alltäglich verständliches und nachvollziehbares Handlungsmotiv bietet und ein uns geläufiges Konzept beschreibt. Hat eine Person z. B. unser Vertrauen missbraucht oder ist dafür bekannt, dass sie dies bei anderen bereits häufiger getan hat, sind wir vermutlich weniger bereit, mit ihr zu kooperieren. Jedoch vermag auch Tuomela entlang der gegenseitigen Erwartungen der Spieler Vertrauen entsprechend abbildbar und konstruierbar zu machen.[76] Trotz unterschiedlicher Modifizierung der Präferenzen ist beiden Ansätzen gemeinsam, eng mit den Einstellungsfaktoren der Agenten verbunden zu sein und den Versuch zu unternehmen, diese vor dem Hintergrund sozialer Informationen zu erweitern.

Wie bereits bei der Betrachtung von Sen lassen sich nun weiterführende Fragen zu dem Teilansatz der Präferenzanpassung bei Tuomela stellen. So kann man z. B. nach der motivationalen Grundlage fragen, auf der die Akteure ihre Präferenzen transformieren. Die Darstellung der möglichen Ziele der Teilnehmer, die eine Koordination erst entsprechend ermöglichen, verdeutlicht, dass diese Überlegungen weit über den Rahmen des engen RC (T1) hinausgehen. Die Akteure sind nicht mehr ausschließlich auf das Ziel der egoistischen Nutzenmaximierung festgelegt, das im engen RC als rational ausgezeichnet wurde. Fraglich bleibt dann in Anlehnung an die Auseinandersetzung mit Sen auch hier, wieso die Teilnehmer ihre Präferenzen vom Typ 1 abbilden, um dies dann durch eine Überführung in handlungsleitende Präferenzen zu relativieren. Wieso bilden sie nicht direkt entsprechende Präferenzen gemäß ihren Handlungszielen ab (dies wäre nach T2 zulässig)? Auch bleibt unklar, wie auf der Grundlage eines egoistischen Nutzenmaximierers diese Einstellungsveränderungen gewährleistet werden können. In

[75] Siehe u. a. die Darstellung nach Bierhoff (1990), S. 9 oder zur groben Übersicht der vielfältigen Positionen und Definitionen auch Huth (2008), S. 9 ff.

[76] Vgl. Tuomela (2007), S. 150 f.

gewisser Weise soll hier v. a. der Wir-Modus eine weitere Plausibilisierung an die Hand geben, indem er das kooperative Verhalten im Sinne einer Wir-Einstellung und Wir-Intention als (häufige) Option vorgibt und den grundsätzlichen Glauben daran, dass der andere kooperieren könnte, auch dann stützt, wenn man sich nicht im Wir-Modus befindet. Der Wir-Modus bildet hier genaugenommen den Normalfall, während innerhalb der gegebenen Gruppe die schwächere Option der Kooperation im Ich-Modus bestehen bleibt.

Bevor nun der Wir-Modus näher betrachtet wird, will ich noch einen weiteren etwas unklaren Punkt entlang der Betrachtung des Altruismus ansprechen. Auch auf die Frage danach, auf welcher Grundlage es Ziel eines Akteurs sein sollte, das Ziel eines anderen zu verfolgen, wirkt der Wir-Modus weiterführend plausibilisierend. Innerhalb der Transformation scheint dies vor allem etwas konstruiert, wenn man sich z. B. die Transformationen im Rahmen eines einmaligen GD zwischen fremden Personen vorstellt. Zumal für das Gelingen der altruistischen Wahl eines Spielers vorausgesetzt wäre, dass der andere Spieler ausschließlich seine egoistischen Ziele verfolgt (*mutual belief*). Betrachtet man Situationen altruistischen Verhaltens, die wir aus dem alltäglichen Umgang kennen, handeln Menschen tatsächlich häufiger beidseitig altruistisch (auch zeitgleich) oder sie handeln altruistisch in Situationen, in denen dies gerade nicht an ein egoistisches Handeln eines anderen gebunden ist (Fairness). Im Gegenteil ist man häufig sogar eher enttäuscht, wenn ein Akteur, dem man sich gegenüber altruistisch verhält, selbst ausschließlich egoistisch auftritt.

Vorstellbar wäre es nun z. B., dass das Verfolgen des Ziels des anderen als eigenes Ziel mit der Erwartung eines Wiedertreffens und eines entsprechenden Ausgleichs in die andere Richtung verbunden wäre („Helfe ich dir jetzt, hilfst du mir später.“). Aber auch ohne eine solche Annahme handelt es sich hier eigentlich um keinen Altruismus im strengen Sinne, da grundsätzlich immer das Verfolgen der eigenen Ziele (im Sinne der eigenen Präferenzen) im Vordergrund steht – auch wenn es lediglich das eigene Ziel wäre, altruistisch zu sein. Diese Darstellungsweise des Altruismus ist zumindest häufig als unplausibel kritisiert worden.[77] Eine solche Darstellung erinnert an Ausführungen, die Altruismus als egoistisches Ziel annehmen, da es z. B. den altruistischen Akteur selbst glücklicher macht bzw. einen eigentlichen Vorteil verschafft. Intuitiv erscheint ebenso die Situation, in der beide Spieler sich symmetrisch altruistisch verhalten, nicht

[77] Vgl. Batson, Shaw (1991) oder auch Harbaught et al. (2007). Dieser Standpunkt ist jedoch auch häufig vor dem Hintergrund der Annahmen der Evolution kritisiert, wie z. B. bei Dawkins (1976).

zwingend irrational. Zwar führt dies im GD nicht zu den gewünschten Outcomes (entlang der Ziele der Akteure), jedoch sind hier durchaus reale Beispiele vorstellbar, auf deren Grundlage wir ein solches Verhalten zunächst nicht notwendigerweise als irrational bezeichnen würden: Denken wir uns zwei Freunde, die eine Aufgabe erfüllen müssen und, weil sie beide im Stress sind, ihren Freund jeweils entlasten wollen und deshalb in mühsamer Alleinarbeit die Aufgabe heimlich ganz übernehmen. Erfahren sie, dass der andere dasselbe getan hat, wären sie eher gerührt, als das Ziel entlang der für sie entstandenen Kosten (ihren eigenen Einsatz) als verfehlt zu werten. Die Koordination der Ziele (im Altruismus asymmetrisch) ist bei Tuomela jedoch die Bedingung für die Rationalisierung der Transformationen. Ohne diese Annahme droht der kooperative Ich-Modus (symmetrisch) zu scheitern, da es zu erwarten bleibt, dass der andere mich eventuell ausnutzt, obwohl ich kooperiere.

Anpassung der Agenten: Kooperation im Wir-Modus

Der Wir-Modus erfordert nun die entsprechende Zuschreibung von Einstellungen (mentalen Zuständen). Wir-Einstellungen sind nicht zurückführbar auf die Ich-Einstellungen der Agenten und beschreiben stattdessen das Handeln und Denken der Akteure als Mitglieder der Gruppe. Für die Gruppenperspektive des Wir-Modus ist das kollektive *Commitment* zentral und an ein Ethos gebunden. Über das *Commitment* binden sich die Gruppenmitglieder entsprechend ihren Zielen, Werten oder Normen selbst an die Gruppe, indem sie sich einem Gruppenethos verpflichten.[78] Für den Wir-Modus sind Gruppengründe notwendig, auf denen die Einstellung als Gruppenmitglied beruht. Die Gruppe wird hier zum grundlegenden Akteur, sie beschreibt aber keine Person im eigentlichen Sinn.[79] Vielmehr „konstruieren" sich die Mitglieder selber als eine soziale Gruppe mit voller kollektiver Intentionalität.[80] Dies wiederum erfordert Gruppenpräferenzen, die nicht auf die individuellen Präferenzen der einzelnen Teilnehmer zurückzuführen sind. Die Gruppenpräferenzen werden gebildet über:

1) Das Ethos der Gruppe, das sich aus ihren explizierten Zielen und Normen usw. ergibt, die von allen Gruppenmitgliedern akzeptiert werden und den Wert der Gruppe ausdrücken.

[78] Vgl. Tuomela (2007), S. 19 ff.

[79] Das Individuum hat die kollektive Intention, wenn die entsprechenden Bedingungen erfüllt sind.

[80] Es finden sich daher entsprechende Auszeichnungen der Theorie als Konstruktivismus innerhalb der Betrachtung kollektiver Intentionen. Siehe beispielsweise Paternotte (2013).

2) Kollektive Akzeptanz der einzelnen Gruppenmitglieder, die zu einer kollektiven Verpflichtung (über Gruppenziele) führt. Diese Verpflichtung setzt als Rationalitätskriterium voraus, dass die Gruppenmitglieder wissen bzw. glauben, dass es andere Mitglieder der Gruppe gibt, die dies analog betrifft.[81]
3) Operative Mitglieder der Gruppe, denen über die kollektive Akzeptanz und das Gruppenethos eine gewisse Autorität von den Gruppenmitgliedern zugewiesen wird.

Die Präferenzen und der Nutzen der Gruppe (Wir-Modus-Nutzen) müssen sich also nicht in den individuellen privaten Präferenzen der Teilnehmer widerspiegeln.[82] Die Gruppenmitglieder werden im Wir-Modus aber zu Trägern der Gruppenpräferenzen.[83] Exemplarisch im Sinne einer gemeinsamen Transformation einer Gruppe nimmt Tuomela die Nutzenwerte als Durchschnitt der privaten Nutzenwerte in der GD-Situation an (Abbildung 4.9):

Spieler B / Spieler A	c	D
C	(3)	(2,5)
D	(2,5)	(2)

Abbildung 4.9 Mögliche Darstellung von Kooperation im Wir-Modus

Da die Gruppe g entlang des kollektiven Ziels ihren Gruppennutzen maximieren will, ergibt sich das GG bei cc und beide Spieler würden als Gruppenmitglieder rational kooperieren. Die Präferenzen der Spieler A und B innerhalb einer Gruppe g sind dann die folgenden: cc > dc ~ cd > dd. Entsprechend wäre es ein kollektives *Commitment*, dass die Gruppe cc präferiert (*mutual knowledge*).

[81] Dieses gegenseitige Wissen wird von Tuomela (2002) noch einmal explizit mit dem sprachlichen Rahmen in Verbindung gebracht. Dies versteht dann bereits große Teile der Kommunikation als gemeinsame oder kollektive Ziele.

[82] Wichtig ist dabei, dass der Nutzen im Wir-Modus nicht funktional von den korrespondierenden Nutzenwerten der Teilnehmer im Ich-Modus abhängt. Die Gruppe kann hier genauso eine gänzlich andere Sicht einnehmen.

[83] Im Vergleich z. B. zu Pettit (1993), der die These eines sogenannten *Group Mind* vertritt. Eine kritische Analyse hierzu findet sich u. a. in Tuomela (1994).

Die Gruppe hat ein intendiertes Ziel G, das die Mitglieder akzeptieren, und entsprechend handeln die einzelnen Gruppenmitglieder auch danach. Die Mitglieder einer Gruppe intendieren cc als kollektive Handlung und jedes Mitglied will seinen Teil dazu beitragen, diese Handlung zu erreichen (Gruppengründe).[84]

Auf den ersten Blick mag nun vielleicht der Eindruck entstehen, dass sich für den einzelnen Spieler kein allzu gravierender Unterschied zwischen dem GD-Ergebnis des Pro-Gruppen Ich-Modus und dem Wir-Modus ergibt. Jedoch können sich hier gänzlich andere Ergebnisse einstellen.[85] Nur im Wir-Modus und dem Handeln ausgehend von der Gruppenperspektive wird ein Dilemma im GD wirklich umgangen, da der Konflikt zwischen individueller und kollektiver Rationalität aufgehoben ist. Die Mitglieder der Gruppe wählen hier entsprechend dem kollektiven Ziel den Outcome, der den Gruppennutzen maximiert. Im Pro-Gruppen Ich-Modus ist ein Agent nur persönlich an die Kooperation gebunden und er kann sich jederzeit anders entscheiden, da er hier nur sich selbst und nicht anderen gegenüber verpflichtet ist.[86] Durch die (selbstgegebene) Verpflichtung im Wir-Modus sind die Gruppenmitglieder motiviert zu kooperieren und die Gruppenziele zu erreichen. Im vollen Wir-Modus wird dabei auf Gruppen-Überzeugungen (oder -Wissen) zurückgegriffen („Wir als eine Gruppe glauben, dass p) und dies ist kollektiv akzeptiert. Die einzelnen Akteure haben den Ethos und Gruppengründe, sowie Präferenzen akzeptiert und wissen dies wechselseitig.[87] Entsprechend lassen sich Probleme in GD-Situationen durch eine milde Form des Kollektivismus und die Zurückweisung eines methodologischen Individualismus der ST an dieser Stelle auflösen.[88] Die Gruppenpräferenzen basieren auf kollektiven akzeptierten Einstellungen der betrachteten Gruppe und

[84] Vgl. Tuomela (2007), S. 177 f.

[85] Vgl. Hakli et al. (2010).

[86] Der Nutzen im Ich- und im Wir-Modus kann hinsichtlich einzelner Agenten auch linear verbunden werden. Der „Gesamtnutzen" $u_{tj}(x)$, der eine Handlung x eines Agenten A betrifft, setzte sich dann aus der individuellen Perspektive u_{ij} und der Gruppen-Perspektive u_{gi} und den entsprechenden Evaluierungen zusammen. Dies ermöglicht es, eine rationale Handlung idealerweise über beide Perspektiven eines Agenten zu betrachten.

[87] Es sei an dieser Stelle angemerkt, dass Gruppen Überzeugungen über die entsprechende Akzeptanz und Bindung aufgebaut sind und auf wechselseitigen I-Mode-Überzeugungen der Gruppenmitglieder beruhen, da die Gruppe bei Tuomela nicht selbst zum Träger von Überzeugungen werden kann. Jedoch sind die Überzeugungen der einzelnen Gruppenmitglieder über Akzeptanz gebunden. Vgl. Tuomela (2007), S. 134 f.

[88] Tuomela (1992a).

diese kollektiven Einstellungen sind ein typisches Ergebnis von Gruppendiskussionen, Deliberation usw. Sie können entsprechend vorgelagert zur einem Entscheidungsproblem, wie dem GD, vorhanden sein.[89]

4.7 Der Wir-Modus als naturalistisch und kollektiv konstruierte Praxis

In der Literatur finden sich nun viele teils auch kritische Auseinandersetzungen mit dem kollektivistischen Ansatz Tuomelas. Unter anderem wird auf das Problem der Zuweisung von Gruppenverantwortung verwiesen, die Vereinfachung der Ontologie der Rechte im kollektiven Modus hinterfragt und sich mit dem teils ungeklärten Status der sozialen Realität innerhalb des Ansatzes auseinandergesetzt.[90] Im Sinne der hier verfolgten Darstellung soll nicht weiter auf diese möglichen Diskussionspunkte eingegangen werden, die v. a. auf kritische Aspekte und offene Punkte innerhalb des vertretenen Kollektivismus selbst abzielen. Auch wenn dies in erweiterter Diskussion natürlich einer Klärung bedürfte, scheint der von Tuomela vertretene Kollektivismus in vielen Teilen zumindest wichtige Bezüge zu enthalten und ist partiell empirisch untermauerbar.[91]

Tuomela selbst bezieht sich auf evolutionäre Aspekte der Kooperation und der sozialen Aktivitäten, die den Wir-Modus zusätzlich plausibilisieren. Hierbei spielt sowohl die biologische als auch die genetische und kulturelle Evolution eine Rolle. Dies zeigt eine deutliche Entwicklung im Vergleich zu Axelrod (1984). Es wird angenommen, dass die kulturelle Evolution auf Gruppenselektion beruht. Ausgangspunkt der Überlegungen ist die sogenannte kumulative kulturelle Evolution, die nicht von Individuen alleine ausgehen kann. Vor allem die Fertigkeit der Nachahmung spielt hier eine Schlüsselrolle. Konformität wird zu einem zentralen kooperativen Bestandteil und beschreibt einen einfachen Weg, viele Informationen sammeln zu können und neue Fähigkeiten zu erlernen.[92] Die kulturellen

[89] Zentral ist hierbei die epistemische Annahme. Siehe Tuomela (1992b) oder Tuomela (2000b).

[90] Für diese Debatten siehe z. B. Ludwig (2017) und Schmitz (2017).

[91] Ergebnisse in diese Richtung finden sich z. B. bei Adenzato et al. (2005). Hier liefert die Empirie Hinweise dafür, dass soziale Ziele entsprechend im Gehirn geortet werden können.

[92] Dies wird in aktuellen Forschungen auch häufig als Grundlage dessen vermutet, was Menschen evolutionär von vielen Menschenaffenarten unterscheidet (siehe z. B. Martin, 1996, S. 138). Zum Teil anknüpfend hieran ist die Idee Tomasellos (2010) und Tuomelas, dass die kollektive Intentionalität eine besondere menschliche Eigenschaft ist oder zumindest eine

Aktivitäten in einer Gruppe von Menschen werden hier als geteilte intentionale Aktivitäten angenommen und die kollektive Intentionalität wird zum Produkt der Koevolution, die sowohl auf genetischen als auch auf kulturellen Aspekten basiert. Vereinfacht bedeutet dies, dass im Sinne der Koevolution Gruppen selektiert werden, die gut als Gruppe funktionieren – und somit haben Individuen, die im Sinne der Gruppen-Perspektive und des Ethos handeln, einen klaren Vorteil. Dieser Vorteil setzt Kooperation entlang der Gruppe oder optimalerweise kollektive Intentionalität voraus.[93] Hierdurch kann eine Disposition zur entsprechenden kooperativen Intentionalität unterstellt werden. Dabei knüpft Tuomela direkt an die ontogenetische Hypothese von Tomasello (2007, 2010) an, die das Deuten oder auch „Lesen" von Intentionen und die Motivation in Richtung kollektiver Intentionalitätsprozesse in der menschlichen Entwicklung untersuchen und auszeichnen.[94] Ausgehend von der Einbeziehung dieser Erkenntnisse zeigt sich die populationsdynamische Ausformulierung von Axelrod im Vergleich als eher eindimensional. Die hier postulierten Formen und Phänomene der Kooperation wären nicht mehr alleine auf der Grundlage einfacher Reziprozität (egal ob direkter oder indirekter) oder Verwandtschaftsbeziehungen erklärbar. Die Reziprozität, wie sie bei Axelrod angenommen wurde, bildet im Vergleich eine schwache Form der Reziprozität, während Tuomela den Menschen grundsätzlich starke Reziprozität unterstellt.

Im Rahmen der eingegrenzten Darstellung entlang der ST lassen sich jedoch auch einige Aspekte kritisch diskutieren. Ein Einwand, der sich in der Literatur recht häufig wiederfindet, betrifft das Ethos der Gruppe. Oft wird dahingehend kritisiert, dass die Anforderungen des Ethos zu stark sind.[95] Vor allem mit Blick auf komplizierte Gruppenvarianten, wie z. B. einer ganzen Kultur, könnte sich die Variante eines Gruppenethos entsprechend unattraktiv gestalten. Innerhalb einer erweiterten Auseinandersetzung zeigt sich jedoch, dass Tuomelas Ansatz es erlaubt, das Ethos entsprechend zu konstruieren. Der Wir-Modus bildet hier auch die Grundlage für soziale Institutionen. Dabei werden typische Institutionen als kollektive Antwort in einer Gruppe zur menschlichen Bedürfnisbefriedigung

---

wichtige Eigenschaft zu sein scheint, die den Menschen in seiner Umwelt so erfolgreich macht.

[93] Vgl. Tuomela (2007), S. 218 f.

[94] Siehe hierzu Tomasello et al. (2005) oder Tomasello, Rakoczy (2003). Auch die von Richerson und Boyd (2005) vertretene These zur Verbindung von Bestrafung und Konformität entlang der Gruppenselektion kann hier einbezogen werden. Kritik an Tomasello findet sich u. a. bei Satne, Salice (2020).

[95] Dies findet sich u. a. bei Ludwig (2017).

angesehen – sie bieten also eine kooperative Lösung kollektiver Handlungsdilemmata und schaffen in diesem Sinne Ordnung in kollektiver und individueller Weise. Soziale Institutionen sind somit eine kollektive und durch Normen geregelte konstruierte Praxis, die über Gruppen im Wir-Modus bestimmt sind.[96] Die Annahme der Transformationen zeigt, dass sie jedoch auch Platz für den Ich-Modus lassen.

> „According to the collective acceptance account, we-mode collective acceptance creates, and this required for, institutional entities and practices."[97]

Kollektive Akzeptanz im Wir-Modus ist dann notwendig für soziale Institutionen und institutionelle Fakten. Eine reine Reduzierung auf die individuelle Ebene ist damit ausgeschlossen. Die Voraussetzung, dass die Mitglieder kollektiv den Inhalt anerkennen und dieser entsprechend durchsetzbar ist, bildet die Grundlage hierfür. Zumindest muss eine angemessene Menge der Teilnehmer diese sozialen Institutionen als autoritativ für die Gruppe ansehen und sich daran binden. Diese Überlegungen veranschaulichen, wie komplexe Gruppenformen einbezogen und auch auf Kulturen oder beispielsweise demokratische Staatsformen angewandt werden können. Auch die Einbettung in die Evolutionstheorie stützt diese Annahme.

> „If all the participants of cooperation participate out of a cooperative attitude, we have a case of full blown cooperation. [...] A cooperative attitude can be based on various kinds of motivation, but in typical cases, it will involve goodwill not only towards performing X (which I invariably require) but also goodwill and faithfulness toward the other participants and acting in part of their personal sake [...]."[98]

In Anlehnung an das GD in der Darstellung der Gruppenpräferenzen kann man sich weiter fragen, ob nun ein angepasster Agent (also die Gruppe) auf konsequentialistischer Grundlage nach dem (engen) RC (T2) seinen Nutzen maximiert (normative Bewertungsgrundlage aus Gruppensicht). Der Wir-Modus ist entlang von Gruppenzielen und entsprechenden Gründen der Teilnehmer zumindest ad hoc offener formuliert. Dennoch sind nun Fälle denkbar, die das GD auf der Gruppenebene rekonstruierbar machen (Gruppe A und Gruppe B). Dies hängt damit zusammen, dass entlang der gewählten Darstellung im Wir-Modus nun die

[96] Tuomela, Tuomela (1995) oder Tuomela (2020).

[97] Tuomela (2007), S. 183.

[98] Ebd., S. 164.

Gruppe von der Wahl der wünschenswerten Handlungsalternative auf ihre Präferenzen zu schließen scheint. Entlang der Darstellung sozialer Institutionen und der Einbettung in die Evolutionstheorie wäre es jedoch auch hier zumindest denkbar, dass auch Gruppen auf der entsprechenden Grundlage kooperieren können. Offen bleibt dann zumindest, wie viele Betrachtungsebenen man hier erhalten könnte und ob entsprechende Transformationen auf dieser Ebene auch denkbar wären. Dies deutet zumindest auf eine gewisse Komplexität hin und verweist auf die Gefahr, dass es sich hier lediglich um einen Spezialfall des GD handeln könnte.

Betrachten wir entlang dieser Komplexität das folgende Beispiel. Wir gehen von einer Person Britta aus, die Mitglied in einer Gruppe mit geteiltem Ethos ist und die hier akzeptierten Gruppengründe teilt. Sie befindet sich in der Perspektive des Wir-Modus der angenommenen Gruppe und teilt die Gruppen-Gründe entsprechend. Es werden alle Bedingungen des Wir-Modus erfüllt. Der Einfachheit halber nehme ich weiter an, dass Britta keinen weiteren Gruppen oder Wir-Modi mehr angehört und nur innerhalb dieser einen Gruppe im Wir-Modus intendiert. Weiter wird nun unterstellt, dass es sich bei der Gruppe, der Britta angehört, um eine fundamentalistische Gruppe handelt Es wäre weiter vorstellbar, dass die Gruppe im Rahmen einer online-„Mobbing-Aktion" Hasskommentare auf Plattformen erstellt und ihre Mitglieder zur Unterstützung dieser Kommentare entsprechend verpflichtet sind. Da Britta sich die Gruppen-Gründe zu eigen gemacht hat ist es für sie entsprechend rational zu handeln. Dieses Beispiel beschreibt ein relativ häufig in Gruppendynamiken untersuchtes Phänomen von möglichen radikalisierten oder fundamentalen Gruppen. Allgemein kann man sich an dieser Stelle nun fragen, ob es kollidierende individuelle Gründe geben könnte, die Britta dazu veranlassen die Gruppen-Gründe neu zu evaluieren. Die Frage ergibt sich entlang der Tatsache, dass der Wir-Modus immer vor subjektiv kollidierenden Gründen priorisiert wird. Ansonsten wäre er entsprechend instabiler. Befindet sich Britta jedoch tatsächlich in einem Wir-Modus, bleibt fraglich, wie sie ihre Gründe diesbezüglich ändert und auf welcher Einstellungsebene, geht man davon aus, das es meist private kollidierende Gründe sind, die Mitglieder solcher Gruppen zum Ausstieg bewegen.[99] Entlang des Wir-Modus ist die Situation nur auflösbar, indem auf weitere Normen oder auf die Zugehörigkeit weiterer Gruppen, wie einer Gesellschaft, in der sich Britta befindet, verwiesen wird.[100]

[99] Denkbar wäre an dieser Stelle die Argumentation, dass sich Britta dann nicht tatsächlich in einem Wir-Modus befunden hat (sondern nur in einem Pro-Gruppen Ich-Modus). Dies ist eine zulässige Argumentation, jedoch gerade bei fundamentalistischen Gruppen unrealistisch.

[100] Denkbar wäre aber auch hier, dass Britta sich in einem Staat befindet, der dies als geteilte Institution anerkennt.

Jedoch zeigen sich gerade entlang fundamentaler Gruppen immer wieder solche Phänomene und Aussteiger scheinen kollidierende Gründe anführen.

Das Beispiel verweist dennoch auf eine Annahme, die entlang der ethischen Betrachtung der Rationalität nicht gänzlich unberücksichtigt bleiben sollte. Es scheint an dieser Stelle erschwert, aus externer Sicht (Nicht-Mitglied der Gruppe) eine Gruppe als auf normativer Grundlage fragwürdig zu bezeichnen oder entsprechend explizit entlang der Kooperation zu beurteilen.[101] Dies hängt vor allem damit zusammen, dass die Objektivität innerhalb Tuomelas Wir-Modus durch das *Commitment* (*Collective Acceptance*) und somit die Zugehörigkeit zu einer Gruppe (als Gruppenmitglied) selbst konstruiert ist. Stattdessen scheinen die sozialen Systeme sich durch die Entscheidung über die Mitgliedschaft der Gruppe selbst zu konstituieren, wie u. a. auch Preyer (2008) dies anmerkt. In diesem Sinne bestimmt die kollektive Akzeptanz auch den Konsens der Gruppe. Unabhängig dieser praktischen Anmerkungen, stellt das Beispiel jedoch für den Ansatz auf theoretischer Ebene kein tatsächliches Problem dar.

Ein tatsächlicher (jedoch geringfügiger) Kritikpunkt, der teils auf ähnliche Tendenzen verweist, findet sich weiter bei z. B. bei Schweikard (2017). Dieser formuliert problematische Konflikte zwischen Gruppengründen und individuellen Gründen aus („Switch Problem“). Als problematisch auszeichnen lässt dann, dass Gruppengründe über die je (kollidierenden) individuellen Gründe, die die entsprechende Person außerhalb der Gruppe besitzt, gestellt werden.[102]

> „Then the issue becomes whether, quite apart from functional integrity of the group as a unit of agency, it is justified to claim that group-normative reason trump other normative reasons.“[103]

Zwar lässt Tuomela die Option zu, dass eine rationale Handlung entlang beider Modi einer Person abgewogen werden kann (Ich-Modus und Wir-Modus), dies setzt aber immer schon voraus, dass die Handlung im Ich-Modus nicht das Ethos der Gruppe selbst betrifft. Konfligieren dagegen die individuelle und die kollektive Rationalität eines Agenten direkt in GD-Form, sieht Tuomela die Gruppenperspektive als grundlegend.[104] Die Konflikte, die Schweikard skizziert, beziehen sich auf Konflikte, in denen eine Person sich sowohl in einem

[101] Eine Analyse im Rahmen einer kulturell übergeordneten Gruppe entlang sozialer Institutionen wäre hier, wie bereits angedeutet, nicht auszuschließen.

[102] Tuomela (2007), S. 116 und S. 171 f.

[103] Vgl. Schweikard (2017), S. 106.

[104] Tuomela (2007), S. 171.

Wir-Modus befindet und ebenso individuelle Gründe hat, die den Gruppengründen direkt entgegenstehen würden. Der Einfachheit halber kann man das obige Beispiel von Britta umformulieren: Stellen wir uns vor, dass Brittas Familie zu einer der Minderheiten gehört, die die fundamentalistische Gruppe angreifen möchte. Britta hat nun gute Wir-Modus-Gründe und eine entsprechende Verpflichtung gegenüber der Gruppe, dies zu tun, aber auch entsprechende private Gründe, dies nicht zu tun, da sie eigentlich ein gutes Verhältnis zu ihrer Familie pflegt und deren Sicherheit in ihrem individuellen Interesse liegt. Hier entsteht ein konkreter Konflikt innerhalb Brittas Einstellungen. Wäre Britta an die Gruppengründe gebunden und dahingehend verpflichtet, würden diese entlang Schweikards Kritik dazu führen, dass die privaten Gründe unberücksichtigt bleiben. Der Kritikpunkt des Switch-Problems verweist auf eine entsprechende Abwägung der Gründe und die dahingehend eingeschränkte Handlungsfreiheit einer Person entlang des *Commitment*. Britta wird ihre Einstellung als Mitglied zugeschrieben und ihre Akzeptanz des Ethos schränkt ihre Handlungsdisposition entsprechend ein. Dahingehend ergeben sich zumindest strukturelle Fragen.

Auch wenn der Wir-Modus nicht auf den Ich-Modus reduzierbar ist, räumt Tuomela selbst den entsprechenden Hinweis auf mögliche Kompromisse hin zum Wir-Modus ein:

> „Account (GP) does not require that anyone of the group members prefers X to Y in the I-mode; group preferences might be, for example, emergent compromises made on the basis of I-mode preferences."[105]

Auch das nachfolgende Zitat verdeutlicht, dass es langfristig vermutlich nicht der Fall ist, dass ein Agent Teil einer Gruppe ist und das geteilte Gruppenethos akzeptiert, wenn dies seinen Präferenzen tatsächlich permanent entgegenläuft:

> „Thus (rational) group preferences need not directly respect the individual members private preferences, except perhaps in the long run."[106]

Beide Zitate deuten aber darauf hin, dass Konsens im Sinne einer fortlaufenden Kommunikation und Orientierung zumindest nicht gänzlich vernachlässigbar scheint.

Es lässt sich damit zusammenfassend festhalten, dass der Wir-Modus lediglich das Switch-Problem nicht ausreichend auflösen kann. Dies ist in der Abwägung

---

[105] Tuomela (2007), S. 161.

[106] Ebd.

gegenüber anderen Ansätzen und des klassischen RC hinsichtlich der Kooperation ein relativ geringes Problem. Damit ist der Ansatz von Tuomela relativ funktional und durch den Wir-Modus kann Kooperation im GD zu einer rationalen Lösung avancieren. Der Ansatz rückt die sozialen menschlichen Aspekte und die zugrunde liegenden Phänomene in das Zentrum der Betrachtung und bietet weitreichende philosophische Einblicke. Jedoch lassen sich entlang der naturalistischen und sozial konstruierten Praxis des Ansatzes Fälle umreißen, die mögliche Modi-Wechsel zumindest nicht in Gänze erklären können. Entsprechend schließe ich hinsichtlich eines irgendwie geforderten langfristigen Konsenses zwischen kollektiver und individualistischer Rationalität eines Akteurs, dass hier im Detail zumindest noch weiterer Klärungsbedarf die Auszeichnung von Rationalität betreffend bestehen könnte. Ein offener Punkt könnte darüber hinaus (auch durch empirische Ergebnisse) die Problematik des Pro-Gruppen Ich-Modus sein, sowie den hier indirekt notwendigen Bezug auf einen bereits bestehenden Wir-Modus (dies wird in Kapitel 5 weiter angerissen).

4.8 Kooperation in der strukturellen Rationalität nach Nida-Rümelin

Nida-Rümelin (2001, 2009, 2012, 2019) greift in seiner Theorie der strukturellen Rationalität (SR) die Trennung zwischen der Wahl und Präferenzen (im engen) RC auf. Dabei wird die konsequentialistische Interpretation des engen RC (T1) direkt kritisiert und gänzlich verworfen. Entsprechend bleibt im Vergleich zu anderen Ansätzen des Kapitels an dieser Stelle kein Platz für eine mögliche so vorgenommene Interpretation der Theorie. Stattdessen werden die formalen Rahmenbedingungen des weiten RC mit einer adäquaten Rationalitätskonzeption (T3) – der sogenannten strukturellen Rationalität – verbunden. Rationalität ist in diesem Verständnis nicht punktuell bestimmbar, sondern immer in Bezug auf Strukturen zu sehen. In das Zentrum der Betrachtung rücken dann Gründe – statt der Reduzierung auf ausschließlich konsequentialistische Gründe. Die Theorie zielt damit direkt auf die Zurückweisung von T2 ab und greift innerhalb dieses Rahmens das Problem im GD auf.[107] Auch für Kooperation wird im Rahmen individueller kooperativer Gründe argumentiert. Der kooperative Agent optimiert hier nicht mehr nur ausschließlich über die individuelle Evaluation der Konsequenzen.

[107] Vgl. Nida-Rümelin (1997c).

Hat ein Akteur gute Gründe, um zu kooperieren oder kollektive Regeln zu akzeptieren, nimmt er Abstand von der alleinigen Optimierung über egoistische Konsequenzen. Hierbei liegen verschiedene gute Gründe vor, die sich auf verschiedene Eigenschaften von Handlungen und ihren Kontext beziehen. Im Grundsatz wird unterstellt, dass rational deontologische Handlungen kompatibel mit den formalen Axiomen der ET sind.[108] Die Theorie ist insgesamt sehr reichhaltig und umfassend und soll in der folgenden Darstellung auf ihre wesentlichen Aspekte im Hinblick auf das Verständnis von Kooperation beschränkt dargestellt werden. Kooperation bei Nida-Rümelin verneint dabei im Vergleich zu Tuomela den Bezug auf einen vollen Wir-Modus, greift jedoch am Ende der Begründung auf einen Konsens zwischen den beteiligten Akteuren zurück. Nachfolgend soll erst die Theorie und damit mögliche einhergehende Probleme erläutert werden, während dann im Verlauf der Arbeit weitere Bezüge und mögliche Differenzen interpretatorisch zu klären sind.

Kooperation wird von Nida-Rümelin direkt über die GD-Struktur definiert. Dies bedeutet, dass kooperierende Personen von ihrem eigenen Interesse Abstand nehmen, um etwas zu erreichen, was im gemeinsamen Interesse der Beteiligten liegt (Pareto-Inklusivität). In diesem Sinne wird keine altruistisch motivierte Voraussetzung angenommen. Zwei Personen koordinieren ihre Handlung so, dass die Kombination von Handlungen, die von beiden gewünscht wird, umgesetzt wird. Grundlegend ist also immer noch das eigene Interesse und nicht das der anderen Person. Dies kann kollektiv gedeutet werden, indem von einem gemeinsamen Interesse im GD ausgegangen wird. Beide Personen haben dann entlang der im GD bestehenden Alternativen Interesse an der Kooperation. Kooperation wird so zu einem paradigmatischen Fall einer rationalen Handlung. Die kooperierende Person wählt ihre Handlung so, dass sie Teil einer interpersonellen Struktur von Akteuren ist, die bevorzugt wird. Ermöglicht wird dies durch den jeweiligen Verzicht der individuellen Optimierung.

Dabei wird von den jeweils anderen erwartet, dass sie dieselben Präferenzen in Anbetracht der gegebenen Alternativen haben und gleichsam bereit sind zu kooperieren (symmetrische Präferenzen und hieraus resultierende Bereitschaft zur Kooperation). Dies ist eine zentrale Voraussetzung für rationale Kooperation nach Nida-Rümelin (2001, 2019). Diese Form der gegenseitigen Kooperation verbleibt jedoch im Vergleich zu Tuomela (2007) innerhalb der Annahmen eines methodologischen Individualismus, da die Kooperation nur von den Eigenschaften des Agenten selbst ausgeht. Die interpersonelle Struktur ist kooperativ, wenn die involvierten Agenten kooperieren und die reziproke Kooperation erfüllt wird.

[108] Siehe hierzu Nida-Rümelin (2019), S. 78 f.

Die Bereitschaft zur Kooperation beinhaltet neben dem Verzicht auf die individuelle Optimierung auch den je eigenen Beitrag zur kollektiven Handlungsstruktur. In diesem Zusammenhang ist die individuelle Entscheidung zur Kooperation rational.

> „To act cooperatively is to choose one's action such that it is part of a collective action (= a combination of individual action, = an interpersonal structure of agency), which collective action the person prefers to the collective action which would result from individual optimization and of which the person believes that the other agents (potentially) involved in the cooperation have the same preference."[109]

Es kann somit gute Gründe geben zu kooperieren, jedoch nicht unter allen Umständen (z. B. wenn dies mit moralischen Normen konfligiert). Entstehen hierdurch jedoch keine negativen externen Effekte, wird die Kooperation strukturell rational.

> „It takes the motivation of cooperating person seriously, that is, it accepts the motive to act as a good (cooperative) reason. A cooperative reason of this kind can be described as follows: a person has good cooperative reason to contribute to a specific collective action, even through, independent of the contribution of other persons, it would be better for her as an individual not to do so."[110]

Ist die Entscheidung zu einer kollektiven Handlung wohlbegründet, dann ist auch die individuelle Handlung – als ein Teil der strukturellen Handlung – wohlbegründet und rational. Die strukturelle Rationalität erlaubt den Akteuren, direkt zur Kooperation fähig zu sein, und muss keine egalitaristischen oder altruistischen Motivationen (wie z. B. Sen) oder ein gemeinsames Ethos (wie z. B. Tuomela) annehmen. Die kooperative Handlung selbst ist motiviert durch spezifische (kooperative) Gründe angesichts der gegebenen interpersonalen Relation („Ich habe kooperative Gründe für eine kollektive Handlung, die wir beide bevorzugen"). Kooperation nach Nida-Rümelin kann also stattfinden, wenn:

a) eine kooperative Haltung vorhanden ist,
b) eine allgemeine zulässige kollektive Handlung gegeben ist und
c) die Strategie-Kombinationen der GD-Situation vorliegen.[111]

---

[109] Nida-Rümelin (2019), S. 28.

[110] Ebd., S. 117.

[111] Ebd., S. 119.

Normativer Konsens erlaubt nach der SR die kollektive kooperative Handlung. Es kommen also nur symmetrische interpersonelle Handlungsstrukturen als Ergebnis wohlbegründeter Entscheidungen in Betracht. Die punktuelle Handlung entspricht einer strukturellen, wenn die Interaktionssituation symmetrisch ist. Liegen keine negativen Externalitäten vor, ist die rationale Entscheidung der Kooperation (kollektiv) vorzuziehen. Ein kooperativer Grund ist es, sich an einer kollektiven Handlung zu beteiligen, wenn diese jeweils besser für die Person ist.

In Anlehnung an die Darstellung nach Tuomela kann man nun fragen, ob die kollektive Handlung und die gegenseitige Erwartung darüber entsprechend ausreichend gewährleistet wären. Denn die Bedingungen von Kooperation (a–c) geben keine Hintergrundannahmen über die weiteren Bedingungen der Akteure. Zwar lassen sich nun Fehldeutungen im (engen) RC einbetten und umgehen, jedoch stellt sich die erweiterte Frage nach der Problemauflösung im weiten RC. Denn vergleichbar wäre die hier vorliegende Kooperation in Teilen mit dem Pro-Gruppen Ich-Modus oder gar dem Wir-Modus selbst (vorgelagerter Konsens). Jedoch ohne entsprechende Präferenz- oder Agententransformation. Fraglich bleibt dann bisher, auf welcher Grundlage Kooperation gewährleistet wird – Was also gegeben des Wissens (der Überzeugungen) der Akteure sie dazu anhält überhaupt zu kooperieren, wenn die Kooperation des je anderen nicht gesichert scheint.[112] Betrachtet man die Probleme, die das Kooperationsdilemma auch entlang der rein formalen Theorie (weites RC) verursacht, bleibt zumindest die detaillierte Beschreibung aus, was hier entlang der (kohärenten) Gründe der Akteure hin zu Kooperation passiert und wie dies entlang ihrer Präferenzen zu Kooperation führen kann. Im Wir-Modus ist Kooperation stabil gesichert, wenn die entsprechenden kollektiven Bedingungen erfüllt sind und gemeinsame Überzeugungen über das Ethos und die motivationalen Annahmen der Akteure vorausgesetzt werden.

Dahingehend bleiben zentrale Fragen innerhalb der SR (zumindest in Anlehnung an die ST) bisher ungeklärt. Zwar fallen diesbezüglich die Präferenztransformationen oder gar Akteur-Transformationen weg, jedoch wählen beide Akteure im GD nun eine kollektiv-intentionale Handlung auf der Grundlage ihres persönlichen Interesses. Über diese interpersonelle Struktur betten sie ihre punktuelle Handlung entsprechend ein. Wie genau das funktioniert, bleibt bisher unterbestimmt. Tun sie es rein auf Grundlage der bisher unterstellten Symmetrie, besteht zumindest die Gefahr in die ursprüngliche Dilemma-Situation zurückzufallen.

[112] Die Frage danach, auf welcher Grundlage sich der andere innerhalb anonymer Fällen beteiligt, scheint unklar.

Entsprechend gilt es, die Theoriebestandteile der SR an dieser Stelle genauer zu betrachten.

Kohärenz und die Vielfalt der Gründe

Wichtig für die bisherigen Überlegung ist die Annahme, dass es auch deontologische Gründe zu geben scheint, die nicht auf konsequentialistische Weltzustände reduziert werden können und die mit den formalen Kohärenzaxiomen kompatibel sind.[113] So sind innerhalb des weiten RC beispielsweise auch altruistische Präferenzen zulässig. Kooperative Gründe ergeben sich nun in der SR über die individuellen Präferenzen der Akteure selbst. Jede Handlung bildet in der strukturellen Rationalität ein bewusstes Urteil ab. Deskriptive und normative Überzeugungen sind in diesem Sinne einem rationalen Agenten gleichermaßen zugänglich und begründbar.

In der Unterscheidung zur Standardtheorie geht Nida-Rümelin davon aus, dass Intentionen Strukturen aufweisen und in den übergeordneten Kontext epistemischer und konativer propositionaler Einstellungen eingebunden sind. Deskriptive und normative Überzeugungen formen komplexe Systeme aus je zwei Arten von propositionalen Einstellungen – epistemischen und konativen. Epistemische Einstellungen liegen in Form deskriptiver Überzeugungen, Erwartungen, Vermutungen, Gewissheiten, Hypothesen usw. vor und betreffen das, was war, ist und der Fall sein wird. Dagegen liegen konative Einstellungen in Form von Wünschen, Hoffnungen, Intentionen usw. vor. Die Einstellungen einer Person können sich über die Zeit ändern, manifestieren sich jedoch unter bestimmten Bedingungen in Urteilen und Handlungen.[114]

Sowohl verschiedene epistemische als auch konative Einstellungen sind in komplexer Weise miteinander verbunden. Ebenso sind beide Arten von propositionalen Einstellungen über ihre Manifestation verbunden. Theoretische und praktische Gründe korrespondieren mit epistemischen und normativen Einstellungen und basieren auf normativen Urteilen. Deskriptive Überzeugungen spielen eine Rolle, um zu bestimmen, welche Handlung geeignet ist, unsere Wünsche zu erfüllen. Und auch normative Überzeugungen können in diesem Sinne eine handlungsorientierende Rolle spielen, indem sie Grenzen bestimmen. So setzen wir beispielsweise bei der Rücksichtnahme gegenüber anderen im altruistischen Sinne mögliche Grenzen bei der Verfolgung unseres Eigeninteresses. Die Einstellungen sind geprägt von theoretischen und praktischen Gründen, wobei konsequentialistischen Gründen keine Sonderrolle zukommt. Veränderungen in

[113] Vgl. hierzu Nida-Rümelin (2019), S. 119 f.

[114] Vgl. Nida-Rümelin (2001), S. 23 f.

den propositionalen Einstellungen einer Person sind durch Gründe geleitet. Rationalität kommt erst ins Spiel, wenn deskriptive Überzeugungen hinzukommen, die ungerichtete Wünsche in gerichtete übertragen – und dies schlägt sich in der intentionalen Struktur der Handlung nieder.[115] Beispielsweise, wenn Britta (siehe Abschnitt 3.1) (strukturell übergeordnete) Ziele verfolgt bei der Prüfung gut abzuschneiden und deshalb, obwohl sie gerne ausgehen will, es vorzieht Zuhause zu bleiben.

Intentionen selbst sind dabei eine spezifische Sorte konativer Einstellungen, die eine enge Beziehung zu Handlungen aufweisen. Sie selbst sind das Ergebnis des Abwägens theoretischer und praktischer Gründe und eingebettet in das System epistemischer und konativer Eigenschaften. Im Vergleich zur Auffassung des (engen) RC sind also nicht kausale Konsequenzen auf konative Einstellungen durch deskriptive Überzeugungen gerichtet, sondern die Handlung ist das Ergebnis der normativen Urteile, die theoretische und praktische Gründe miteinschließen. Intentionen können so Strukturen anzeigen (durchaus kausal), da Britta öfters die Entscheidung treffen muss zu lernen (wg. ihrer Intention bei einer Prüfung gut abschneiden zu wollen), auch wenn dies vielleicht nicht ihren aktuellen Wünschen entspricht. Die Motivation einer Person kann dann nicht nur auf der Basis grundlegender Wünsche rekonstruiert werden. Die Rationalität einer Handlung ist ein Ausdruck dieser Einstellungen selbst und greift auf ein System von Hintergrundannahmen zurück. Die kollektive Intention innerhalb der Kooperation beschreibt in der SR eine spezifische Form interpersoneller struktureller Intention.[116] Ein Wunsch in diesem Sinne kann eine Reihe von Handlungen erforderlich machen und strukturelle Intentionen können nicht auf punktuelle reduziert werden. Rationalität verlangt hier ein begründetes Abwiegen. Dies gilt neben dem interpersonellen Fall auch in ähnlicher Weise für den intrapersonellen für eine Person zu zwei verschiedenen Zeitpunkten.

Die Vielfalt guter Gründe findet sich in der übergeordneten Lebensstruktur des Individuums. Die Struktur soll intentional realisiert werden. Theoretische und praktische Gründe unterscheiden sich nur darin, was sie begründen, und nicht darin, wie sie begründen. Gründe werden für (theoretische und praktische) Urteile unter Abwägung angegeben. Handlungen integrieren immer Gründe und sind der Ausdruck von Urteilen. Die übergreifende Struktur einer Person ist kohärent und holistisch sowie Ausdruck ihrer individuellen Freiheit.[117] Die richtige Wahl der

[115] Vgl. Nida-Rümelin (2001), S. 73 ff. und Nida-Rümelin et al. (2012), S. 11 ff.

[116] Die anderen Akteure werden anders behandelt als natürliche Ereignisse und es besteht eine Erwartung an die interpersonelle Kohärenz.

[117] Vgl. Nida-Rümelin (2000).

Lebensform ist nicht durch externe Kriterien vorgegeben. Die Pluralität der guten Gründe bildet damit je die gewählte Struktur ab, die den Anforderungen der Kohärenz unterworfen ist und in ihrer Minimalkohärenz die formalen Kriterien des weiten RC erfüllt. Punktuelle Entscheidungen lassen sich in die umfassende Struktur einbetten und diese bewährt sich wiederum an den einzelnen Entscheidungen, die selbst für gute Gründe sprechen können. Eine Begründung unterliegt einem Vor und Zurück in beide Richtungen und kann deduktiv und induktiv sein.[118] Neue Erfahrungen, Entscheidungen oder Gründe werden immer wieder modifiziert und revidiert. Es entstehen immer wieder neu abzuwägende Handlungsoptionen, die eigene normative Stellungnahmen eines Akteurs erforderlich machen und im Ergebnis nicht vorherbestimmt sind. Durch die Wahl bestimmter Strukturen entstehen jedoch bestimmte ethische Verhaltensmuster, die das Abwägen im Einzelfall überflüssig machen. Das intrinsisch Wertvolle ist hier nicht vorgegeben, sondern wird mit durch die individuellen Lebensformen bestimmt. Die gewählte Lebensform der Individuen beschreibt dabei die letzte Instanz der Begründung und wird durch die Lebenswelt selbst beantwortet. Diesbezüglich kann ein Zirkel in der Begründung unterstellt werden. Nach Nida-Rümelin (2001) ist dies jedoch nicht der Fall, sondern die Übereinstimmung von kleinen und großen Entscheidungen verweist vielmehr auf den kohärentistischen Charakter der SR selbst.[119]

Gründe werden handlungsleitend für eine Person, wenn sie akzeptiert sind. Die strukturelle Wahl, die sich ein Agent durch gute Gründe selbst auferlegt, schränkt die Handlungsoptionen einer Person ein und fordert die zeitlich und personell ausgedehnte Kohärenz der Einstellungen einer Person. Dabei drückt sich Willensstärke darin aus, dass eine Person punktuell das tut, was sie strukturell erkennt. Somit lässt sich Irrationalität u. a. durch Selbstkontrolle beheben und verweist auf eine unangemessene Gewichtung oder eine fehlende Strukturierung von Gründen.[120] Neigungen selbst binden Handlungen nie direkt, sondern vermittels akzeptierter guter Gründe. Es gibt eine Hierarchie von Entscheidungsebenen und die Entscheidung für eine Lebensform scheint die ultimative Instanz der Beurteilung für individuelle Entscheidungen und Handlungen.[121] Fraglich bleibt dann hinsichtlich kollektiver Intentionalität zur Kooperation, welche Gründe und Urteile hier einfließen. So könnte man beispielsweise vermuten, dass normative

[118] Vgl. u. a. Nida-Rümelin (2019), S. 55 ff.

[119] Vgl. Nida-Rümelin (2001), S. 157.

[120] Wobei hier anzumerken ist, dass Willensstärke und Selbstkontrolle dann kritisch im Licht der jeweiligen Erfahrungen von Akteuren zu prüfen wären. Siehe hierzu Berger et al. (2022).

[121] Vgl. ebd., 136 f.

Urteile die Ursache dessen sind. Da Kooperation hier aber nicht unabhängig der Erwartungen über den anderen Akteur als rational erscheint, deutet sich hier eine Unterbestimmtheit ab (über das mögliche Zustandekommen eines solchen normativen Urteils).[122]

Objektivität der Gründe und Kommunikation

Entlang der Wahl der Lebensform und kohärenter guter Gründe kann nun anhand des bisher Dargelegten eine gewisse Form der Personenrelativität unterstellt werden. Innerhalb der Literatur finden sich dahingehend kritische Analysen der SR, die hier einen impliziten Relativismus oder Subjektivismus vermuten.[123] Die hier postulierte Personenrelativität ist dagegen nach Nida-Rümelin selbst als harmlos anzusehen.[124] Gründe sind immer äußeren und inneren Bedingungen unterstellt und als Teile der inneren Bedingung rational begründbar. Die innere Bedingung äußert sich in der frei gewählten Lebensstruktur der Akteure.

Nida-Rümelin führt das Beispiel an, dass die Rücksichtnahme gegenüber anderen Personen der Ausdruck einer strukturellen Einschränkung der individuellen Handlungsalternativen dieser Person ist. Wünsche bestimmen so erst über akzeptierte Handlungsgründe unsere Handlungen. Die äußere Bedingung der Gründe zeigt sich aber unabhängig von der Subjektivität der Person, im Vergleich zu Tuomela auch unabhängig von einem starken Wir-Kollektiv oder einer Wir-Modus Gruppe, wenn auch nicht unabhängig von anderen v. a. im kooperativen Fall. Hier lassen sich zumindest einige Parallelen der Theorien erahnen, die es in der Folge der Arbeit weiter aufzugreifen und auch zu differenzieren gilt und u. a. mit der Frage nach den epistemischen Bedingungen kooperativer Gründe einhergeht. Die Tatsache, dass eine Person einen Handlungsgrund akzeptiert, fällt in der SR immer in den Bereich der inneren Bedingungen der Person, jedoch sind die Gründe selbst nicht Teil des subjektiven Zustands einer Person, sondern grundsätzlich extern.[125] Entsprechend muss ein Grund, der für eine Person A einen guten Grund darstellt, noch lange kein guter Grund für eine Person B sein. Dies würde sonst die Handlungsfreiheit der Personen zu sehr einschränken.

Die verbleibende Personenrelativität ist jedoch auch nicht im subjektivistischen Sinne oder im Sinne eines moralischen Relativismus zu werten. Personen

[122] Viele der hier gegebenen epistemischen Hinweise sind nicht direkt in den Rahmen der ST innerhalb einer Interaktionssituation zulässig anwendbar.

[123] Siehe hierzu z. B. Pfordten (2012) oder Hahn (2013). Nida-Rümelin (2012) selbst argumentiert, dass es sich in beiden Darstellungen um spezifische interpretatorische Missverständnisse hinsichtlich der SR handelt.

[124] Nida-Rümelin (2005b) oder Nida-Rümelin (2011b).

[125] Nida-Rümelin (2001), S. 72 ff.

können zwar entlang unterschiedlicher ursprünglicher Neigungen zu anderen Handlungsgründen gelangen, jedoch haben sie ein gemeinsames Verständnis guter Gründe – auch wenn eine Person B den Handlungsgrund einer Person A nicht teilt, bleibt er für sie verständlich und innerhalb des Kontexts von Person A beurteilbar. Entsprechend werden gute Gründe objektivistisch verstanden. Wir können uns über gute Gründe verständigen. Die Möglichkeit, dass wir über gute Gründe diskutieren können oder Übereinstimmung über den bestehenden Sachverhalt einer Begründung herrscht, setzt dies immer schon voraus.

> „Meinungen haben es an sich subjektiv zu sein. Ebenso haben es Gründe an, sich objektiv zu sein wie Tatsachen. Meinungsverschiedenheiten über gute Handlungsgründe sind ganz analog zu behandeln wie Meinungsverschiedenheiten über Tatsachen. Handlungsgründe sind objektiv. Meinungen über Handlungsgründe sind subjektiv.“[126]

Die kommunikative Rationalität beschreibt weiter eine spezielle Form der SR. Intentionen geben sprachlichen Entitäten ihre Bedeutung. Ohne Intention kann aber auch kommunikative Handlung keine Bedeutung haben. Die Sprache wird so in Anlehnung an den Ansatz von Austin (1972) zur kooperativen Institution,[127] die auf grundlegenden kommunikativen Normen – Wahrhaftigkeit, Verlässlichkeit und Vertrauen – beruht und nicht als konventionell anzusehen ist. Der institutionelle Charakter zeigt sich in der allgemeinen Akzeptanz der Sprachregeln und der Konformität der Mitglieder.[128] Erfolgreiche Kommunikation setzt voraus, dass (i) der Sprecher wahrhaftig ist – also er nicht einfach etwas behauptet, von dessen Richtigkeit er nicht überzeugt ist. Darüber hinaus muss (ii) der Sprecher verlässlich sein und nur Behauptungen aufstellen, für die er gute Gründe hat. Ohne einen guten Grund liegt der Aussage kein Wahrheitsanspruch zugrunde (Bezug zur objektiven Wirklichkeit). Daher kommt in dem Prinzip der Verlässlichkeit die Verantwortung gegenüber den anderen Mitgliedern der Sprachgemeinschaft zum Ausdruck, die durch eine Aussage oder Behauptung die anderen Mitglieder derselben beeinflusst. Abschließend leitet sich aus (i) und (ii) ab, dass (iii) der Sprecher vertrauensvoll ist. Sind die Teilnehmer einer Sprachgemeinschaft wahrhaftig und verlässlich, dann liegt es im eigenen Interesse einer rationalen Person, diesen zu vertrauen.[129]

---

[126] Ebd., S. 78.

[127] Die Sprechakttheorie Austins (1972) lässt sich jedoch auch partiell kritisch betrachten oder hinterfragen. Siehe hierzu z. B. Preyer (2000).

[128] Nida-Rümelin (2001), S. 100 f.

[129] Vgl. Nida-Rümelin (2001), S. 100 ff.

Nicht erst durch den gemeinsamen Bezug auf geteilte Werte wird bei der SR Sprache zu einer kooperativen Institution. Regeln der Kooperation sind hier von reinen konventionellen Regeln zu unterscheiden, die die alleinige Koordination der Interessen der Beteiligten erfordern. Vielmehr werden im Diskurs über die kommunikativen Grundnormen hinaus Regeln begründet. Die Verständigung rationaler Akteure setzt hier den Bezug auf gemeinsame Regeln und Wissen voraus, wohingegen Trittbrettfahrertum die Grundlage der Kommunikation zerstören würde. Erst innerhalb dieser Einschränkungen dieser auferlegten Regeln wird punktuelle Optimierung zulässig.[130] Wobei auch hier im Vergleich zu Tuomela (2007) die Verbindung zu Sprache als entsprechende Form der Institution im Wir-Modus besteht.

4.9 Kollektive Intentionen und der Präferenzbegriff

Der Ansatz der strukturellen Rationalität vermag es, wichtige Theorieelemente der bisherigen Überlegungen miteinander zu verbinden: Er lässt Raum für eine gewisse Pluralität innerhalb der eigenen Lebensform, verweist jedoch auf die Objektivität der Gründe und fällt so in keinen Subjektivismus oder Relativismus zurück. Er bietet Platz für moralische Regeln, die teils als Ergebnis der Kooperation verstanden werden, ohne auf hierzu angenommene universelle Regeln (wie das Kantische Sittengesetz) zurückzugreifen. Eine grundlegende Unterscheidung zwischen Rationalität und Moralität wäre an dieser Stelle aufgehoben. Der Ansatz erfasst die Komplexität von Handlungsentscheidungen angemessen und orientiert sich hierbei an unserer Lebenswelt. Jeder von uns kennt die Situation, Gründe für eine Entscheidung wiederzugeben und auch die Begründungen anderer Personen als rational oder irrational zu beurteilen. Dies macht den Ansatz entlang unserer Alltagserfahrungen intuitiv bereits relativ plausibel.

Kehren wir an dieser Stelle zur Kooperation zurück – und dies betrifft entsprechend weitere moralische Regeln die auf Kooperation basieren: Fraglich bleibt, wie die epistemischen und normativen Bedingungen beschaffen sein müssen, dass entlang einer solchen interpersonellen Struktur wie dem GD kooperative Gründe zustande kommen können. Hierzu muss eine Art normativer Konsens angenommen werden, der Grundlage für die normative Einstellung der Akteure ist. Kooperation setzt auch, entlang der SR als Regel, mehr als bloße Koordination im GD voraus und verweist so auf eine höhere Konformität, um die Verhaltensmuster der Akteure entsprechend zu etablieren. Diese Regeln folgen einer

[130] Vgl. ebd., S. 107 ff.

normativen Motivation: „I do my part because I approve of the patterned practices if I can expect that all or most of the group members conform them [and I expect that other expect me to conform them etc.]“[131] In diesem Sinne sind kooperative Regeln von bloßen Konventionen zu unterscheiden. Die Grundnormen der kommunikativen Rationalität lassen sich entsprechend in GD-Strukturen darstellen. Eine Ethik wird noch nicht vorausgesetzt.

Soziale Normen und Institutionen lassen sich in der SR aber zum Teil über Kooperation und kollektives Interesse selbst herleiten. Ein Beispiel hierfür gibt Nida-Rümelin mit der gegenseitigen Hilfeleistung an. Eine Person handelt dann hilfsbereit, wenn sie es bevorzugt, in einer hilfsbereiten Gesellschaft zu leben. Also in einer Gesellschaft, in der die gegenseitige Erwartungshaltung vorhanden ist, dass jeder einer anderen Person entsprechend hilft und umgekehrt. Vergleichbar wäre die Darstellung mit dem zugrunde gelegten Kantischen Gedanken bei Sen oder auch wieder dem Wir-Modus bei Tuomela (je nach weiteren Annahmen) – nur dass nun eine kollektive Intention und Konsens unterstellt werden. Auch die grundsätzliche Einstellung des Respekts gegenüber anderen Personen schränkt nach Nida-Rümelin unsere individuellen Handlungsoptionen ein. Soziale Institutionen oder gar Gesetze, die diese Einschränkungen wiedergeben, sind nun nicht durch einzelne Prinzipien vorgegeben, sondern müssen meistens immer wieder neu bestimmt werden. Das Verhalten eines Akteurs hat nur Handlungscharakter, wenn es unter seiner freien Kontrolle steht. Entsprechend werden z. B. gesellschaftliche Normen zwar eine Bedingung innerhalb einer Handlung, jedoch nicht von sich aus unbewusst verinnerlicht.[132]

Woher kommt jedoch das Wissen in der GD-Interaktionssituation über einen solchen Konsens bzw. auch die mögliche Beteiligung des anderen Akteurs oder die entsprechende gegenseitige Erwartungshaltung, wenn bspw. auf keine vorgelagerte Deliberation und Einigung im Sinne des Wir-Modus zurückgegriffen wird? Die SR verweist hier selbst auf erweiterte epistemische Bedingungen, die Einbindung im GD-Fall bleibt aber bisher offen. Doch dann bleiben die Bedingungen der Kooperation im GD (aus Perspektive des weiten RC) bisher unterbestimmt – v. a. ohne Transformation der Präferenzen oder der Akteure. Zu prüfen bleibt dahingehend, wie der Konsens auf den Kooperation zurückgreift, genauer zustande kommt und, wie er sich ggf. von Tuomelas Annahme unterscheidet. Entlang der bisherigen Darstellung findet sich bereits eine erste elementare Unterscheidung zu Tuomela: Der Konsens wird nun in der Form

[131] Vgl. Nida-Rümelin (2019), S. 117.

[132] Zu erwähnen bleibt hier, dass dies auf der Grundlage spezifischer Ansätze aus den Fachbereichen der Soziologie oder Psychologie kritisierbar wäre.

der steten Kommunikation (entlang des Austauschens von Gründen) zentral in den Vordergrund gerückt. Statt andere Spieler und deren Wahl wie verschiedene Weltzustände zu betrachten, wird nun von der gemeinsamen normativen Überzeugung ausgegangen, dass die kollektive Handlung für alle akzeptabel ist. Ein Ethos wird jedoch in der SR verworfen. Die Bereitschaft zur Kooperation wird hier zum akzeptierten Grund entlang einer kollektiven Handlung, die Kooperation wird zum pragmatischen Fall. Die Herleitung der kooperativen Gründe ist hier im weiten RC begründungsbedürftig, da auf keine rationalen Normen im Sinne Kants usw. oder ein *Commitment* im Sinne des Wir-Modus zurückgegriffen wird.

Weiter bleibt vorerst unklar, wie sich die spieltheoretische Darstellung entlang der SR gestaltet. Nida-Rümelin (2019) selbst verweist hier auf gewisse Probleme, da die Akteure im GD eine Strategie wählen, die sie nicht entlang ihrer ursprünglichen Präferenzen vorziehen. Statt einer Transformation oder ähnlichen Annahmen wird nun jedoch unterstellt, dass die Teilnehmer direkt kooperieren:

> „In order to be able to be cooperative, individuals do not need to develop a strong altruistic and egalitarian motivation (i. e. giving equal weight to every person's utilities), because they are able to cooperate directly, without changing their preferences."[133]

Die Betrachtung bezieht sich dabei auf eine Zurückweisung der konsequentialistischen Interpretation der Präferenzen im GD. Entsprechend betrachten wir entlang der Matrixdarstellung im engen RC keine Präferenzänderungen. Doch dies wird fraglich mit Blick auf das weite RC und der Annahme, dass (unabhängig der Konsequenzen) die Präferenzen der Akteure hier wiedergegeben werden. Ohne eine Transformation der Präferenzen oder eine entsprechende kollektive Annahme handeln Akteure dann entgegen ihrer Präferenzen, in die sie schon alle Überlegungen (epistemische und konative) miteinbezogen haben sollten. Die SR unterstellt aber ein kooperatives Gleichgewicht (c/c), wenn beide Spieler (symmetrisch) gute Gründe haben zu kooperieren und entsprechend kooperieren (c).

> „Preference orderings over outcomes are not mirrored over the respective strategy combinations. In prisoner's dilemma case, this means that A may prefer CC to DC, that is, A max act cooperatively if A expects B to act cooperatively, although A prefers A <4,1> to <3,3>"[134]

---

[133] Nida-Rümelin (2019), S. 118.

[134] Ebd., S. 122.

Offen bleibt dann, wie sich Kooperation bzw. gute Gründe zur Kooperation in den Präferenzen der Akteure abbildet. Die Unterbestimmtheit an dieser Stelle ist nun jedoch ganz und gar nicht unabhängig von der Frage nach den genauen epistemischen Bedingungen im Fall der SR, sondern hängt direkt zusammen. Die SR weist hier auf wichtige Zusammenhänge hin, die sich mit der Transformation von Präferenzen generell ergeben zu scheinen.

Ein Versuch, dies weiter zu begründen, findet sich in der Zurückweisung der Revealed-Preference-Theorie des RC. Dabei wird in der SR die Annahme verworfen, dass Präferenzen der Akteure an die kausalen Konsequenzen gekoppelt sind. Die reine Revealed-Präferenzen-Theorie ging jetzt in weiter Form jedoch nur davon aus, dass von der Wahl eines Akteurs auf dessen Präferenzen geschlossen werden kann. Zwar kann in der SR dann nicht mehr von Handlungskonsequenzen auf Präferenzen geschlossen werden (T2), jedoch verwirft dies nicht die Revealed-Preference-Theorie des weiten RC per se. Gerade, weil auch in der SR selbst unterstellt wird, dass jede Handlung eines Akteurs zur Stellungnahme wird.

> „The notion of structural rationality implies only a moderate theoretical change. It gives up consequentialism as the standard interpretation of decision theoretic rationality. But coherentism is preserved insofar as the overall preferences of a rational person can still be represented by a real-valued function."[135]

Entsprechend lassen sich die offenen Punkte, mit denen die SR einen an dieser Stelle zurücklässt, nicht automatisch schließen. Und es bleibt zu beantworten, wie sich die Präferenzen der Akteure im Detail bei (symmetrischer) Kooperation entlang des GD darstellen und auf welche epistemischen Hintergrundannahmen zurückgegriffen wird. Diese Fragen deuten nun nicht automatisch Probleme der Theorie selbst an, sondern lediglich auf mögliche Unterbestimmtheit hin, die sich in der Verbindung mit anderen Theorieteilen (wie bspw. der Personenrelativität) ergeben. Auch bleibt darüber hinaus die detaillierte Frage der Darstellung nach Altruismus bisher unbeantwortet, auch wenn dies gegeben den Bedingungen einfach in die SR miteinbezogen werden könnte. Offene Punkte ergeben sich lediglich dahingehend, ob Akteure altruistische Gründe langfristig haben, wenn sie in einer Gesellschaft leben würden, in denen kein anderer dies tut. Dies zeigt sich im oben angeführten Beispiel der Hilfsbereitschaft ebenso.

Darüber hinaus greift die SR jedoch viele wichtige Punkte und intuitiv plausibel erscheinende Elemente auf. Diese lassen sich wie folgt zusammenfassen:

---

[135] Nida-Rümelin (2019), S. 87. Siehe zur genaueren Darstellung auch Nida-Rümelin (1997a), Kapitel 6.

- Die Theorie weist den Konsequentialismus eindeutig und konsequent im RC zurück, ohne möglichen konsequentialistischen Gründen die Existenz abzusprechen. Vielmehr werden sie in einen passenden Rahmen eingebunden, der auch andere Gründe, sowie deren Abwägung ermöglicht.
- Dabei wird das weite RC und seine formale Grundlage mit einer Kohärenztheorie verbunden, die die Möglichkeit für eine differenzierte Analyse menschlichen Handelns bietet (die nicht auf konkrete Entscheidungssituationen beschränkt bleibt).
- Kooperation scheint nicht zwingend erst an eine Gruppe oder einen Ethos gebunden zu sein, sondern kann auch irgendwie ad hoc stattfinden. Auch wenn das den Wir-Modus nicht verwirft oder gar verneint.
- Wenn in die Präferenzen der Akteure alle Gründe und Überlegungen einer Kohärenztheorie Einzug halten, scheinen Transformationen, die auf weitere Gründe abzielen, immer irgendwie problematisch zu sein.

Es lässt sich dann zumindest festhalten, dass die SR Vorteile aus bisherigen Ansätzen verbinden kann und durch die Nähe zu unserer Lebenswelt auf eine plausiblen und vielversprechenden Ansatz verweist. Jedoch lässt die SR einen mit entsprechenden Fragen zurück, die kooperative Präferenzen betrifft, sowie die epistemischen Bedingungen die hier hineinfließen.

Zwischenresümee

Abschließend möchte ich die bisher gewonnenen Erkenntnisse nochmals zusammenfassen: Ökonomische Lösungen sind hinsichtlich des Kooperationsproblems zu verwerfen. Sie verweisen lediglich auf eine situative Veränderung, die dazu führt, dass keine GD-Interaktionssituation im eigentlichen Sinne mehr vorliegt bzw. betrachtet wird. Die Präferenzanpassung nach Sen (1977a) verwies dagegen auf die Relevanz der Trennung zwischen der Wahl und den Präferenzen. Kooperation erforderte hier das gegenseitige Vertrauen der Akteure – eine Annahme, die zumindest intuitiv sehr überzeugend scheint. Altruismus wurde dabei in einem schwachen Sinne über die gleiche Wertung der eigenen Präferenzen und der Präferenzen des je anderen Akteurs definiert. Dies kann kritisiert werden, will man einen starken Altruismus im Sinne unseres alltäglichen Wortgebrauchs verfechten. Problematisch waren dagegen vor allem die Ausführung entlang verschiedener Präferenzsets und die entsprechende Interpretation der Metapräferenzen. Denn zu erklären bleibt, auf welcher Grundlage man verschiedene Präferenzsets betrachten muss, wenn Präferenzen im Sinne des weiten RC bereits dargestellt sind und alle Überlegungen hier bereits miteinbezogen sein sollten.

Dagegen verdeutlichte Axelrods (1984) Ansatz der Evolution der Kooperation die mögliche Relevanz der Dauerhaftigkeit der Beziehung der Akteure sowie der entsprechenden Iteration im GD (auch in populationsdynamischer Darstellung). In diesem Zusammenhang konnte gezeigt werden, dass Freundlichkeit, Nachsichtigkeit und die angemessene Bestrafung von Trittbrettfahrern die Kooperation der Agenten fördert. Kooperation bestimmt sich jedoch ausschließlich über reine Reziprozität und den *Schatten der Zukunft* – der eine gewisse Form der Ungewissheit der Teilnehmer widerspiegelt. Entsprechend problematisch wird der Ansatz bei der Erklärung sozialer Institutionen und entlang von Situationen, die den „Schatten der Zukunft" aufheben. Der erweiterte Blick auf die Argumente von Skyrms' Überlegungen zur Evolution der Kooperation zeigte jedoch, dass Kooperation evolutionär stabil sein kann, wenn kleine Gruppen betrachtet werden und Dynamiken der Imitation und Reproduktion zu Grunde gelegt werden.

Durch die Auseinandersetzung mit Tuomelas (2007) Kollektivismus konnte neben einer konkreten Einbindung aktueller evolutionstheoretischer Elemente zudem ein detaillierter und breiter Anwendungsrahmen eröffnet werden. Dieser liefert auch eine Basis zum besseren Verständnis für Untersuchungen von Gruppen und Gruppendynamiken, die aktuell in der empirischen Forschung und Psychologie zunehmend an Relevanz gewinnen.[136] Der Ansatz erwies sich hinsichtlich des Kooperationsdilemmas grundlegend als sehr funktional. Problemstellungen in diesem Kontext beziehen sich ausschließlich auf das sogenannte „Switch-Problem". Darüber hinaus sind jedoch die Präferenztransformationen, die im Pro-Gruppen Ich-Modus dargestellt werden teils problematisch, auch wenn sie an den Wir-Modus und dessen Existenz in ihrer Erklärung gekoppelt scheinen.

Der Ansatz der strukturellen Rationalität von Nida-Rümelin (2001, 2009) greift dagegen die Trennung zwischen konsequentialistischen Präferenzen und der Wahl über die Alternativmenge auf und schafft strukturelle Bezüge auf intra- und interpersoneller Ebene, die kooperative Gründe unter der Vielzahl möglicher guter Gründe zulassen. Der Ansatz verbindet viele intuitive Annahmen und kann dahingehend viele Vorteile bieten. Aufgrund dieser Vorteile und der Verbindung zur Lebenswelt halte ich die SR für einen vielversprechenden Ansatz, der es vermag, die Probleme entlang des RC hinsichtlich Kooperation weiter einzubetten. Dennoch lässt er einige wichtige Fragen offen, die klärungsbedürftig scheinen. Dies betraf zum einen die mögliche Darstellungsform der Präferenzen der Akteure bei Kooperation, ohne Verletzung der ET. Und zum anderen

[136] Wie z. B. aktuell in der Friedensforschung und auch in Untersuchungen zu politischen Entwicklungen und Prozessen innerhalb einer Gesellschaft. Ein Überblick zur politischen Anwendung findet sich z. B. bei Nijstad und Knippenberg (2007).

die Frage nach den epistemischen Bedingungen bei Kooperation. Beide Punkte weisen in dieselbe Richtung und sind nicht getrennt zu behandeln. Nun gilt es, dies im Lauf der weiteren Betrachtung (entlang der dargelegten epistemischen Auslegung der SR) genauer zu analysieren.

5 Kooperation in der strukturellen Rationalität – Probleme und Chancen

Im vorherigen Kapitel wurden einige der wichtigsten alternativen Ansätze vor dem Hintergrund des Kooperationsdilemmas innerhalb der ST analysiert und einander gegenübergestellt. Dabei zeigte sich v. a. der Ansatz des Wir-Modus von Tuomela (2007) als sehr funktional und in seiner Argumentation weitestgehend robust. Offene Punkte und mögliche Probleme betrafen vorwiegend den Pro-Gruppen Ich-Modus sowie das sogenannte Switch-Problem zwischen den verschiedenen Modi. Dagegen schien die SR von Nida-Rümelin (2001) ohne Annahme eines gemeinsamen Ethos oder möglicherweise problematischer Präferenztransformationen auszukommen und bringt dadurch einige mögliche Vorteile mit sich. Jedoch blieben entlang der SR zentrale Fragen hinsichtlich der Beschreibung von Kooperation offen. Diese betrafen mitunter die Möglichkeit der Darstellung der GD-Interaktionssituation (konsistente Matrixdarstellung), die rationalen Präferenzen der Akteure sowie die mögliche Auszeichnung des gemeinsamen Wissens der Akteure als Grundlage für kooperatives Verhalten. Diese offenen Punkte lassen sich auf zentrale Fragen übertragen und bedürfen daher einer weiteren Annäherung und Analyse.

Das vorliegende Kapitel dient der genaueren Auszeichnung dieser offenen Fragen und möglichen Probleme sowie deren vertiefender Analyse. Dabei ist es das vorwiegende Ziel des Kapitels, die Grundlage zu legen für eine weitere Auseinandersetzung mit der epistemischen Dimension sowie den Bedingungen der rationalen Handlungswahl der SR (Kapitel 6 und 7). Dies soll in zweierlei Hinsicht erfolgen: Zum einen sollen in einer Art erstem Ausschlussverfahren die offenen Fragen auf die Relation der Intentionen der Akteure sowie der epistemischen Dimension der SR zugespitzt und dabei mögliche offene Punkte sowie deren Grundlagen verdeutlicht werden. Dieses Vorgehen dient dem detaillierteren Problemaufriss. Dabei lassen sich zwei zentrale Probleme nennen: (a) die epistemische Dimension der SR selbst und (b) die Auszeichnung der Kooperation als

A.-V. Faix, *Ökonomische versus strukturelle Rationalität im Kooperationsdilemma*, https://doi.org/10.1007/978-3-662-72226-8_5

(individuell) rationale Lösung innerhalb von (a). Trotz dieser möglichen Probleme soll die grundlegende Intention der SR hinsichtlich des Phänomens der Kooperation partiell gestärkt werden, da der Wir-Modus zumindest intuitiv zu stark scheint, um reale kooperative Handlungen und Phänomene auf allen uns alltäglich bekannten Ebenen zu erklären. Dies bildet die Grundlage für die weitere Betrachtung (Kapitel 6).

Zum Zweck des Problemaufrisses soll in einem ersten Schritt die Rolle der deontologischen Präferenzen in der SR näher betrachtet werden (V.1). Zur genaueren Analyse wird der intrapersonelle und interpersonelle Vergleich nach Nida-Rümelin (2001) zugrunde gelegt. Das Ziel ist es, aufzuzeigen, dass hier der alleinige Verweis auf normative Bedingungen und moralische Urteile der Akteure nicht ausreicht, um die Wechselseitigkeit der Bedingungen rationaler Kooperation in einer GD-Situation umfänglich zu untersuchen. Dies ist v. a. der Fall, da ein universalistischer Regelbefolger entlang der SR selbst verworfen wird.[1] Jedoch bleibt dann ungeklärt, auf welcher rationalen Grundlage die Kooperation zwischen den Akteuren zustande kommt. Die Zurückweisung des RCP (T2) scheint hier notwendiges, aber nicht hinreichendes Element einer detaillierten Erfassung von Kooperation unter den Bedingungen der SR.

Die Debatte der Wechselseitigkeit der kooperativen Intentionen betrifft allgemein das Nachdenken über kollektive Intentionalität. Entsprechend soll die SR untersucht sowie entlang der klassischen Ansätze kollektiver Intentionalität eingebettet werden (V.2), um mögliche Probleme genauer zu erfassen. Der Wir-Modus ist hier als Spezialfall unter den klassischen Ansätzen zu verorten und der SR detaillierter gegenüberzustellen. In diesem Zusammenhang sollen die möglichen Probleme der epistemischen Beschreibung in Verbindung mit klassischen Konzepten des gemeinsamen Wissens und der Rationalität der kooperativen Lösung ausgewiesen werden. Dies legt eine erste Basis für eine epistemische Analyse der kooperativen Bedingungen der SR. Abschließend soll dargelegt werden, wieso die epistemische Betrachtung sowie die Bedingungen der rationalen Auszeichnung der SR überhaupt fruchtbar sein können (V.3). Zu diesem Zweck soll zumindest die Intuition gestützt werden, dass es Fälle schwacher Kooperation zu geben scheint, die der Wir-Modus nach Tuomela (2007) nicht ausreichend erfasst. Eine Erweiterung auf Grundlage der SR kann dienlich sein, um diese Fälle miteinzubeziehen. Wichtig ist, dass hierbei vorerst nicht die Möglichkeit des Wir-Modus in seiner grundlegenden Konstitution kritisiert werden soll, sondern es vielmehr um die Erweiterung der Betrachtung solcher Fälle geht, die die SR intuitiv irgendwie einzuschließen scheint.

[1] Vgl. Nida-Rümelin (2020), S. 116 ff.

5.1 Intentionen und deontologische Präferenzen

„To cooperate is to act together, in union, in agreement, which suggests some coherence between the agents' mental states."[2] Entlang der Bedingungen der SR sowie der offenen spieltheoretischen Darstellung rückt mitunter die Frage in den Vordergrund, wie es den Akteuren in einer GD-Interaktionssituation möglich ist zu kooperieren, ohne dabei inkohärente Präferenzen aufzuweisen oder auf mögliche problematische Präferenztransformationen zurückzugreifen. Diese Fragestellung ist eng damit verknüpft, dass einerseits in der SR auf die direkte Möglichkeit der Akteure zur Kooperation im GD verwiesen wird (ohne die Annahme von Metapräferenzen, Ethos oder Transformationen der Präferenzen), andererseits die Akteure dann einfach symmetrisch (c/c) präferieren können. Dass die GD-Interaktionssituation sich lediglich auf die Konsequenzen über Weltzustände bezieht (T2) und die Präferenzen der Akteure lediglich auf diese begrenzt sind, wurde entlang der bisherigen Betrachtung ausgeschlossen (Kapitel 2). Wäre die Argumentation der SR darauf begrenzt, dass lediglich die Konsequenzen die Form eines GD aufweisen und die Präferenzen der Akteure tatsächlich andere sind, würde es sich genau genommen an dieser Stelle um keine GD-Interaktionssituation handeln.[3] Entsprechend wird weiterhin die Annahme vorausgesetzt, dass die GD-Situation die tatsächlichen Präferenzen (Gesamtpräferenzen[4]) der Akteure wiedergibt. Die Argumentation lässt sich dann in einem möglichst offenen, allgemeinen Sinne wie folgt wiedergeben: Die Akteure verfolgen unter ihren individuellen Präferenzen in einer GD-Interaktionssituation wegen der Begründung x eine kooperative interpersonell strukturelle Intention (c/c).

Eine erste naheliegende Begründung der SR findet sich in dem Verweis auf deontologische Präferenzen, die hinsichtlich der ET zulässig sind (Kapitel 2), sowie dabei postulierten selbstgesetzten moralischen Urteilen (Deliberation epistemischer und konativer Gründe) der Akteure, die nicht auf aktuelle Wünsche

---

[2] Paternotte (2013), S. 46.

[3] Hätten die Akteure kein entsprechendes Wissen über die tatsächlichen Präferenzen der je anderen Akteure, wäre die Interaktionssituation an dieser Stelle darüber hinaus epistemisch unterbestimmt.

[4] Nida-Rümelin (2019) spricht hier auch von Gesamtpräferenzen. Dieser Ausdruck bezieht sich nicht auf eine mögliche Trennung von ursprünglichen und Metapräferenzen, wie dies bei Sen (1992, 1997) der Fall ist, sondern bringt vielmehr zum Ausdruck, dass die Präferenzen der Akteure nicht auf aktuale Wünsche beschränkt sind. Zu klären bleibt, wie es hier zu wechselseitiger Kooperation kommt und wie diese kooperativen Präferenzen herzuleiten sind.

reduzierbar sind und im strukturellen Sinne die Handlungen der Akteure selbstgesetzt einschränken. Als Erklärungsgrundlage für Kooperation kommen auf dieser Grundlage und innerhalb der Ausführungen der SR mindestens die folgenden Optionen infrage:

- selbstgesetzte (je individuelle) deontologische Präferenzen der Akteure
- normative Überzeugungen über deontologische Regeln der Akteure auf der Grundlage einer gemeinsamen, geteilten Lebensform.

Nachfolgend soll argumentiert werden, dass der alleinige Verweis auf die Integration deontologischer Präferenzen oder irreduzible normative Überzeugungen ohne weiterführende Erläuterung ihres Zustandekommens nicht ausreicht, um die geforderte Relation der Intentionen der Akteure im kooperativ-rationalen Sinne zu erklären. Dies ist sowohl mit Blick auf die strategisch-rationale orthodoxe ST als auch unter den Bedingungen der SR hinsichtlich einer interpersonellen Relation der Intentionen der Akteure auszuführen.

Intentionen und Handlungskomplexität

Mit Blick auf die dargelegte Argumentation der SR (IV.8, IV.9) scheint es hinsichtlich der Darstellung von Kooperation zwischen strukturell rationalen Akteuren nun in einem ersten Schritt hilfreich, die Betrachtung des weniger komplexen intrapersonellen Falls (II.4) erneut aufzugreifen und weiter einzuordnen. Dem intrapersonellen Fall wurde in der SR eine Struktur-Ähnlichkeit zum interpersonellen Fall unterstellt, entlang welcher sich ggf. Erkenntnisgewinne einstellen. Die Struktur-Ähnlichkeit ergibt sich, da in der SR angenommen wird, dass ein Akteur im intrapersonellen Fall von aktuellen Wünschen Abstand nimmt, um diese mit langfristigen Handlungsstrukturen kompatibel zu machen. Im interpersonellen Fall nehmen Akteure stattdessen von aktuellen Wünschen Abstand, um ihr Handeln mit anderen zu koordinieren.[5] Nida-Rümelin (2001) formuliert dies wie folgt: „Was die Interaktion mehrerer Personen zu einem Zeitpunkt bestimmt, bildet sich in der einzelnen Person in der Koordination ihres Handelns über mehrere Zeitpunkte hinweg ab."[6]

Das in Unterkapitel 2.4 betrachtete intrapersonelle Beispiel stellte folgende Entscheidungssituation dar: Lerne ich abends für eine wichtige anstehende Prüfung, bei der ich mir vorgenommen habe, gut abzuschneiden, oder gehe ich

[5] Vgl. Nida-Rümelin (2019), S. 83 und S. 100.

[6] Nida-Rümelin (2001), S. 60.

stattdessen mit Freunden aus, um Spaß zu haben. Die konsequentialistische Standardauffassung (T2) wurde hier zurückgewiesen (Kapitel 2). Intentionen wären in einer solchen Betrachtung auf die zugrunde gelegten Gründe reduziert, die sich entlang dieser Wünsche und Überzeugungen ergeben, und zukünftige oder strukturelle Intentionen können dann nicht weiter erklärt werden.[7] Eine Immunisierung der Standardauffassung (T2) erschien gerade hinsichtlich einer Modellierung langfristiger und struktureller Entscheidungen als nicht befriedigend. So kennen z. B. die meisten von uns die Situation, in der sie es durchaus aktual wünschen würden, mit ihren Freunden auszugehen, sich jedoch gerade auf Grundlage der möglichen Intention, bei der Prüfung gut abzuschneiden, zusammenreißen und zum Lernen zu Hause bleiben.

Ein wichtiger Beitrag zum Verständnis von Intentionen in der Handlungstheorie stammt von Bratman (1999).[8] Er argumentiert, dass Intentionen nicht auf die grundlegenden Wünsche der Standardtheorie reduziert werden können, sondern an *Commitments* gebunden seien und weitreichende Auswirkungen auf die Entscheidungen eines Akteurs haben. Bratman (1983, 1999, 2009) unterscheidet dabei zwischen verschiedenen Typen von Intentionen. In der aktuellen Literatur finden sich hierzu meist mittlerweile verschiedene Einteilungen in verschiedene Intentionstypen, die an dieser Stelle aus Platzgründen nicht detailliert besprochen werden sollen.[9] Wichtig für das Beispiel aus Kapitel 2 im intrapersonellen Problemfall sind nun v. a. (individuelle) Intentionen im engeren Sinne (oder auch sogenannte fortlaufende Intentionen) bei Bratman. Diese besitzen gewisse Merkmale, wie eine mögliche hierarchische Struktur und Kohärenz, wenn z. B. untergeordnete Intentionen nötig sind zur möglichen Verfolgung übergeordneter Intentionen. Sie sind meist handlungsleitend und können eine zielgerichtete Ausrichtung für das Handeln der Person vorgeben. Dieser Typ von Intentionen weist auch meist eine gewisse Stabilität auf, um Handlungen über einen gewissen Zeitraum angemessen lenken zu können, und beinhaltet eine gewisse Planung und

[7] Vgl. Bratman (1999) oder auch Nida-Rümelin (2001).

[8] Wobei im Ansatz von Bratman (1999) im Vergleich zur SR unklar bleibt, ob es sich bei Intentionen nicht teils selbst um Gründe handelt. Bei Nida-Rümelin sind dagegen Gründe objektivistisch zu verstehen, während Intentionen Teil einer praktischen Handlung sind, die zwar durch Gründe gerechtfertigt werden, aber selbst nicht objektivistisch zu verstehen sind. Dieser Bezug ist im späteren Zusammenhang der Arbeit hinsichtlich indirekter Gründe von Bedeutung. Die Theorie von Bratman (1999) kann hier stattdessen Probleme verursachen, da Gründe nicht in diesem Sinne verstanden werden.

[9] Diese Einteilung in unterschiedliche Intentionstypen ist jedoch selbst diskutierbar und steht beispielsweise im Widerspruch zu den Annahmen von Chisholm (1976).

Rationalität in dem Sinne, dass darüber nachgedacht und das Verhalten entsprechend ausgerichtet wird; und sie beinhalten eine gewisse Vorstellung über das Wirken des Handelns in der Zukunft usw. Jedoch sind hier auch unmittelbare Intentionen als Intentionstyp zu begreifen.[10]

Demnach wird es zu einem grundlegenden Unterschied, ob ich mir bloß unmittelbar wünsche, bei z. B. einer anstehenden Prüfung gut abzuschneiden, oder ob ich es intendiere. Intendiere ich es, ist von mir zumindest zu erwarten, dass ich entsprechende Vorbereitungen treffe, dieses Vorhaben auch wirklich in die Tat umzusetzen. Bloße Wünsche scheinen dagegen nicht an *Commitments* gebunden zu sein. Vermutlich folgt die Intention, bei der Prüfung gut abzuschneiden, einer bestimmten zeitlichen Dimension (Lernzeit), sie ist auf ein gewisses Ziel ausgerichtet (gute Prüfungsleistung) und dient vermutlich einer übergeordneten Intention (Studium gut abschließen/ damit verbundene Lebensplanung). Solche Intentionen sind nach Bratman (1999) ähnlich zu Handlungsplänen zu verstehen und liefern uns so bestmöglich über die Zeit hinweg Gründe – und zwar unabhängig davon, was ggf. aktuell unser stärkster unmittelbarer Wunsch ist.[11] Dies bildet eine erste Grundlage zu der Integration der Intentionen in die Handlungstheorie und mögliche Ansätze von Handlungen von Akteuren im intrapersonellen Problem-Verständnis.[12]

Auch innerhalb des Ansatzes der SR haben Intentionen im strukturellen Sinne eine ähnlich einschränkende Rolle, wobei eine Person in letzter Instanz strukturintentional ihre gewählte Lebensform realisiert. Nach Nida-Rümelin (2001) werden all unsere Handlungen von Intentionen geleitet und die Rationalität eines Akteurs schlägt sich in den intentionalen Strukturen nieder.[13] Im Vergleich nehmen also konsequentialistische Gründe innerhalb der Abwägung eines Akteurs vorerst

---

[10] Die sogenannten handlungsspezifischen Intentionen (*Intentions in Action)* beziehen sich auf eine unmittelbare Absicht in der Gegenwart, die den aktuellen Handlungsverlauf darstellen (unmittelbare Handlungsanleitung). Hierzu muss im Vorfeld nicht bereits die Absicht erfolgt sein, diese Intention zu verfolgen oder auf einen Plan zurückgegriffen werden, diese auszuführen. Daneben spricht Bratman (1983) auch bereits von gemeinsamen Intentionen (Joint Intention), die im weiteren Verlauf noch besprochen werden, sowie von bspw. simultanen Intentionen (Simultan Intention), wobei bei letzterem mehrere Individuen gleichzeitig Intentionen haben, die miteinander im Einklang stehen.

[11] Vgl. Bratman (1999), S. 10.

[12] Siehe zur Einbettung des Modells u. a. Jarvis et al. (2005). Wobei hier darauf hinzuweisen ist, dass dies keine umfassende Beschreibung stellt.

[13] Vgl. Unterkapitel 4.8 und 4.9. Weitere Konsequenzen dessen werden im Laufe des Kapitels näher erläutert. Wobei die SR hier in wichtigen Aspekten von Bratman zu unterscheiden bleibt.

keine Sonderrolle ein, und es geht nicht alleine um zeitliche Pläne, sondern um mögliche strukturelle Einbettungen in eine allgemein kohärente Lebensform.

Die Miteinbeziehung von Intentionen hat Auswirkungen auf die Präferenzen einer Person innerhalb einer Entscheidungssituation. Präferenzen bilden entlang des Verständnisses nie nur direkt grundlegende hedonistische Wünsche oder auch Augenblicksneigungen (im Kantischen Verständnis) ab und beziehen sich somit nicht ausschließlich auf unser punktuelles Wohlergehen, welches das Movens der Handlung (im physikalischen Sinne) enthält und die Handlung erst hervorruft. Präferenzen in der SR beziehen sich stattdessen immer schon auf die intentional gewählte Struktur einer Person, die entlang der Einzelentscheidungen zum Ausdruck kommt.[14] Nida-Rümelin (2001) spricht auf dieser Grundlage mitunter von sogenannten Gesamtpräferenzen, die bereits auf ein weiteres Spektrum konativer und epistemischer Einstellungen Bezug nehmen sowie deren Abwägung entlang von Gründen. Die übergeordnete Kohärenz (Kohärenztheorie) spielt dabei eine zentrale Rolle. Die damit angenommene Handlungsbindung ist vergleichbar mit einem Verständnis im Sinne Kants und zwar dahingehend, dass die Person sich selbst Gründe gibt.

Wie verändert sich meine Handlungsentscheidung entlang der Fragestellung, ob ich heute Abend für meine wichtige Prüfung lernen möchte oder lieber mit meinen Freunden ausgehe? Unter den getroffenen Annahmen kann ich den starken (unmittelbaren) Wunsch haben, mit meinen Freunden auszugehen und Spaß zu haben, da dies situativ meinem persönlichen Wohlergehen dienlicher sein könnte, als alleine zu Hause zu sitzen und mich mit den anstrengenden Prüfungsvorbereitungen zu befassen. Beziehen sich meine Präferenzen alleine auf punktuelle Wünsche, würde ich es eventuell gegenüber den anstrengenden Prüfungsvorbereitungen (y) vorziehen, am Abend auszugehen (x): Ich präferiere x gegenüber y. Jedoch erweitert die (übergeordnete) Intention, bei der Prüfung gut abschneiden zu wollen, die Beurteilung der Handlungsalternativen und die Betrachtung der Handlungssituation wird strukturell und intertemporal ausgeweitet. Meine Intention, bei der Prüfung gut abzuschneiden, scheint Teil einer übergreifenden strukturellen Lebensentscheidung zu sein (guter Studien-Abschluss usw.), während der Wunsch, abends mit meinen Freunden auszugehen und Spaß zu haben, dies ggf. nicht oder meist nur in untergeordneter Weise ist.[15] Wenn ich gute Gründe habe, bei der Prüfung gut abschneiden zu wollen, werde ich es entlang der gegebenen Situation präferieren, zu Hause zu bleiben und zu

[14] Vgl. Nida-Rümelin (2001), S. 29.

[15] Rechenauer (2000, S. 10 f.) spricht hier auch von zwei verschiedenen Kategorien bzw. Dimensionen der Evaluierung entlang der gegebenen Entscheidungsalternativen.

lernen, statt meinen punktuellen Wünschen zu folgen, abends mit meinen Freunden auszugehen – auch dann, wenn ich vielleicht eher den punktuellen Wunsch dazu verspüre und das Lernen mich ggf. Überwindung kostet (ich präferiere y gegenüber x).[16]

Die Einzelentscheidung meiner konkreten Abendgestaltung wird in der SR Teil eines größeren strukturellen Zusammenhangs: Die Handlung h, an diesem Abend zu lernen, wird Teil der Handlungsentscheidung H, die Intention zu verfolgen, bei der baldigen Prüfung gut abzuschneiden. Es verschiebt sich entlang einer solchen Betrachtung also nicht die Situation selbst oder meine diesbezüglichen Wünsche, sondern die Motivlage und meine Beurteilung der Situation haben sich verändert. Entsprechend verändern sich meine Präferenzen bzw. bildet sich die Beurteilung innerhalb meiner Präferenzen ab, auch wenn meine aktuellen Wünsche oder die Konsequenzen der Situation selbst sich nicht verändern. Auch kommen hedonistische Wünsche nie direkt in Handlungen zum Tragen (bloßes Verhalten), sondern sind in der SR über konsequentialistische Gründe innerhalb der (Gesamt-)Deliberation miteinbezogen (vgl. Unterkapitel 4.9). So könnte ich auch beispielsweise innerhalb der Intention, bei der baldigen Prüfung gut abzuschneiden, Gründe haben, dem Wunsch nachzugeben, mit meinen Freunden auszugehen, weil ich eventuell dringend eine Pause vom Lernen brauche, um mich danach wieder besser konzentrieren zu können.

Deontologische Regeln und moralische Überzeugungen

Innerhalb von Kooperation wird eine interpersonale Intentionsstruktur angenommen, durch welche die Akteure ihre Handlungswahl einschränken und sich binden. Man könnte dies nun so deuten, dass die GD-Interaktionssituation lediglich die aktualen Wünsche der Akteure spiegelt, sie diese jedoch hinsichtlich ihrer je individuell kooperativen Intention entsprechend einschränken. Jedoch würde dies die Präferenzen der Akteure dahingehend beeinflussen, dass diese sich unter deren Berücksichtigung eigentlich in keiner GD-Interaktionssituation mehr befinden würden. Vielmehr würden die Präferenzen der Akteure angesichts ihrer individuellen Intentionen dann denen eines Vertrauensspiels (vgl. Unterkapitel 4.2) entsprechen. Fraglich bleibt an dieser Stelle also, auf welcher Grundlage die Akteure kooperative Intentionen unter ihren individuellen Präferenzen in einer tatsächlichen GD-Interaktionssituation (im weiten RC) ausbilden.

Nida-Rümelin (2005a) verweist an dieser Stelle auf die Möglichkeit der Akteure, deontologische Präferenzen zu besitzen, wie dies beispielhaft mit der

---

[16] Dabei verändert sich nicht die Wunschsituation (entlang der Konsequenzen) in der gegebenen Situation, sondern die Motivlage.

„Du sollst nicht stehlen"-Regel angeführt wird. Ähnliche deontologische Beispiele finden sich u. a. bei Sen (1977) entlang von Regeln wie „Du sollst stets höflich sein". Ein Akteur, der sich in einem interpersonellen Fall an eine Nicht-stehlen-Regel bindet, wird rational (im Sinne der SR) zu deren Einhaltung auch (punktuell) schlechtere Konsequenzen in Kauf nehmen.[17] In Anlehnung an Nida-Rümelin (2001) sind hier drei mögliche Weltzustände x, y, z vorstellbar, die mit bestimmten Handlungen u, v, w verbunden sind. In dem Sinne, dass Handlung u zu Zustand x, Handlung v zu Zustand y und Handlung w zu Zustand z in der Welt führt. Eine Person, Britta, könnte nun die folgenden Präferenzen gegenüber diesen Weltzuständen haben: x > y > z. Dies würde in der konkreten Handlung u resultieren. Britta will sich zusätzlich in ihrem Leben an die Nicht-Stehlen-Regel binden. Nehmen wir nun weiter an, dass die Handlung u jedoch Stehlen beinhalten würde, dies jedoch bei v und w nicht der Fall ist. Dann wäre für Britta die bevorzugte Handlung v, wenn sie sich selbst an die Regel, „nicht zu stehlen", binden will. Britta würde dann v gegenüber u präferieren, auch wenn sie den konkreten Zustand x gegenüber y gegeben der dadurch resultierenden Konsequenz präferieren würde. Dies ist der Fall, ohne dass sich die Konsequenzen der Situation selbst verändern würden.[18] So beschriebene Präferenzen (bei einer Intention, sich an diese Regel zu binden) wären unter den vorausgehenden Annahmen grundsätzlich mit den formalen Axiomen der ET kompatibel (vgl. Kapitel 2), verändern dann jedoch (Kohärenzbedingung) die Präferenzen der Akteure.

Bei der Nicht-Stehlen-Regel könnte es sich um eine Interaktionssituation zwischen Akteuren bzw. innerhalb einer Population handeln – zumindest ist bisher offen, wie sich die Annahme einer solchen deontologischen Regel auf den konkreten Fall der betrachteten GD-Interaktionssituation auswirkt oder hierfür eine Grundlage bildet. Darüber hinaus bezieht sich eine solche Regel meist jedoch auf den sozialen oder moralischen Bereich. Ein klassischer Kantischer Akteur kann sich z. B. an die Nicht-Stehlen-Regel oder eine denkbare Regel hin zur Kooperation im GD-Fall binden – zumindest wenn ein so gestaltetes Sittengesetz für ihn vernünftigerweise einsehbar ist. Folgt man diesen Annahmen, wären rationale Akteure auf Kooperation als Regel festgelegt (vorausgesetzt Kooperation ist a priori durch das Sittengesetz geboten und allgemein denkbar und wollbar). Kooperation wäre eine moralisch gebotene (vornehmlich) unkonditionale, rationale Handlungswahl innerhalb des GD. Die Rationalität gestaltet sich im Kantischen Fall so, dass Kooperation hinsichtlich des Sittengesetzes rational anzunehmen ist. Entsprechend kann ein Akteur A davon ausgehen, dass ein sich

[17] Vgl. Nida-Rümelin (2001).

[18] Vgl. Nida-Rümelin (2005a), S. 80 ff.

rational verhaltender Akteur B ebenso kooperiert (wenn B vernünftig ist und dies in der vorliegenden Situation denkbar und wollbar wäre). Kooperiert Akteur B unter diesen Annahmen nicht, wäre er aus dieser Perspektive selbst schlicht irrational. Aber auch in diesem Fall wäre Akteur A durch seine eigene vernünftige Einsicht auf Kooperation festgelegt (unbedingt). Ein Kantischer Akteur bindet sich über universalistische Regeln der Vernunft selbst an das Sittengesetz und. bringt dies bereits direkt in seinen Präferenzen zum Ausdruck (T1).[19]

Wie verhält es sich mit der Annahme einer möglichen kooperativen Regel bei einem strukturell-rationalen Akteur, der sich selbst an seine deontologischen Präferenzen bindet? Entlang der SR könnte eine solche Regel rein in Bezug auf die Kohärenz der jeweils eigenen Lebensform eines Akteurs ausgerichtet sein. Es kann Akteure geben, die sich selbst kohärent und rational an diese Regel binden, und solche, die dies in kohärenter Weise nicht tun (zwei Typen). Kooperative oder auch andere deontologische Gründe, wie die Regel „Du sollst nicht stehlen", könnten dann entlang individueller moralischer Überzeugungen in die Deliberation eines Akteurs einfließen und dahingehend die Bedingungen der Kohärenz erfüllen (und allgemein die Bedingungen der ET). Solche Fälle irreduzibler moralischer Überzeugungen werden u. a. (zumindest über den hier dargestellten Kontext hinaus) bei Nida-Rümelin (2001) diskutiert und zugrunde gelegt.[20] Es wird unterstellt, dass ein solcher Wunsch nicht auf einen basalen Wunsch (T2) reduziert werden kann. Nida-Rümelin (2001) führt exemplarisch aus:

> „(a′) Ich wünsche, dass alle Personen für ihre ungerechten Handlungen bestraft werden.
>
> (b′) Ich bin davon überzeugt, dass diese Person ungerecht gehandelt hat.
>
> (b″) Nur, wenn diese Person bestraft wird, kann sich mein Wunsch (a′) erfüllen, dass alle Personen für ihre ungerechten Handlungen bestraft werden.
>
> (c′) Ich wünsche, dass diese Person bestraft wird."[21]

Unterstellen wir solche möglichen individuellen irreduziblen moralischen Überzeugungen hinsichtlich Kooperation, besteht die Möglichkeit, dass ein Akteur

---

[19] Was wiederrum dazu führt, dass eigentlich keine GD-Interaktionssituation mehr vorliegt, wenn die Abwägung des Sittengesetzes bereits in den Präferenzen ihren Ausdruck finden sollte.

[20] Vgl. Nida-Rümelin (2001), S. 10 f.

[21] Nida-Rümelin (2001), S. 27.

sich selbst kohärent auf Grundlage einer solchen Überzeugung an eine kooperative Regel bindet oder nicht. Bindet er sich jedoch alleine auf der Grundlage einer individuellen irreduziblen Überzeugung an eine entsprechende Regel zur Kooperation, scheint er dies, wie im Fall des Kantischen Akteurs, unbedingt zu tun – also unabhängig davon, was der andere tut. Im Fall einer GD-Interaktionssituation zeigt sich innerhalb der SR Klärungsbedarf, da ein Akteur, der kohärent entlang seiner Lebensform der selbstauferlegten Regel folgt zu kooperieren, schlicht immer kooperativ handelt – auch wenn der je andere Akteur vielleicht selbst dieser Regel nicht folgt. Das Wissen über die Handlung des je anderen scheint dann keine zwingende Rolle zu spielen. Dies wäre lediglich nicht der Fall, würden sich Akteure auf gemeinsame Theorien des Wohlergehens oder einen möglichen Gesellschaftsvertrag beziehen, die zu Kooperation anhalten. Allerdings wäre dies dann ebenso weiter begründungsbedürftig. Zudem würde diese eigene intentionale Bindung an eine solche Regel bereits in den Präferenzen des Akteurs zum Ausdruck kommen und in eine erklärende Herleitung der Intention selbst eingebunden werden. Die Intention, Kooperation zu präferieren, könnte also zwar Berücksichtigung innerhalb der jeweiligen Präferenzen der Akteure finden und sich in die Wahl ihrer kohärenten Lebensform einbinden, jedoch hätte sich ein Akteur bereits im Vorfeld der Interaktionssituation dazu entschieden, sodass kein GD mehr vorliegen würde. Darüber hinaus bleibt unklar, auf welcher Grundlage dieser je individuelle Wunsch, zu kooperieren, sich bei einigen Akteuren als selbstbindende Regel generiert und bei anderen nicht. Eine Erklärung wäre aufgrund der Irreduzibilität gewissermaßen offen. Denkbar wären dann zwar unterschiedliche Handlungstypen (kooperative und nicht kooperative), jedoch scheint dies weder die intentionale Relation hin zu Kooperation der SR[22] zu erfassen.

Die SR selbst verweist auf eine spezifische Relation der Intentionen der Akteure innerhalb kooperativer Handlungen und Gründe (IV.8) und eine entsprechende Erklärung hinsichtlich der kognitiven Konstitution der Akteure. Nida-Rümelin (2019) adressiert bezüglich dieser interpersonalen Relation kollektive Intentionalität:

> „The essential point of my argument is that cooperative action is motivated by specific types of reasons. Let us call them cooperative reasons. Like most reasons they are constituted by an interpersonal relation."[23]

[22] Siehe z. B. Nida-Rümelin (2019), S. 10 ff.

[23] Nida-Rümelin (2019), S. 119.

Die interpersonale Relation muss hinsichtlich der Bedingungen der Kooperation miteinbezogen und berücksichtigt werden. Ein möglicher Kantischer Akteur, dessen Intention bedingt an die Erwartungen hinsichtlich des Verhaltens des jeweils anderen Akteurs auf individueller Ebene gebunden ist, findet sich beispielsweise bei Roemer (2019): der sogenannte *kantische Maximierer*. Dieser stellt sich (in Unterscheidung zu einem herkömmlichen Kantischen Akteur) innerhalb einer vorliegenden GD-Interaktionssituation die Frage: „Was ist die Strategie, die ich uns beide spielen lassen würde?" Die Antwort findet sich in der Strategie symmetrischer Kooperation.[24] Ähnlich wie bereits bei Sen (1977) spielt auch hier Vertrauen (z. B. entlang der bisherigen Erfahrungen der Akteure) eine wichtige Rolle, jedoch rührt dies hier aus der schlichten Einsicht der Akteure – ähnlich wie in Tuomelas Wir-Modus –, „im selben Boot zu sitzen".[25] Der *kantische Maximierer* wird dem klassischen Nash-Maximierer gegenübergestellt, indem darauf verwiesen wird, dass auf diese Art und Weise die besseren Konsequenzen erzielt werden können.[26] Die Argumentation an dieser Stelle fällt in eine konsequentialistische (T2) zurück, kann jedoch im Sinne der Pareto-Dominanz umformuliert werden. Für die rationale Auszeichnung der Kooperation ist dann aber ein Perspektivenwechsel (bzw. eine Transformation des Akteurs) erforderlich.[27]

Ein möglicher anderer Ausweg bestünde darin, moralische Überzeugungen so zu interpretieren, dass sie innerhalb der geteilten Lebensform der im GD befindlichen Akteure dieselben kooperativen Erwartungen hinsichtlich des Handelns des jeweils anderen hervorrufen.[28] Die geteilte Lebensform könnte in diesem Sinne auf eine kooperative Regel verweisen, die die Akteure hinsichtlich ihrer Lebenswelt teilen und die ihr Handeln einschränkt. Offen bleibt dann jedoch, auf welcher Grundlage eine solche kooperative Regel Einzug in die geteilte Lebenswelt findet. Da eine naturalistische (wie beispielsweise bei Skyrms) oder apriorische Erklärung (siehe Kant) im universalistischen Sinne ausgeschlossen ist, müsste mindestens eine vorgelagerte Einigung der Akteure irgendwie vorausgesetzt werden. Diese kann dann entweder strukturähnlich zum Wir-Modus interpretiert werden oder zielt auf eine nicht bindende Einigung oder einen denkbaren hypothetischen Gesellschaftsvertrag ab. Gegen die beiden letzteren

[24] Zu erwähnen ist an dieser Stelle, dass die Fragestellung bereits in die Richtung der Argumentation des sogenannten *Team Reasoning* weist (unter im Detail differenzierten Annahmen), das in seinen Grundzügen im folgenden Kapitel besprochen werden soll.

[25] Auch baut der Ansatz in Teilen auf den Erkenntnissen der menschlichen Ontogenese von Tomasello (2016) hin zu gemeinsamer, geteilter Intentionalität auf.

[26] Vgl. Roemer (2019), S. 10 ff.

[27] Vgl. u. a. Gold, Coleman (2018), S. 306 f.

[28] Ähnliche Vorgehensweisen finden sich bei Rubenstein, Salant (2016).

Optionen lässt sich jedoch Kritik äußern, da einerseits unklar bleibt, wie sich eine nicht bindende Einigung der Akteure innerhalb der GD-Interaktionssituation durchsetzt, und andererseits keine rationalen Gründe (siehe orthodoxe ST) im Sinne eines rein hypothetischen Gesellschaftsvertrags vorliegen.[29] Zusammenfassend lässt sich festhalten, dass deontologische Präferenzen oder moralische Überzeugungen ohne weitere Einbindung der interpersonellen Struktur der SR nicht ausreichend erklärt werden können. Die adäquate Miteinbeziehung deontologischer Präferenzen sind mit Blick auf das Phänomen der Kooperation partiell lückenhaft.

5.2 Kollektive Intentionalität und gemeinsames Wissen

Bisher wurde dargelegt, dass kooperative Handlungen Voraussetzungen aufweisen müssen, die die Verbindung bzw. die Relation zwischen den Akteuren und ihren Intentionen garantieren (interpersonale Struktur). Klassische Ansätze hierzu gehen meist von kollektiven Handlungen und weiteren Eigenschaften der Akteure aus, die die Kohärenz zwischen zwei oder mehr Akteuren gewährleisten. Der Diskurs um mentale Zustände, die zu kooperativen Handlungen führen, findet sich dahingehend innerhalb der Debatte um kollektive Intentionen wieder und ist eng mit der vorliegenden Fragestellung verknüpft. Dies gilt auch für die Frage nach Kooperation und Rationalität entlang der ST.[30] Die Kernfrage der Ansätze kollektiver Intentionalität ist die folgende: Was unterscheidet paralleles individuelles Handeln von gemeinsamem Handeln? Kooperatives Handeln ist demnach gemeinsames Handeln. Zwei Personen, die gemeinsam spazieren gehen oder zusammen ein Duett singen (ihre Handlung koordinieren), stellen jedoch auch bekannte Beispiele kollektiver Intentionalität, die sich u. a. bei Bratman (1999, 2020) oder auch Searle (1995, 2020) finden. Betrachtet man zwei Fußgänger, die dicht nebeneinander laufen und ungefähr gleichschnell unterwegs zu sein scheinen,

---

[29] Hinsichtlich nicht bindender Einigungen handelt es sich vorwiegend um ein Argument gegen das Pareto-Dominanz-Prinzip in Koordinationssituationen, wie *Hi Lo*. Dahingehend argumentiert u. a. Aumann (1990), dass selbst in einfachen Koordinationssituationen (wie *Hi Lo*) ohne eine bereits bestehende Einigung der Akteure keine Informationen vorliegen, die ein Pareto-dominantes Gleichgewicht auszeichnen. Innerhalb der GD-Interaktionssituation ergeben sich darüber hinaus Probleme, da Kooperation kein NGG darstellt. Weiter verdeutlicht Dworkin (1973), dass keine Gründe für einen hypothetischen Gesellschaftsvertrag in diesem Sinne vorliegen.

[30] Vgl. z. B. Nida-Rümelin (2020), S. 141 f.

stellt sich die Frage, ob sie bloß zufällig nebeneinanderlaufen oder tatsächlich zusammen unterwegs sind. Dies scheint nicht nur intuitiv einen Unterschied auszumachen, sondern zielt bereits auf die grundlegende Bedeutung des Begriffs gemeinsamen Handelns ab. Sämtliche Beispiele scheinen ein gemeinsames Engagement von den beteiligten Akteuren zu verlangen. Entsprechend grundlegend kann die Debatte um gemeinsame Handlungen sein, die auch oder gerade für Kooperation vorausgesetzt werden kann. Dies wurde bereits bei Tuomela (2007) im Zusammenhang mit den hier angenommenen Bedingungen hinsichtlich geteilter und gemeinsamer Intention deutlich. Die Relation zwischen den Intentionen der Akteure sowie verschiedene Deutungen derselben stehen im Fokus. Auch die SR zeichnet nun Kooperation als einen besonderen Typ kollektiver Intentionalität aus: „Collective intentionality is constituted by common knowledge – a common cooperative attitude and the selection of an acceptable cooperative collective strategy […].“[31] Eine erweiterte Betrachtung und Einordnung der Bedingungen der SR von Kooperation in die Debatte kollektiver Intentionalität scheint daher hilfreich. Im Vergleich zu den Annahmen bei Tuomela (2007) sind innerhalb der SR kollektive Intentionen deutlich schwächer verortet. Zumindest dann, wenn wir eine Zurückweisung eines so konsitutierten Kollektivismus ernst nehmen. Legt man diese Zurückweisung, sowie die weiteren Bedingungen der SR zu Grunde, bleibt weiter unklar: (a) was gemeinsames Wissen (Überzeugungen) der Akteure hin zu Kooperation generiert und (b) wie sich Kooperation auf dieser Grundlage rationalisieren lässt. Dahingehend wird nachfolgend der Problemaufriss weiter erläutert.

Klassische Ansätze kollektiver Intentionalität

Die vorherrschende Auffassung hinsichtlich des Begriffs der gemeinsamen Handlung verweist darauf, dass gemeinsames Handeln in der Struktur der leitenden Absicht der Beteiligten zu verorten, d. h. mit der Intentionalität der Beteiligten sowie deren Relation verbunden ist.[32] Die Subsumption der Ansätze unter der Bezeichnung der kollektiven Intentionalität ist intensiv durch die Verwendung des Begriffs bei Searle (1990) geprägt und betrifft die Frage der Intentionalität bei gemeinsamen Handlungen und die Frage danach, inwieweit diese überhaupt kollektiv sein können. Wenn rationale Kooperation an das gemeinsame Wissen der Beteiligten in der Interaktionssituation gebunden ist, müssen die Beteiligten die kooperative Handlung intendieren und es muss eine kollektive Intention zugrunde gelegt werden. Innerhalb des Ansatzes von Tuomela (2007) war diese

[31] Nida-Rümelin (2019), S. 122.

[32] Vgl. Schmid, Schweikard (2020).

Form der geteilten Intentionalität über den Wir-Modus und den Pro-Gruppen Ich-Modus über Wir-Einstellungen beschrieben. Die epistemischen Bedingungen sind im Wir-Modus eindeutig festgelegt, da die Akteure im Fall eines GD bei Kooperation auf eine Form der vorgelagerten (akzeptierten) *Commitment* und somit Gruppenpräferenzen zurückgreifen können (IV.6). Dies ermöglicht zum einen, dass Koordinationsprobleme zwischen den Akteuren eingeschränkt sind, und zum anderen, dass Kooperation entlang der Gruppenpräferenzen als mögliche rationale Lösung zulässig wird, auch wenn die Individuen es je für sich präferieren. Auch andere Autoren wie Miller (2023) verweisen auf die Notwendigkeit eines Wir-Modus. Grundlegend heben solche Ansätze die Bedeutsamkeit des kollektiven Ziels hervor, welches die Gründe eines Akteurs zur Kooperation anleitet und so garantiert, dass die Akteure entsprechend handeln.

Weitere Ansätze kollektiver Intentionalität reichen darüber hinaus jedoch von der kompletten Vergesellschaftung des Geists bis hin zur vollständigen Reduktion des Sozialen auf die geistigen Zustände und Handlungen der einzelnen Individuen. Auch wenn die Auseinandersetzung unter dem gemeinsamen Label der kollektiven Intentionalität noch relativ jung ist, soll der Übersichtlichkeit halber von „klassischen" Ansätzen die Rede sein.[33] Wobei damit auf die weitreichend geteilten Ansichten der verschiedenen Ansätze Bezug genommen werden soll, die sich darüber hinaus im Detail und den spezifischen Ausformulierungen gemäß weiter differenzieren lassen. Diese klassischen Ansätze folgen gewissen Grundannahmen, die Kooperation als gemeinsame Handlung betreffen: Die Akteure müssen über die richtige Einstellung, also einen adäquaten Grund zur Handlung, sowie ein richtiges Verständnis der vorliegenden Interaktionssituation – und die Überzeugung – verfügen, dass die anderen diese auch haben und gleichsam überzeugt sind, dass man selbst diese hat usw.[34] Eine typische Definition kollektiver Intentionen setzt sich dann aus individuellen Intentionen und dem gemeinsamen Wissen der beteiligten Akteure zusammen. Was die Ansätze weiter im Detail unterscheidet, sind die jeweiligen Gründe, die möglichen Ursachen dieser Intentionen sowie die Art und Weise, wie die Intentionen mit anderen Einstellungen verknüpft sind.

Entlang der klassischen Ansätze kollektiver Intentionalität stellen sich mehrere Fragen der Reduktion oder Nicht-Reduktion der kollektiven Intentionalität, wie hinsichtlich der ontologischen Annahmen, der möglichen Verknüpfung der

[33] Über die hier vorgenommene Darstellung hinaus sind damit v. a. die in den Unterkapiteln 4.6 und 4.7 erwähnten Ansätze kollektiver Intentionalität erneut aufgegriffen, wie sie sich bei Pettit (2020), Gilbert (1989) usw. wiederfinden.

[34] Wobei die Annahmen des gemeinsamen Wissens und der von gemeinsamen Überzeugungen im abgeschwächten Sinne im Verlauf der Arbeit noch ausführlicher diskutiert werden.

kollektiven und individuellen Intentionalität der Beteiligten sowie der Beschaffenheit des Gehalts kollektiver Handlungsabsichten. Der Wir-Modus nach Tuomela (2007) unterstellt zwar eine ontologische Reduktion – es wird also nicht angenommen, dass das Kollektiv selbst zum Träger der intentionalen Einstellungen wird, sondern vielmehr die einzelnen Individuen, die zueinander in einer spezifischen Beziehung stehen. Darüber hinaus sind die unterstellten Wir-Absichten aber gerade dadurch gekennzeichnet, dass sie sich nicht auf die individuellen, wechselseitigen Absichten der einzelnen Individuen reduzieren lassen bzw. sich nicht hieraus aggregieren lassen. Die kollektive Intention ist nicht reduzierbar auf die Summe unserer individuellen Intentionen. Die Fragestellung, die sich entlang der bisherigen Betrachtung im Lichte der SR stellt, betrifft insbesondere die mögliche Reduktion kollektiver auf individuell wechselseitige Intentionen (sowie deren Verknüpfung, Beschaffenheit und Rationalität). Nida-Rümelin (2020) selbst scheibt zur Konstitution der kollektiven Intentionalität bezüglich Kooperation:

> „Der Begriff der kollektiven Intentionalität, wie er hier eingeführt wurde, unterscheidet sich von dieser atomistischen Variante des Individualismus. Er bleibt individualistisch, sofern kollektive Individualität durch individuelle Intentionalität konstruiert ist, aber erlaubt die strukturelle Beschreibung: Ich entscheide mich für C, weil ich meinen Teil zu einer wünschenswerten (wenn auch keineswegs garantiert) kooperativen Handlungsweise beitragen möchte.“[35]

Die Konstitution kollektiver Intentionalität auf Grundlage der SR wäre also schwächer zu verorten, als dies im Wir-Modus bei Tuomela (2007) der Fall ist, da sie auf individueller Ebene und in Anbetracht wechselseitiger Gründe (nicht gemeinsamer Gründe) angenommen wird. Wie differenziert eine Unterscheidung ist, bleibt zu analysieren. Zur genaueren Klärung der Problemstellung ist der Unterschied vorerst wie folgt zu deklarieren: Innerhalb der SR ist Kooperation konstruiert durch individuell aggregierbare kollektive Intentionen zur Kooperation, während bei Tuomela (2007) kollektive Intentionen durch individuelle Wir-Intentionen konstruiert werden. In der SR schließt dies anonyme Fälle sowie Fälle ohne die Möglichkeit einer Kommunikation, Vorwissen oder Einigung ein. Ein Ansatz kollektiver Intentionalität, der schwächer zu verorten ist als der von Tuomela (2007) und einige wesentliche Eigenschaften hinsichtlich seiner grundlegenden Struktur mit der SR in der hier betrachteten Abschwächung teilt (siehe V.1), stammt u. a. von Bratman (1992, 1999, 2020). Dessen Konzeption (Bratman 1999, 2020) kann an dieser Stelle zumindest partiell beispielhaft

---

[35] Nida-Rümelin (2020), S. 144.

diskutiert werden, auch wenn sich der Ansatz in wichtigen Teilen von der SR unterscheidet.[36]

Die Ausweitung von Bratman (1999, 2020) von Intentionen im intrapersonellen auf Intentionen im interpersonellen Fall (*joint intentions*) wird mit Bezugnahme auf die möglichen Pläne (sowie hierfür relevante Unterpläne) der Akteure vorgenommen.[37] In Anlehnung an die Betrachtung der SR kann die Frage gestellt werden, ob sich auf dieser Grundlage erste Indizien für die strukturelle Einbettung ableiten lassen. Bratman (1999) definiert kollektive Intentionalität der Akteure über wechselseitig konsistente Pläne. Im Vergleich hierzu ist bei Tuomela (2007) das Ziel selbst, seine kollektive Bildung und Akzeptanz unter den Akteuren (im vorgelagerten Sinne) entscheidend. Kollektive Intentionen werden bei Bratman (1999) nun wie folgt definiert:

> „We intend to J if and only if,
>
> (1) (a) I intend that we J and (b) you intend that we J;
>
> (2) (a) I intend that we J in accordance with and because of (1)(a), (1)(b), and meshing subplans of (1)(a) and (1)(b); (b) you intend that we J in accordance with and because of (1)(a), (1)(b), and meshing subplans of (1)(a) and (1)(b);
>
> (3) (1) and (2) are common knowledge between us."[38]

Gemeinsames Wissen (oder Überzeugungen) sind ein wichtiges Element um gemeinsame Absichten zu begründen und koordiniertes Handeln zu ermöglichen. Denn Akteure müssen nicht nur ihre eigenen Absichten kennen, sondern auch wissen, dass Andere dieselben Ansichten haben, um gemeinsam handeln zu können. Die Auszeichnung gemeinsamen Wissens ist sowohl in den meisten

---

[36] Bratman (1999) ist dahingehend in wichtigen Teilen der Theorie von der SR zu differenzieren. Dies bezieht sich v. a. auf die grundlegende Definition von Gründen und Intentionen. Dabei birgt der Ansatz von Bratman (1999) dahingehend kritisierbare Punkte, die sich innerhalb der SR nicht in diesem Umfang ergeben. Dies soll an dieser Stelle jedoch vorerst keine weitere Beachtung finden, da die Betrachtung sich hier vorwiegend auf den Vergleich der Abschwächung gegenüber Tuomela (2007) bezieht und vergleichende Anwendung zur Annäherung der Problemstellungen in der SR findet. Hierfür reicht der hier vorgenommene Vergleich vorerst aus.

[37] Wobei auch hier die im vorherigen Teilkapitel angeführte Einteilung in verschiedene Intentionstypen von Bedeutung sein kann.

[38] Bratman (1999), S. 121.

klassischen Ansätzen der kollektiven Intentionalität sowie hinsichtlich der orthodoxen ST entscheidend.[39] Auch Nida-Rümelin (2019, 2020) nimmt Bezug auf das gemeinsame Wissen (Überzeugungen) der Akteure hinsichtlich kollektiver Intentionalität und deren spezifischer kooperativer Konzeption.[40] Da sich in der SR keine detaillierte Ausführung zur Konstitution (reiner) kollektiver Intentionalität finden, kann dies plakativ entlang von Bratman (1999) wie folgt formuliert werden:

Wir beabsichtigen, J zu tun, genau dann, wenn

(1) (a) ich intendiere, dass wir J tun, und (b) du intendierst, dass wir J tun;
(2) (a) ich intendiere, dass wir J tun in Übereinstimmung mit und wegen (1)(a), (1)(b) und dahingehend ineinandergreifend struktureller Intention von (1)(a) und (1)(b); (b) du intendierst, dass wir J tun in Übereinstimmung mit und wegen (1)(a), (1)(b) und ineinandergreifender struktureller Intentionen von (1)(a) und (1)(b);
(3) (1) und (2) gemeinsames Wissen (oder gemeinsame Überzeugung) zwischen uns ist.

Die Formulierung „ineinandergreifend strukturelle Intentionen" wäre so zu verstehen bzw. zu deuten, dass die Teilhandlungen h_1, h_2 ... h_n, die zur Ausführung der Intention H intendiert werden, entsprechend ineinandergreifen. Die Formulierung wäre nun in den relevanten Bezügen abgeschwächt und epistemische Fragestellungen lassen sich besser offen legen, da in einmaligen GD in der ST kein gemeinsames Wissen hin zur Kooperation oder einer sonstigen kollektiven Intention vorliegt. Zu einer detaillierten Ausführung der SR bezüglich Kooperation eignet sich diese beispielhaft vorgenommene Formulierung zudem nicht, da zum einen die Bedingungen auf andere epistemische Grundlagen schließen lassen

[39] Es sei an dieser Stelle abschließend darauf hingewiesen, dass die hier dargelegten Beschreibungen kollektiver Intentionalität auf einen Externalismus verweisen. Es gibt jedoch auch schwächere Ansätze, die auf einen Internalismus abzielen. Der wichtigste Vertreter eines internalistischen Ansatzes kollektiver Intentionalität ist Searle (2011, 2020), der kollektive Intentionen als primitive (biologische) Phänomene deutet.Dabei wird argumentiert, dass auch Gehirne im Tank – ohne Beteiligung oder tatsächliches Vorhandensein eines weiteren Akteurs – kollektive Intentionen haben können. Entsprechend ist an dieser Stelle auch in anonymen Situationen kein gemeinsames Wissen der Akteure vorausgesetzt. Jedoch soll dieser Ansatz hier nicht weiterverfolgt werden, da er zum einen zu anderen Problemen und Zirkeln führt, die sehr viel weitreichender sind. Die grundlegende Annahme eines zumindest irgendwie gearteten schwachen Externalismus wird hier entsprechend implizit vorausgesetzt.

[40] Vgl. Nida-Rümelin (2019), S. 120 f.

bzw. wegen Fehlendem gemeinsamen Wissen schließen müssen. Und zum anderen, da hierbei, wie sich im späteren Verlauf der Arbeit postuliert wird die Gründe der Akteure in ihrem spezifischen objektivistischen Bezug entlang der SR relevant werden, welcher bei Bratman (1999) nicht in diesem Ausmaß gegeben ist. Auf Grundlage der Darstellung lassen sich jedoch die bisherigen Fragestellungen entlang der SR präziser fassen.

Gemeinsames Wissen und Koordination

Nach Tuomela (2007) sind der Ansatz von Bratman (1999) und allgemein Ansätze, die einer ähnlichen Struktur in ihren grundlegenden Bedingungen der kollektiven Intentionalität unterliegen, als Formen von Ich-Modus-Ansätzen (Pro-Gruppen Ich-Modus) zu bewerten.[41] Sowohl in spieltheoretischen Fällen mit mehreren Gleichgewichten als auch in Fällen der hier untersuchten Kooperation im GD-Dilemmata-Fall bietet der Wir-Modus Vorteile, weil die Auswahl der Akteure durch die vorgelagerte Akzeptanz eingeschränkt ist.[42] Zwar spielt auch der Pro-Gruppen-Ich-Modus hinsichtlich des Ansatzes von Tuomela eine Rolle, jedoch setzt eine angemessene Begründung den Verweis auf den Wir-Modus voraus. Es lässt sich nun zumindest darlegen, dass bereits anonyme Fälle einfacher Koordination mit mehreren Gleichgewichten in der ST bei der grundlegenden Definition kollektiver Intentionalität solcher Ich-Modus-Ansätze gewisse Probleme verursachen bzw. zu keiner eindeutigen Auflösung führen müssen. Dies hängt mitunter damit zusammen, dass die unterstellten epistemischen Bedingungen des gemeinsamen Wissens (Überzeugungen) nicht erfüllt werden. Im kooperativen Fall kann ebenso kein gemeinsames Wissen (oder gemeinsame Überzeugungen) voraussetzt werden und es ergeben sich darüber hinaus Probleme der rationalen Auszeichnung von Kooperation.

Das Konzept gemeinsamen Wissens existiert in verschiedenen Ansätzen und Formulierungen, die vorwiegend an die formalen Bedingungen (der ST) gebunden sind, wie z. B. bei Aumann (1976).[43] Darüber hinaus existieren jedoch auch rein philosophische Ansätze, beispielsweise Gilbert (1989) oder auch Lewis (1969). Die Diskussionen über gemeinsames Wissen sind allgemein sehr weitreichend

---

[41] Vgl. Tuomela (2007), S. 73 ff.

[42] Neben einer möglichen Kommunikation oder Absprache der Akteure sind auch Fälle auf Grundlage des Ziels (das die Akteure gemäß ihren eigenen Präferenzen verfolgen) denkbar. Tuomela (2013, S. 148 f.) verweist partiell zumindest auf diese Möglichkeit.

[43] In der ST und der bisherigen Betrachtung des Kooperationsdilemmas in der vorliegenden Arbeit spielt gemeinsames Wissen (Überzeugungen) eine wichtige Rolle bei der Spielanalyse, da die Spieler (neben dem eigenen Wissen) wissen, dass dies auch die andere Spieler wissen usw. und entsprechend die Vorhersagbarkeit beeinflusst (siehe Kapitel 2 und 3).

und detailliert und legen wichtige Unterschiede nahe, weshalb hier lediglich die für die Diskussion relevanten Aspekte betrachtet werden sollen. Über bestehende Differenzen hinaus lassen sich aber auch bedeutende Gemeinsamkeiten entlang der Konzepte identifizieren.[44] Ursprünglich wurde das Konzept gemeinsamen Wissens von Lewis (1969) und seiner Konventionstheorie geprägt. Lewis (1969) selbst betrachtet gemeinsames Wissen in Koordinationsproblemen, die existieren, wenn zwei oder mehr Akteure in einer Interaktionssituation zwischen verschiedenen Lösungen auswählen müssen, wobei jeder der Akteure präferiert, dass alle gleich handeln, jedoch mehrere akzeptierbare Lösungen (NGG) existieren. Lewis geht grundlegend vom Entstehen von Konventionen hinsichtlich der Auflösung von Koordinationsproblemen aus. Die orthodoxe Darstellung gemeinsamen Wissens x der ST wird dagegen am häufigsten wie folgt beschrieben: Jeder weiß x, jeder weiß, dass jeder x weiß, dass jeder weiß usw. Dabei wird von zwei Akteuren p und q ausgegangen die gemeinsames Wissen eines Faktes σ haben. Dann lässt sich iteriertes Wissen von σ, wie folgt darlegen: p weiß σ, q weiß σ, p weiß, dass q weiß σ, q weiß, dass p weiß, dass p weiß q weiß, p weiß σ usw.[45]

Gemeinsames Wissen kann in diesem orthodoxen, formalen Sinn auf zwei Arten definiert werden: Zum einen kann ein Ereignis E als gemeinsames Wissen zwischen Akteuren angesehen werden, wenn alle E wissen, sie alle wissen, dass sie E wissen usw. Gemeinsames Wissen wird hier zu einer unendlichen Kondition und kommt entlang einer epistemischen Iteration zum Ausdruck (*iterative Interpretation*). Zum anderen kann gemeinsames Wissen über die *Fixpunkt-Definition* angegeben werden. Hier wird das gemeinsame Wissen als der kleinste Fixpunkt einer Wissensoption definiert (im iterierten Sinne). Alternativ kann die *Fixpunkt-Definition* durch die Öffentlichkeit eines Ereignisses E definiert werden. Jeder Akteur hat dann beim Auftreten eines Ereignisses E entsprechendes Wissen darüber.[46] Setzt man diese Fixpunkt-Definition voraus, ist das betreffende Ereignis selbstevident. Innerhalb des klassischen Rahmens sind beide Definitionen zu einem gewissen Grad formal äquivalent. Entsprechend wird gemeinsames Wissen

[44] Auch entlang der formalen und technischen Ansätze lassen sich hinter äquivalenten Definitionen häufig unterschiedliche Intuitionen ausfindig machen.

[45] Die Darstellung orientiert sich hier an den Ausführungen von Barwise (1988), wobei sich ausführliche formale Darstellungen bei Aumann (1978) und Paternotte (2011, S. 252) finden. Auch in erweiterter Darstellung von Überzeugungen (S. 265).

[46] Die Fixpunkt Definition ist dabei nicht zwingend auf ein öffentliches Ereignis festgelegt, sondern kann sich beispielsweise auf Informationen (wie bspw. 3 ist eine ungerade Zahl) oder auch beobachtbare Ereignisse beziehen. Die Fixpunkt Definition kann allgemein als stabiler Punkt oder Basis betrachtet werden, auf der das gemeinsame Wissen aufgebaut wird. Dies kann auch ein Konsensbasiertes Verständnis umfassen.

über eine Proposition E definiert durch die Existenz eines gemeinsamen Ereignisses F, so dass, wann immer F der Fall ist, jeder weiß, dass F der Fall ist und E von F impliziert wird (p und q wissen (σ)). In der Literatur besteht darüber hinaus eine relativ weitreichende Einigkeit, dass die Iteration des gemeinsamen Wissens entlang der Definition eine wichtige Rolle spielen (auch hinsichtlich der mentalen Verfasstheit der Akteure) muss und hierüber idealerweise definiert wird.[47] Wobei hinsichtlich der Fixpunkt-Definition über ein öffentliches Ereignis ein fester externe Bezugspunkt angenommen wird, der bereits als stabiler Zustand für einen Fixpunkt fungiert.

Häufig wird gegen eine iterierte Definition gemeinsamen Wissens eingewendet, dass sie in Teilen unrealistisch scheint, wenn wir reale menschliche Akteure und ihre kognitiven Grenzen (z. B. begrenztes Gedächtnis und limitierte kognitive Fähigkeiten) betrachten. Eine weitere Möglichkeit besteht darin, Wissen durch wahrscheinliches Wissen oder auch Überzeugungen (*common belief*) zu ersetzen.[48] Dies kann auf der Grundlage beider angeführter Ansätze unterstellt und ausgeführt werden. Die Akteure glauben dann zu einem gewissen Grad (entlang von Wahrscheinlichkeiten) zu wissen, was andere wissen, statt es tatsächlich zu wissen. Anzumerken ist, dass dann weitere interpretatorische Probleme zur Diskussion gestellt und wiederum verschiedene Interpretationen der Wahrscheinlichkeit diskutiert werden können.[49] Es ist an dieser Stelle vorerst festzuhalten, dass kein eindeutiges Argument vorzuliegen scheint, das eine der Definitionen grundlegend gegenüber den anderen bevorzugt oder hilft, sich innerhalb des Rahmens der ST festzulegen.

Um mögliche offene Punkte der SR hinsichtlich der Relation der kollektiven Intentionen und gemeinsamen Wissens (Überzeugungen) zu verdeutlichen, kann in einem ersten Rekurs der vereinfachte Fall reiner Koordination betrachtet werden. Die Definition gemeinsamen Wissens fußt selbst in Anlehnung an Lewis (1969) auf der Betrachtung einfacher Koordinationsprobleme mit mehreren gleichwertigen NGG, wie z. B. ein unterbrochener Anruf. Wenn die Akteure gleichzeitig wählen müssen, kann dies als ein Koordinationsproblem formuliert

---

[47] Dies findet sich u. a. auch bei Tuomela (1997, 2007), der über die replikative Begründung der Teilabsichten iterativen Glaubens zur Analyse von gemeinsamen und Gruppen-Absichten gelangt. Darüber hinaus gibt es Fälle, in denen kein öffentliches Ereignis angenommen werden kann. Die Iteration wird häufig angenommen, da das Konzept des gemeinsamen Wissens in einem dynamischen Prozess aufgebaut wird. Letzteres ist häufig eine wichtige Annahme der Fixpunkt Definition, um auszuschließen, dass hier neues Wissen oder Informationen hinzugefügt werden.

[48] Vgl. u. a. Dekel, Siniscalchi (2014), S. 12 ff.

[49] Vgl. z. B. Morris (1999).

werden.[50] Das Beispiel des unterbrochenen Anrufs lässt sich folgendermaßen wiedergeben: *Zwei Akteure führen ein Telefonat und der Anruf wird plötzlich unterbrochen. Nun kann der Anrufer oder der Angerufene den je anderen erneut anrufen bzw. zurückrufen. Rufen jedoch beide gleichzeitig zurück, ist besetzt. Ruft dagegen keiner den je anderen zurück, kann das Telefonat ebenso nicht fortgesetzt werden.* Da keine Möglichkeit weiterer Absprache besteht, erhalten wir hier zwei Nash-Gleichgewichte, deren Rationalität durch die Handlungswahl des je anderen bedingt ist (Abbildung 5.1):

	Angerufener ruft zurück	Angerufener wartet
Anrufer ruft zurück	0/0	1/1
Anrufer wartet	1/1	0/0

Abbildung 5.1 Koordination entlang eines unterbrochenen Anrufes

Lewis (1969) selbst greift das Koordinationsproblem innerhalb seiner Konventionstheorie auf, indem vorausgesetzt wird, dass Akteure präferieren, sich je an bestimmte Regeln zu halten, bzw. ein koordiniertes Gleichgewicht erreichen wollen – vorausgesetzt der andere tut dies auch und es liegt gemeinsames Wissen vor.[51] Lewis liefert hier neben der Formulierung gemeinsamen Wissens auch eine erste detailliertere Beschreibung und Analyse von Konventionen, die auf Zustimmung der Akteure oder anderen Annahmen basieren kann.[52] Seine Konventionstheorie steht dabei in der Tradition von Hume, dem zufolge Konventionen als Konsequenzen und Eigenschaften wiederholter Interaktionssituationen emergieren.[53]

[50] Entsprechend rekonstruieren ließe sich jedoch auch die Situation eines gemeinsamen Spaziergangs bei Bratman (1999), wenn z. B. die beiden Akteure auf dem nahegelegenen Feld oder im Wald spazieren gehen können, beide Optionen von ihnen gleich präferiert werden und sie sich nicht absprechen können usw.

[51] So kann die Konvention entsprechend gestaltet sein, um das Telefonbeispiel möglicherweise aufzulösen, indem man sich auf die Regel einigt – und gemeinsames Wissen darüber besitzt –, dass sich im Fall einer Unterbrechung des Anrufs immer der Angerufene erneut meldet usw.

[52] Vgl. Lewis (1969), S. 122 f.

[53] Vorausgesetzt Menschen sind dazu fähig, aus Erfahrungen zu lernen usw. Hauptsächlich geht es Lewis (1969) darum, Sprache als konstruierten Term für ein spezielles Koordinationsproblem zu untersuchen und aufzuzeigen, dass es Sprachkonventionen gibt.

> „A convention is a regularity of behaviour in such a game within such a population, such that is both true and common knowledge (i) that all members of the population, when playing the game, choose to play their parts of some particular coordination equilibrium and (ii) that everyone expects everyone else to conform to this regularity.“[54]

Der Verweis auf Konventionen und gemeinsames Wissen gewährt Möglichkeiten, die mit keiner direkten Kommunikation usw. verbunden sein müssen. Nun beschreibt die gleichzeitige Handlungswahl in der ST jedoch beispielsweise ein Koordinationsproblem, in dem keine solche Lösung im Sinne gemeinsamen Wissens (oder eine Konvention o. Ä.) vorliegen muss, außer es wird sich auf eine vorgelagerte Einigung in diesem Sinne o.ä. bezogen. Es bleibt fraglich, auf welcher Grundlage kollektive Intentionalität überhaupt zustande kommen kann, wenn keine Absprache möglich ist oder ein öffentliches Ergebnis vorliegt.[55] Konventionen im Sinne Lewis' (1969) schränken die Koordinationsproblematik, ebenso wie der Wir-Modus dies im erweiterten Sinne tut, entsprechend ein. Auch weist die SR an dieser Stelle die Möglichkeit von Konventionen nicht generell von der Hand, sie fungieren jedoch unter gegebenen Bedingungen selbst nicht als Grundlage der Kooperation. Kooperation resultiert nicht erst aus Regeln und geht diesbezüglich in der SR über reine Koordination hinaus:

> „Vielmehr stimmen zwei kooperierende Personen ihre Handlungen so ab, dass sich eine von beiden erwünschte Handlungskombination ergibt. Im Gegensatz zu bloßer Koordination ist Kooperation jedoch dadurch bestimmt, dass die kooperierenden Personen nicht je individuell ihre eigenen Interessen optimieren.“[56]

Wenn in einer typischen GD-Interaktionssituation (ohne Kommunikation usw.) jedoch die Möglichkeit auf eine vorgelagerte Einigung in Form einer Regel und generell gemeinsames Wissen ausgeschlossen werden, bleibt weiter fraglich, auf welcher individuellen Ebene Gründe im kooperativen Sinne vorliegen können und gemeinsames Wissen (in geforderter Weise) generiert wird. Gemeinsames Wissen (gemeinsame Überzeugungen) ist unter den Bedingungen der orthodoxen

---

[54] Lewis (1969), S. 58.

[55] Es sei an dieser Stelle darüber hinaus darauf hingewiesen, dass selbst bei Vorliegen iterierten gemeinsamen Wissens auf wechselseitiger individueller Ebene ein Zirkelproblem besteht, das sich im Wir-Modus darüber hinaus vermeiden lässt (siehe Tuomela [2007], S. 98 f.). Zur Auflösung dieses Zirkels und Auszeichnung wechselseitiger Überzeugungen bestehen diverse Ansätze, die alle zumindest in eine ähnliche Richtung weisen wie der Wir-Modus. Eine Diskussion dahingehend findet sich auch bei Paternotte (2011).

[56] Nida-Rümelin (2001), S. 85 f.

ST dann nicht erreichbar. Darüber hinaus erweitert sich das Problem im GD-Interaktionsfall, weil die kooperative Lösung aus Perspektive des Individuums keine rationale Lösung dargestellt.

Rationalität und Transformation des Akteurs

Hinsichtlich der möglichen rationalen Auszeichnung der kooperativen Handlung in GD-Interaktionssituationen erweitert der Wir-Modus die Betrachtung im Vergleich zur Konventionstheorie von Lewis (1969). Dabei stellt sich grundlegend die Frage, welche Gründe die Individuen für wechselseitige Kooperation im GD-Fall angeben können. Die epistemischen Bedingungen sind im GD-Fall auf individueller Ebene in der orthodoxen ST ausgezeichnet. Diesbezüglich verweist auch Tuomela (2013) darauf, dass im Falle von Kooperationsdilemmata wie dem GD nicht nur mögliche Probleme hinsichtlich des gemeinsamen Wissens der Akteure in den beschriebenen Situationen gelöst, sondern darüber hinaus auch erklärt werden muss, wieso die eigentlich irrationale Wahl (gemäß den Präferenzen der Akteure) der Kooperation bevorzugt wird und die Akteure sich entsprechend hieran binden. Sodann ergibt sich folgende Frage: Welche Gründe haben die Individuen, sich an wechselseitiger Kooperation im GD-Fall zu beteiligen? Der Wir-Modus umgeht dieses Problem durch die Transformation der Akteure.

Entlang individueller, wechselseitiger Gründe im Sinne der ST ergeben sich bereits Probleme im Koordinationsfall von *Hi-Lo*. Die Matrix von *Hi-Lo* kann wie folgt dargestellt werden (Abbildung 5.2):

	Akteur 1 Hi	Akteur 1 Lo
Akteur 2 Hi	3/3	0/0
Akteur 2 Lo	0/0	1/1

Abbildung 5.2 Spielmatrix Hi-Lo

Innerhalb des Wir-Modus lassen sich nun die Gründe eines Akteurs wie folgt wiedergeben und sie ermöglichen die Auszeichnung von *Hi* über den Gruppennutzen als rationale Lösung:

1. Wir intendieren, den Gruppennutzen zu maximieren.
2. Die Strategie Hi/Hi maximiert als einzige den Gruppennutzen.

Deshalb

3. will ich meinen Teil zu *Hi/Hi* ausführen (*Hi*).

Dagegen lassen sich auf der Grundlage individueller, wechselseitiger kollektiver Intentionalität, die Tuomela (2007, 2013) als Pro-Gruppen Ich-Modus bezeichnet, in dem Koordinationsproblem keine eindeutigen Gründe der Akteure dafür angeben, wieso sie *Hi* über *Lo* bevorzugen. Die Argumentation eines Akteurs im Pro-Gruppen Ich-Modus wäre stattdessen nach Tuomela (2013) die folgende:

1. Du und ich intendieren es, den Gruppennutzen zu maximieren.
2. Wenn du *Hi* wählst, maximiert es den Gruppennutzen, wenn ich *Hi* wähle.
3. Wenn du *Lo* wählst, maximiert es den Gruppennutzen, wenn ich *Lo* wähle.

Deshalb

4. werde ich was tun?

Unter dem Label *Team Reasoning* werden andere Ansätze in diese Richtung diskutiert, die teils weniger starke Voraussetzungen als Tuomela annehmen.[57] Jedoch ist allen Ansätzen gemeinsam, dass eine Transformation des Akteurs (Gruppen- oder Teamperspektive) eingenommen wird und die Präferenzen der Akteure sich entsprechend verändern (Gruppen- oder Teampräferenzen).[58] Ohne die Transformation des Akteurs liegen keine Gründe zur Auszeichnung einer kollektiven Lösung oder im Falle von *Hi-Lo* des Pareto-dominanten Gleichgewichts vor. In beiden Fällen erlaubt erst die Perspektive der Gruppe oder eines möglichen Ziels die Auszeichnung (Erweiterung der ST), vorausgesetzt dass darüber gemeinsames Wissen (gemeinsame Überzeugung) vorliegt.

Die epistemischen Bedingungen sind in diesem Fall also nicht an gemeinsames Wissen auf individueller, wechselseitiger Ebene gebunden, sondern müssen darüber hinaus zur Auszeichnung der kooperativen Lösung im GD-Fall gemeinsames Wissen über die Gruppen- oder auch Team-Identifikation des je anderen beinhalten. Die Argumentation bleibt hierbei, auch mit Blick auf die Präferenzen der Akteure, eine instrumentalistische und setzt eine Einheit der Akteure voraus.

---

[57] Diese sind teils in Anlehnung an die Analyse der epistemischen Bedingungen, soweit erforderlich hinsichtlich der Betrachtung, in Kapitel 6 angeführt.

[58] Ansätze des *Team Reasoning* finden sich u. a. bei Bacharach (1999, 2006) und Sugden (1993a, 1993b, 2003), die im weiteren Verlauf der Arbeit noch genauer zu kontrastieren sind.

Die instrumentalistische Auszeichnung der Rationalität bezieht sich hier darauf, wie die Akteure bestmöglich ihre Ziele (gemäß ihren Präferenzen) erreichen unter Annahme ihrer Überzeugungen. Ansätze, wie die des Wir-Modus oder des *Team Reasoning*, können die rationale Handlungswahl im instrumentalistischen Sinn der ST über die Perspektive der Gruppe erweitern, da sich hierüber die Ziele auf gemeinsame oder kollektive Ziele einschränken lassen. Liegt gemeinsames Wissen darüber vor, nehmen beide Spieler den Modus des *Team Reasoning* an und werden entsprechend handeln. Die Anforderungen des gemeinsamen Wissens sind also im Vergleich zu dem reinen Koordinationsproblem des unterbrochenen Anrufs auf das gemeinsame Wissen x über die Gründe und die Identifikation mit der Gruppe bezogen (jeder weiß x, jeder weiß, dass jeder x weiß, dass jeder weiß … usw.).

Innerhalb der SR ist jedoch auf bisheriger Grundlage der Betrachtung keine solche Identifikation vorgesehen und es wird gegen eine Transformation des Akteurs und auch der Präferenzen argumentiert. Nida-Rümelin (2019) schreibt:

> „The reason for this is that cooperation without community, that is, without group ethos, does not introduces any changes in values or utilities. The participants have only one type of evaluation, which is represented by the game format of the interaction."[59]

Innerhalb der SR wird das Zustandekommen von Kooperation gerade durch das Abstandnehmen von der strikten Verfolgung der eigenen Präferenzen generiert.[60] Da jedoch nur eine Evaluationsebene der Akteure unterstellt ist, sind Modi-Wechsel auch im schwächeren Sinne nicht vorgesehen. Darüber hinaus wird eine Transformation der Präferenzen (sowohl im individuell wechselseitigen Sinn als auch im Sinn einer möglichen Gruppe) zurückgewiesen.[61] Das Problem der rationalen Auszeichnung sowie der epistemischen Bedingungen bleibt jedoch im Rahmen der Bedingungen der ST bestehen. Lösungen der Aggregation der individuellen, wechselseitigen Ebene können aber die entsprechenden kollektiven Lösungen an dieser Stelle nicht auszeichnen.[62] Die SR selbst argumentiert für einen Konsens, dessen genauere epistemische Bedingungen dann jedoch zunächst ungeklärt bleiben.

---

[59] Nida-Rümelin (2019), S. 122.

[60] Auch der Pro-Gruppen Ich-Modus (IV.6) sowie die festgehaltenen Probleme (auch Probleme der Darstellung über Transformationen bei Tuomela [2007]) ließen sich entlang dieser Grundlage abbilden.

[61] Vgl. Nida-Rümelin (1997a, 1997b, 2001, 2019).

[62] Siehe hierzu z. B. Aumann, Sorin (1989).

Es gilt nun abschließend zu erwähnen, dass sich neben einem möglichen Wir-Modus oder auch *Team Reasoning* weitere Ansätze mit der Auszeichnung kollektiv vorteiliger Gleichgewichte in der ST befassen und Lösungen zu formulieren versuchen. Diese zielen jedoch entweder auf eine Erklärung außerhalb der rationalen Auszeichnung der Handlungen ab, wie dies u. a. bei der sozialen Projektionstheorie oder der kognitiven Hierarchietheorie der Fall ist, oder verfehlen die Bedingungen der SR auf andere Weise. Die soziale Projektionstheorie geht davon aus, dass die meisten Menschen schlicht erwarten, dass andere entsprechend argumentieren, wie sie es in der Situation selbst tun (ihre Argumentation also auf die anderen übertragen)[63], während die kognitive Hierarchietheorie davon ausgeht, dass Akteure in Situationen, in denen sie kein Wissen oder keine Überzeugungen über den je anderen haben, ihre Strategie unter einheitlichen Wahrscheinlichkeiten (durch Heuristiken usw.) auswählen.[64] Darüber hinaus zielt die Theorie des sogenannten virtuellen Feilschens auf hypothetische Gründe ab, die Überlegungen dazu beinhalten würden, welchen Strategien der je andere zustimmen würde, verhandelte man dahingehend.[65] Dies ist in Teilen mit dem Hinweis der SR vergleichbar, dass eine zulässige kollektive Lösung eine Lösung sein müsse, der auch jeder zustimmen könne (beispielsweise aus Gründen der Fairness). Jedoch unterscheiden sich die Argumentationsweisen im Detail erheblich und entsprechende Gründe der Akteure zur kooperativen Handlung müssen in ihrer epistemischen Dimension erklärt werden.

Es lässt sich also zusammenfassen, dass die kooperativen Bedingungen der SR Lücken hinterlassen, die die epistemischen Bedingungen der Akteure betreffen. Dies beinhaltet nicht nur mögliche Probleme des gemeinsamen Wissens (gemeinsame Überzeugungen) der individuellen Akteure auf individueller, wechselseitiger Ebene, sondern darüber hinaus auch mögliche Probleme hinsichtlich der Auszeichnung der kooperativen Lösungen von GD-Interaktionssituationen als rationale Lösungen sowie die Gründe der Akteure. Diese Problembetrachtung dient in der weiteren Auseinandersetzung der Arbeit, die der Klärung der offenen Fragen dienen soll, als wichtige Grundlage.

---

[63] Siehe hierzu mitunter Al-Nowaihi, Dhami (2015) oder Bardsley et al. (2009).

[64] Ansätze in diese Richtung finden sich u. a. bei Stahl, Wilson (1994) oder auch Camerer et al. (2014).

[65] Vgl. z. B. Misyak et al. (2014).

5.3 Schwache Fälle von Kooperation

Bisher wurde verdeutlicht, welche möglichen offenen Fragen der Ansatz der SR hinsichtlich der Bedingungen von Kooperation zurücklässt. Dies geschah bis hierher lediglich ausgehend von dem Verweis auf mögliche empirische Ergebnisse, die sich auch anhand einmaliger anonymer GD-Interaktionssituationen ausweisen lassen.[66] Vor dem Hintergrund der möglichen Probleme kann man sich nun die Frage stellen, wieso eine weitere Betrachtung der SR und der offenen epistemischen Bedingungen im Detail hier fruchtbar scheint: Wieso also eine vertiefende Betrachtung der SR anstreben? Welche Erkenntnisse lassen sich hierdurch möglicherweise abbilden? Nachfolgend sollen hierzu in einem ersten Rekurs Argumente angegeben werden, die die weiterführende Analyse stützen und vorerst partiell plausibilisieren. Dies soll vergleichend entlang der Funktionalität des Wir-Modus aufgezeigt werden. Dabei ist es wichtig, dass diese Argumente nicht zwingend gegen den Wir-Modus als solchen verstanden werden, sondern es vielmehr darum geht, dass es Fälle von Kooperation zu geben scheint, die schwächer zu verorten sind und für welche die SR eine mögliche intuitiv plausible und erweiterte Grundlage bildet. Folgt man dieser Argumentation, scheint es auf intuitiver Grundlage Kooperationsformen zu geben, für die die Anforderungen des Wir-Modus und auch des Pro-Gruppen-Ich-Modus (v. a. in Anlehnung an den Wir-Modus) zu stark sind. Aufbauend kann eine Analyse der epistemischen Bedingungen der SR im weiteren Verlauf der Arbeit fruchtbar sein.[67]

Die Intentionen der SR sowie ihre Annahmen bezüglich Kooperation sollen nachfolgend auf der Grundlage von drei verschiedenen Implikationen gestützt werden:

(1) die möglichen Fragen und Probleme, die sich mit Bezug auf den Pro-Gruppen Ich-Modus (in Anlehnung an den Wir-Modus) ergeben;
(2) empirische Daten, die die Intuition stützen, dass Kooperation auch ohne die Annahme einer Gemeinschaft oder Gruppe möglich und denkbar zu sein scheint;
(3) empirische Ergebnisse (auch aus der Anthropologie).

[66] Vgl. Camerer (2003).

[67] Es sei an dieser Stelle ergänzt, dass empirische Studien zum *Hi-Lo* Spiel von Nicholas Bardsley verdeutlichen, dass 96 Prozent der betrachteten Personen Hi spielen.

Punkt (1) wurde partiell bereits entlang der Diskussion des Pro-Gruppen Ich-Modus diskutiert und soll hier nur in einer möglichen Erweiterung Beachtung finden.[68] Diese möglichen Probleme können hier mit Blick auf die Intuition der SR sowie empirischen Ergebnissen dahingehend verbunden werden (2). Entsprechend lässt sich die Annahme plausibilisieren, dass es Formen der schwachen Kooperation zu geben scheint, die die SR mit aufgreifen könnte, die jedoch der Wir-Modus und die daran angelegte schwächere Form des Pro-Gruppen Ich-Modus nicht ausreichend abbilden. Punkt (3) soll die Intention der ersten beiden Punkte lediglich durch Bezugnahme auf weitere empirische Ergebnisse, auch aus der Anthropologie, stützen. Dies bezieht sich auf die (mögliche evolutionäre) Einbettung von schwacher Kooperation.

Schwache Kooperation innerhalb verschiedener Ansätze

Nida-Rümelin (2019) argumentiert, dass der Typ kollektiver Intentionalität, der für Kooperation notwendig scheint, keinesfalls ein Ethos oder eine Gemeinschaft oder Gruppe voraussetzt. Plausibilisieren lässt sich dies ad hoc damit, dass man sich Akteure vorstellen kann, die kooperieren, ohne bereits auf ein gemeinsames oder geteiltes System aus Regeln oder Normen oder eine andere Art der (vorgelagerten) Deliberation zurückzugreifen. Nida-Rümelin (2019) schreibt diesbezüglich:

> „Think of a society in which strong individualism prevents the development of any sense of cultural, social, or ethnic community. If the members of this society are asked which community they belong to they would answer ‚none'."[69]

Es scheint intuitiv plausibel, dass es Formen von Kooperation geben kann, die nicht bereits auf die volle Annahme eines Wir-Modus zurückgreifen. Denn es gibt viele Situationen, in denen man kooperiert, ohne ein Ethos usw. mit anderen zu teilen. Konventionen zu folgen oder gar Gruppenpräferenzen zu vertreten. Entlang der Annahmen von Tuomela (2007, 2013) wird dies ebenfalls durch die Annahme schwächerer Formen der Kooperation berücksichtigt. Diese schwächeren Formen der Kooperation werden im Pro-Gruppen Ich-Modus integriert. Der Pro-Gruppen Ich-Modus bezieht sich (Vgl. Unterkapitel 4.6), auf Formen der Kooperation, die ein Gruppeninteresse beinhalten, weil dies je im individuellen Interesse der Akteure ist. Entsprechend kann man sich nun die Frage

[68] Die diesbezüglich angesprochenen offenen Punkte legen für sich keine Zurückweisung des Wir-Modus nahe, sondern betreffen in erster Linie den Pro-Gruppen Ich-Modus sowie mögliche gegenläufige Intuitionen und Darstellungsprobleme.

[69] Nida-Rümelin (2019), S. 121.

stellen, ob solche schwachen Formen der Kooperation, wie sie von Nida-Rümelin (2019) angedeutet werden, bereits adäquat im Pro-Gruppen Ich-Modus abgebildet werden.[70] Offen bleibt, ob nicht der Pro-Gruppen Ich-Modus solche Fälle einbezieht – ob also im Extremfall gänzlich anonyme Interaktionssituationen vom Pro-Gruppen Ich-Modus beschreibbar wären.

Ein alltägliches Beispiel solcher schwachen Kooperationsformen wird z. B. von Paternotte (2013) innerhalb seiner Definition minimaler Kooperation mit der Bildung eines Flashmobs beschrieben. Darüber hinaus lassen sich aber auch weitere Beispiele zur Plausibilisierung von Fällen anonymer und schwacher Kooperation anführen.[71] Für das Beispiel des Flashmobs kann vorausgesetzt werden, dass sich die allermeisten Akteure tatsächlich nicht kennen, die Bedingung gänzlicher Anonymität zwischen den meisten Beteiligten daher nahezu erfüllt scheint. Darüber hinaus kann hier vermutlich auf keine Konventionen o. Ä. zurückgegriffen werden. Dennoch partizipieren die Akteure durch ihre spontane Beteiligung an einem gemeinsamen, kooperativen Ziel: hier meist schlicht die Umsetzung des Flashmobs selbst. Paternotte schreibt diesbezüglich:

> „Flash mobs are a textbook case of minimal cooperation: individuals base their decision to participate on each other's individual intentions or identities. They can rely on little more than on the message source (how public is it? What are the changes that a random reader decides to participate?) and on past success of such events."[72]

Ein solcher Fall von Kooperation scheint nun nicht unrealistisch, sondern in der alltäglichen Praxis konstituiert.[73] Darüber hinaus lässt sich an dieser Stelle auf die empirischen Ergebnisse anonymer GD-Interaktionssituationen selbst verweisen. Hierbei zeigt sich, dass Akteure sogar in verschiedenen anonymen experimentellen Rekonstruktionen zu einem hohen Anteil von bis zu 50 Prozent miteinander kooperieren.[74]

Solche Fälle gänzlich anonymer Kooperation scheinen nun jedoch zu schwach, um angemessen im Pro-Gruppen Ich-Modus (oder gar Wir-Modus) beschrieben zu werden. Es lässt sich zwar aufzeigen, dass Gemeinschaften und Gruppen in

---

[70] Da für den Wir-Modus selbst die kollektiven Bedingungen erfüllt sein müssen, sind solche Fälle für schwache und gänzlich anonyme Situationen auszuschließen.

[71] Ein bekanntes Beispiel findet sich u. a. bei Chwe (2001) entlang sogenannter sozialer Produkte während des U.S. Super Bowl.

[72] Paternotte (2013), S. 49 f.

[73] Flashmobs schienen sich zumindest vor der Corona-Pandemie einer zunehmenden Beliebtheit zu erfreuen.

[74] Vgl. Camerer (2003) S. 45 f.

vielerlei Hinsicht Symbole entwickelt haben, die es uns ermöglichen, Gruppenzugehörigkeit (und damit ggf. einen möglichen Ethos) bereits unter sonst gänzlicher Anonymität festzustellen (wie beispielsweise das Tragen eines bestimmten religiösen Symbols oder bestimmter Kleidung), jedoch scheinen die Beispiele nicht oder zumindest nicht alleine an solche Symbole gebunden.[75] In den empirischen Studien zu GD-Interaktionssituationen selbst sitzen sich die Teilnehmer teils auch nicht einmal direkt gegenüber bzw. erhalten keinen anderweitigen Zugang zu der Sichtung möglicher Symbole usw. Darüber hinaus ist der Pro-Gruppen Ich-Modus bei Tuomela selbst kollektiv konstruiert und in seiner Erklärungskraft indirekt an den vollen Wir-Modus angelehnt. Zwar unterscheidet sich der Pro-Gruppen Ich-Modus vom Wir-Modus, da er nicht die Erfüllung der kollektiven Bedingungen voraussetzt, jedoch akzeptieren und binden sich die betrachteten Akteure hier je individuell an mögliche gemeinsame Ziele, Überzeugungen usw.[76]

Ein Akteur, der im Pro-Gruppen Ich-Modus kooperiert, akzeptiert ein geteiltes Ziel, weil die anderen Akteure dies ebenso aus privaten Gründen akzeptieren und hierzu wechselseitige Überzeugungen abbilden.[77] Innerhalb der angeführten Beispiele schwacher Kooperation scheint es darüber hinaus kein kollektiv gebildetes Ziel oder eine Form der je privaten Akzeptanz zu geben, die im Vorfeld gebildet wird. Vielmehr handelt es sich eher um bedingt individuell gebildete (kollektive) Ziele, die wie im Beispiel des Flashmobs teils auch spontan zustande kommen können. Darüber hinaus blieben in Unterkapitel 4.6 Fragen hinsichtlich der Transformation der Präferenzen der Akteure in verschiedenen Richtungen offen. Solche Fälle, in denen mögliche Akteure (A und B) kooperieren, ohne sich zu kennen, oder ohne sich vorher gesehen zu haben oder ohne gar aus derselben Gesellschaft zu kommen, ausgestattet mit übereinstimmenden Normen usw. (keine Informationen übereinander), sind realistisch und nicht ad hoc irrational. Die Frage nach der Einbeziehung dieser Fälle bleibt offen. Entsprechend können die mögliche erweiterte Betrachtung der SR und die Analyse ihrer epistemischen Bedingungen für mögliche Erkenntnisse hinsichtlich der Kooperation fruchtbar sein.[78] Die Intuition der SR sowie ihre Argumente in diese Richtung lassen sich zumindest anhand lebensweltlicher Beispiele stützen.

[75] Vgl. Hare, Woods (2020).

[76] Vgl. Tuomela (2007), S. 22 f.

[77] Akteure im Pro-Gruppen Ich-Modus sind Gruppenmitglieder in einem schwachen Sinne.

[78] Alternativ können auch schwächere Fälle des *Team Reasoning* die Argumentation an dieser Stelle weiterbringen. Die genaueren Unterschiede und die sich darüber hinaus partiell ergebenden Vorteile (v. a. hinsichtlich der Erklärung möglicher Modi-Wechsel) sollen in Kapitel 6 ausführlicher dargestellt werden.

Die empirischen Belege verdeutlichen, dass ein Großteil der Menschen auch in einmaligen und darüber hinaus anonymen GD-Interaktionssituationen kooperiert. In Anbetracht dieser Ergebnisse ist jedoch darauf zu verweisen, dass die Modellierung der empirischen Studien selbst meist auf der Grundlage der Situation der Akteure und orientiert an den Konsequenzen (im Sinn von T2) ausgerichtet ist. Die Studien gewähren zumindest die Möglichkeit, dass die Teilnehmer von vornherein andere Präferenzen hatten, als dies in einem nicht kooperativen Sinn hinsichtlich der situativen Modellierung der Studien in konsequentialistischer Perspektive angenommen und vielleicht unterstellt wurde. Zumindest kann dies nicht eindeutig anhand der angeführten empirischen Daten ausgeschlossen werden. Mit Blick auf das beschriebene Beispiel und die Fülle empirischer Ergebnisse aus Interaktionssituationen kann dennoch unterstellt werden, dass hier die grundlegende Intuition von schwacher Kooperation abgebildet werden kann. Jedenfalls stützen die Ergebnisse und möglichen Beispiele die Ausgangsüberlegungen und Bedingungen der SR in einem gewissen Maß.[79]

Empirische und anthropologische Ergebnisse

Nun besteht die Möglichkeit, auf Grundlage der unterstellten (evolutionären) Prädisposition des Wir-Modus (oder Wir-Einstellungen allgemein) schwache Formen der Kooperation in erweiterter Form miteinzubeziehen. Will man weiter hinterfragbare Präferenztransformationen vermeiden und stattdessen eine rein evolutionäre Prädisposition zu Grunde legen, wäre der Pro-Gruppen Ich-Modus in verstärkter Weise an den Wir-Modus gebunden (bzw. setzt diesen vermutlich sogar voraus). Eine offene Frage, die sich dann stellt, ist möglicherweise folgende: Könnte die Möglichkeit der Prädisposition zum Wir-Modus durch eine Art der Gewöhnung oder der Möglichkeit der Einstellungsveränderung der Akteure auch schwächere Formen der Kooperation erklären? Zumindest baut auch die Verwendung des Pro-Gruppen Ich-Modus selbst in Teilen auf Gewöhnung und eine Anlehnung an den Wir-Modus auf.[80] Dies wäre ggf. auf das angeführte Beispiel von Nida-Rümelin (2019) erweiterbar, in dem Akteure einer Gesellschaft ohne Gruppen, Ethos oder Normen kooperieren: Zwei Akteure in dieser Gesellschaft gehören vielleicht anderen (kleineren) Subgruppen an oder besitzen zumindest die (evolutionäre) Prädisposition zum Wir-Modus und könnten über Gewöhnung oder die alleinige Prädisposition selbst, auch mit anonymen Akteuren kooperieren. Fraglich bleibt dann jedoch, inwieweit sich dies (unter den gegebenen

---

[79] Siehe hierzu neben Camerer (2003) u. a. auch in Sennett (2012), Heinrich, Heinrich (2007).

[80] Vgl. Tuomela (2013), S. 179 f.

Bedingungen) als rationale Handlung auszeichnen lassen. Darüber hinaus sprechen empirische Studien aus der Anthropologie gegen eine solche Erklärung bzw. deuten zumindest allgemein an, dass schwache Formen der Kooperation unabhängig von der vollen Kooperation im Sinn des Wir-Modus denkbar wären.

Vorab ist zu erwähnen, dass die spezifische Auszeichnung der Wir-Intentionalität als menschliche Besonderheit, wie Tomasello (2016) dies ausführt, zumindest teilweise als strittig diskutiert wird. Unterschiedliche Versuchsaufbauten bei z. B. Primaten scheinen hier zu unterschiedlichen Ergebnissen hinsichtlich der Handlungsweisen in GD-Interaktionssituationen zu führen.[81] Da diese Debatte weitreichend ist, soll sie hier nicht weiter aufgegriffen und stattdessen unterstellt werden, dass die Annahmen Tomasellos (2016) und Tuomelas (2007) zumindest in weiten Teilen gestützt sind – also nur Menschen zu Formen der vollen Kooperation im Sinn von Wir-Einstellungen fähig sind. Andere Untersuchungen an Primaten veranschaulichen jedoch, dass sie zu anderen kooperativen Verhaltensformen durchaus fähig scheinen.[82] Diese Hinweise auf Formen der Kooperation scheinen deutlich schwächer zu sein, als möglicherweise im GD-Interaktionsfall angesetzt werden müsste. So zeigt sich beispielsweise bei Schimpansen eine Fähigkeit zur Kooperation bei der Futterbeschaffung, wobei sie sich reziprok und bedingt verhalten. Sie sind z. B. in der Lage, sich zusammenzutun, um gemeinsam unter Versuchsbedingungen an einem Seil zu ziehen und so an Futter zu gelangen, das alleine für sie sonst nicht zugänglich wäre.[83] Ähnliche Bedingungen lassen sich darüber hinaus in freier Wildbahn bei der gemeinsamen Jagd der Tiere in ihrer Gruppe beobachten.

Da bei der Futterbeschaffung über das gemeinsame Ziehen an einem Seil beide Individuen vorteilig profitieren, kann man sich vorab die Frage stellen, ob es sich hier überhaupt um Kooperation und nicht lediglich um reine Koordination handelt. Der eigentliche kooperative Part an diesem Beispiel scheint jedoch nicht die Koordination des gemeinsamen Ziehens an einem Seil zu sein, vielmehr ergibt er sich erst mit Blick auf die erweiterte Einbettung der Situation: Die beiden „beobachteten" Tiere teilen in den meisten Fällen danach das Futter relativ fair auf, das sie zuvor gemeinsam erbeutet haben, und jeder von ihnen erhält

---

[81] Zu den hier diskutierten Ergebnissen und Versuchsaufbauten lassen sich vorwiegend Tomasello (2009, 2010) sowie de Waal (2015), Jensen et al. (2007) und Proctor et al. (2013) angeben. Es scheint Einfluss auf das Ergebnis zu haben, ob das GD-Experiment mit Primaten in Form einer direkten Futterbelohnung angesetzt oder diese durch Tokens ersetzt wurde, die die Primaten später gegen Futter eintauschen konnten.

[82] Vgl. u. a. Sánchez-Amaro et al. (2015), Bowles, Gintins (2021), Suchak et al. (2016).

[83] Vgl. Rosati et al. (2018).

den Anteil für seinen Beitrag an der gemeinsamen Handlung.[84] Im Vergleich zur weitläufigen Diskussion über verschiedene Ergebnisse von Primaten entlang von GD-Interaktionssituationen scheint eine solche Form der Kooperation und gemeinsamen Handlung in der zentralen Literatur empirisch unstrittig zu sein und lässt sich durch verschiedene Studienaufbauten und Versuche stützen.[85]

Es lässt sich an dieser Stelle und aufgrund der erweiterten Betrachtung der Situation teilweise darlegen, dass es sich genau genommen um eine spezielle (zeitlich ausgedehnte) Form eines iterierten *Chicken Games* (CG) bzw. Feigling-Spiels handelt – zumindest wenn darüber hinaus die Aufteilung des Futters einbezogen wird.[86] Das CG lässt sich beispielsweise wie folgt in seiner Matrixform darstellen (Abbildung 5.3):

	a_1	a_2
b_1	4/4	0/8
b_2	8/0	−1/−1

Abbildung 5.3 Das Chicken-Game am Schimpansen-Beispiel

Betrachtet man die Situation zweier Primaten, die gemeinsam an einem Seil ziehen und danach das Futter aufteilen, kann man dies temporal ausgeweitet wie folgt auf das Format des CG beziehen: Beide Affen ziehen an dem Seil und teilen das Essen auf (a_1/b_1). Beansprucht immer einer der beiden das ganze Futter nach dem gemeinsamen Heranziehen für sich (a_1/b_2; a_2/b_1), bekommt der andere nichts ab. Dies würde passieren, wenn beide je ihr individuelles Interesse nach einer möglichst großen Menge Futter verfolgen. Dies kann sich beispielsweise auf Basis der bestehenden Hierarchie o. Ä. ergeben. Beharren beide Individuen darauf, das Futter alleine für sich zu beanspruchen, laufen sie Gefahr, sich in einem Streit zu verletzten und darüber hinaus das Futter an andere zu verlieren

[84] Die empirischen Ergebnisse sind hier auf Versuchsaufbauten begrenzt, die überhaupt anschließende Ressourcenverteilungen ermöglichten. Entsprechend sind Versuchsaufbauten, in denen die Tiere lediglich in zwei benachbarten, aber getrennten Räumen an einem Seil ziehen müssen, ausgenommen.

[85] Vgl. z. B. Rosati et al. (2018) oder Sánchez-Amaro et al. (2017, 2018).

[86] Auf den ersten Blick denkt man hier eventuell an das Hirschjagdspiel bei Skyrms, jedoch geht die erweiterte Beschreibung darüber hinaus.

(b_2/a_2). Die Ausführung dieser Situation als CG ist speziell, da genau genommen zwei Interaktionssituationen hintereinander betrachtet werden: eine reine Koordinationssituation (Seil heranziehen/ jagen), die dann überhaupt erst eine zweite mögliche Interaktionssituation in Form eines CG generiert (Futteraufteilung).[87] Zumindest grob lässt sich allerdings das Spielformat an dieser Stelle brauchbar ansetzen und das Verteilungsproblem so formulieren. Man kann in der iterierten Situation entlang einer festgelegten Gruppe Schimpansen darüber hinaus auch folgende Interpretation zugrunde legen: Erhält jeder seinen Anteil vom Futter, werden sich beide auch zukünftig an einer gemeinsamen Handlung in diese Richtung mit dem je anderen beteiligen. Behält einer der beiden das Futter ganz für sich, wird der andere sich zukünftig wahrscheinlich eher nicht mehr an gemeinsamen Situationen solcher Art mit diesem Individuum beteiligen, da er ausgenutzt wurde, es sei denn, er wird von einem ranghöheren Tier dazu gezwungen.[88] Auch wenn beide auf ihren Anteil am Futter beharren und keiner nachgibt und sie sich dabei womöglich noch verletzen, scheint es zukünftig eher unwahrscheinlich, dass die beiden sich je wieder mit dem anderen zusammentun.[89] Ähnliche Situationen in Form des CG-Formats lassen sich in menschlicher Kooperation beobachten. In vielen Verteilungsfragen, z. B. hinsichtlich öffentlicher Güter, scheint es sich bei genauerer Betrachtung nicht um GD-Situationen, sondern um CG-Situationen zu handeln (ebenso temporal ausgeweitet).[90]

Das *Chicken Game* in der ST hat nun in reiner Spielform zwei (asymmetrische) Nash-Gleichgewichte (a_1/b_2; a_2/b_1) mit Verteilungswirkung. Mit Blick auf die orthodoxe ST wäre auch hier eine Aufteilung des Futters (auch in iterierter Spielform) keine rationale Lösung. Dennoch zeigen die empirischen Studien, dass Schimpansen ihr Futter nach einer solchen gemeinsamen Handlung tatsächlich aufteilen. Interpretiert wird dieses Verhalten meist dahingehend, dass sie ansonsten innerhalb ihrer Gruppe Gefahr laufen, gemeinsame Handlungen generell zu gefährden und davon ausgeschlossen werden. Dies ist insbesondere von

[87] Entsprechend ließe sich hier einbringen, dass Details der Beobachtungen von reinen Formen der CG-Situation abweichen.

[88] Darüber hinaus zeigt sich allgemein, dass beispielsweise Schimpansen es immer bevorzugen mit guten Freunden aus ihrer Gruppe zu kooperieren und diese gerne bei solchen Versuchsaufbauten (die kooperatives Verhalten erfordern) als Team-Partner bevorzugt aussuchen. Siehe u. a. Duguid, Melis (2020).

[89] Die partielle Annäherung zu einer möglichen Umdeutung einiger Faktoren von TFT scheint sich hier deutlich hervorzutun und entsprechend uminterpretieren zu lassen.

[90] Vgl. z. B. May (1983) zur allgemeinen Darstellung des CG.

Bedeutung, wenn sie ggf. bei gemeinsamem Jagderfolg darauf angewiesen sind.[91] Unabhängig von einer möglichen Interpretation oder Diskussion dieses Verhaltens selbst ist es an dieser Stelle zentral, dass hier eine mögliche Form der Kooperation in Primatengruppen vorliegt und es zudem zumindest sehr wahrscheinlich scheint, dass keine Prädisposition zu einem vollständigen Wir-Modus besteht. Wenn Primaten jedoch zu keinem Wir-Modus in der Lage sind, meist nur individuell im orthodoxen Sinn maximieren, kann die Prädisposition, Gewöhnung oder auch eine schwache Form des Pro-Gruppen-Ich-Modus, der sich in seiner Erklärung auf den Wir-Modus bezieht, dies nicht begründen.[92] Dies sowie die Möglichkeit der Beschreibung derselben Formen der Kooperation bei Menschen scheinen ein weiteres Indiz dafür zu liefern, dass der Wir-Modus nicht alle Formen der Kooperation sowie ihr Aufkommen und ihre Entwicklung holistisch erklären kann. Dies kann indirekt als Plausibilisierung für eine vertiefende Betrachtung der SR und der hier unterstellten Bedingungen dienen. Zusätzlich verdeutlicht es die Vielfalt mit der Kooperation sich real darstellen kann.

Zwischenresümee

Abschließend lassen sich die wesentlichsten Punkte erneut zusammenfassen: Hinsichtlich der Betrachtung der SR bleiben wichtige Fragen offen, die die epistemische Bedingung der Akteure selbst sowie die Darstellung und Herleitung von Kooperation entlang ihrer Präferenzen betreffen. Beides scheint eng miteinander verknüpft zu sein. Sollen der SR die formalen Bedingungen (T1) der ET und ST zugrunde gelegt werden, bleibt die zentrale Frage unbeantwortet, wie Akteure im GD-Interaktionsfall kooperieren können, ohne sich inkohärent zu ihren Präferenzen zu verhalten bzw. inkohärente Präferenzen unterstellen zu müssen. Es wurde verdeutlicht, dass die alleinige Zurückweisung des Konsequentialismus sowie der Verweis auf die Möglichkeit deontologischer Präferenzen nicht ausreichen, um diese Fragen zu beantworten. Entsprechend bleibt ein Verweis auf deontologische Präferenzen oder moralische Urteile im kooperativen Zusammenhang auch mit Bezug auf die epistemische Dimension an einigen Stellen begründungsbedürftig,

---

[91] Untersuchungen in freier Wildbahn zeigen, dass Schimpansen dort, wo dies nicht der Fall ist und die jeweilige Beute (Beutetiere) eine individuell erfolgreiche Jagd zulässt, diese auch praktiziert wird. Ganz im Vergleich zu Schimpansen-Gruppen, die in Gebieten leben, wo der Jagderfolg eine gemeinsame Jagd zwingend erfordert. Vgl. hierzu u. a. Hockings (2011) oder Bersacola et al. (2021). Im Vergleich zum Hirschjagdspiel geht es also um mehr als eine reine Risikoabwägung zur gemeinsamen Jagd.

[92] Mindestens müsste der Pro-Gruppen Ich-Modus irgendwie ohne Rekurs auf das Bestehen des Wir-Modus herleitbar und erklärbar werden.

wenn hier kein universalistischer Regelbefolger oder eine Form des Wir-Modus unterstellt werden soll.

Die SR selbst zielt nicht darauf ab für einen universellen Regelbefolger zu argumentieren, sondern berücksichtigt stattdessen die Relation der Intentionen der Akteure innerhalb einer Interaktionssituation hin zu einer gemeinsamen Handlung. Moralische Urteile, die für Kooperation vorausgesetzt werden, können aus keiner a priori unterstellten Ethik, wie dem Sittengesetz, entstammen oder indirekt abgeleitet werden bzw. nur rein individuell sein. Darüber hinaus soll jedoch auch keine vorgelagerte Deliberation in Form eines Wir-Modus und eines Ethos unterstellt werden. Fraglich bleiben dann die spezifische Ursache moralischer Urteile der Akteure bei der Kooperation in Interaktionssituationen sowie deren relationale Einbettung. Um das GD hin zur Kooperation strukturell-rationaler Teilnehmer dann ohne unterstellte Inkohärenz darstellen zu können sowie die epistemischen Bedingungen zu bestimmen, wurde die Relation zwischen den Akteuren näher betrachtet. Dies betrifft die kollektive Intentionalität, die auch von der SR für Kooperation vorausgesetzt wird.

Dahingehend wurde die SR in ihren Grundzügen mit den klassischen Ansätzen kollektiver Intentionalität verglichen. Die SR unterscheidet sich hinsichtlich der Zusammensetzung und Beschaffenheit kollektiver Intentionalität und bettet diese innerhalb der kooperativen Bedingungen individuell konstituiert ein. Hinsichtlich einer solchen Konstitution und der damit einhergehenden Reduktion auf wechselseitige, individuelle Intentionen der Akteure wurde der Ansatz von Bratman (1999, 2020) vergleichend herangezogen. Entsprechend ließen sich die Probleme einer solchen Konzeption in Bezug ausweisen. Neben einer möglichen epistemischen Unterbestimmtheit, mit der sich die Akteure hin zur Bildung einer kollektiven Intentionalität auf der Grundlage orthodoxen gemeinsamen Wissens (gemeinsame Überzeugungen) konfrontiert sehen, bleibt fraglich, wie Kooperation sich als rational auszeichnen lässt.

Der Wir-Modus vermag es an dieser Stelle, die Probleme durch die kollektive Bedingung zu umgehen und im Vergleich auf eindeutige epistemische Grundlagen zu referieren sowie die kollektive Lösung als rational auszuzeichnen. Abschließend wurde entgegen dem bisherigen Problemaufriss entlang möglicher offener Punkte der SR versucht, deren Intention zu stützen und eine weitere Betrachtung ihrer epistemischen Bedingungen in Kooperationssituationen zu rechtfertigen. Verschiedentlich wurde verdeutlicht, dass Kooperation realiter in solchen schwächeren Formen möglich ist. Diese Formen der schwachen Kooperation vermögen der Wir-Modus und ebenso der Pro-Gruppen Ich-Modus nicht gänzlich adäquat und in umfassendem Verständnis zu integrieren. Die Intention ließ sich mit empirischen Beispielen aus der ST sowie der evolutionären

Anthropologie zumindest zusätzlich plausibilisieren. Das Kapitel diente nun der genaueren Einordnung des Vorgehens der Arbeit. Zum einen wurde via Ausschlussverfahren genauer verdeutlicht, wo Lücken entlang der SR bestehen und verdeutlicht, dass diese epistemischer Natur sind. Zum anderen wurde aufgezeigt, wieso trotz eben dieser Lücken, welche nicht entlang des Wir-Modus bestehen, eine Betrachtung der SR dahingehend sinnvoll ist und, welche Erkenntnisse dadurch für Kooperation in der ST gewonnen werden können (Möglichkeit zur Beschreibung schwacher Fälle von Kooperation).

6 Interpersonale Struktur und die potenzielle Rationalisierung von Kooperation

Bisher wurden die möglichen Probleme und Chancen der strukturellen Rationalität entlang der erweiterten Debatte zum Kooperationsdilemma ausführlicher analysiert und ausgeführt. Nun kann in Frage gestellt werden, ob die SR ausschließlich so zu deuten ist, dass die kooperativ kollektive Intentionen sich auf wechselseitige Intentionen der Akteure reduzieren lassen. Hierzu lässt die Analyse der SR (siehe Abschnitt 4.8 und 4.9) bisher einige Lücken offen. So gibt es Annahmen der SR, die sich – gegenteilig zu der bisherigen erweiterten Betrachtung – partiell (wenn auch nicht im vollem Umfang) eher strukturähnlich zum Wir-Modus verhalten. Da eine genauere Analyse der Reduktion auf wechselseitige individuelle Intentionen zur Kooperation bisher ins Leere lief, kann die gegenläufige Ausrichtung der Betrachtung helfen weitere Erkenntnisse zu gewinnen. Ausgangslage bilden die konkreten kooperativen Bedingungen der SR selbst, die es vor dem Hintergrund möglicher Argumentationslinien näher zu untersuchen gilt. Die SR zeichnet kooperative Gründe aus, die sich vereinfacht wie folgt einbetten lassen: „Ich habe kooperative Gründe für eine kollektive Handlung, die wir beide bevorzugen." Die Bedingungen für Kooperation zwischen zwei oder mehr Akteuren wurden wie folgt dargelegt:

i) Es ist eine kooperative Haltung vorhanden.
ii) Es ist eine allgemein zulässige kollektive Handlung gegeben.
iii) Die Strategie-Kombinationen der GD-Interaktionssituation liegen vor.

Das vorliegende Kapitel möchte die interpersonale Struktur, die mögliche Auszeichnung der Kooperation als rationale Lösung untersuchen, sowie erste wichtige Grundlagen für die epistemische Erweiterung stellen. In einem ersten Schritt sollen Elemente untersucht werden, die eine gewisse Strukturähnlichkeit zum Wir-Modus nahelegen Abschnitt 6.1 Ziel ist es dabei nicht, zu unterstellen, dass

A.-V. Faix, *Ökonomische versus strukturelle Rationalität im Kooperationsdilemma*, https://doi.org/10.1007/978-3-662-72226-8_6

die Theorien komplett strukturgleich sind. Die Abgrenzung nach Nida-Rümelin (2019) ist hier zum einen eindeutig, zum anderen sollen Formen schwacher Kooperation (Abschnitt 5.3) weiter eingebunden werden – gerade hier liegen die Chancen der SR, Kooperation umfassender betrachten zu können. Auch soll die Anlehnung und der so ausgerichtete Vergleich helfen, weitere Erkenntnisse über die Beschaffenheit der SR selbst und die epistemischen Bedingungen sowie Grundlagen dafür zu gewinnen. Ziel des ersten Teilkapitels ist es in direkter Anlehnung zu verdeutlichen, wie die SR sich im Detail unterscheidet. In einem zweiten Schritt soll sich den Bedingungen der SR, über mögliche Hinweise der Theorie selbst, angenähert werden (Abschnitt 6.2). Dies bildet eine wichtige Grundlage zur weiteren Untersuchung. Danach soll die SR auf den bis dahin gewonnen Erkenntnissen mit Team-Reasoning (TR) Ansätzen verglichen werden, um Bedingungen detaillierter auszuweisen (Abschnitt 6.3). TR Ansätze nehmen ebenso das kooperative Verhalten von Individuen in kollektiven Gruppen oder Teams an und können dabei teilweise schwächeren Bedingungen folgen als der volle Wir-Modus. Vor allem der Team-Reasoning Ansatz von Sugden (2015) bildet eine erste Grundlage zum besseren Verständnis der SR, da hier Modi-Wechsel auf Grundlage von Individuen und ihren individuellen Vorteilen begriffen werden. Die SR grenzt sich durch die konkreten Gründe ab, die Individuen in einer Interaktionssituation wie dem GD direkt aus den vorliegenden Präferenzen ableiten (kein Modi-Wechsel). Entsprechend scheinen kooperative Präferenzen entlang struktureller Bezüge zu emergieren. Diese Erkenntnisse lassen sich abschließend darlegen (Abschnitt 6.4).

6.1 Erste Annäherung: Gemeinsamkeiten und Unterscheidungen zum Wir-Modus

Das Teilkapitel dient in einer ersten Annäherung an eine mögliche Strukturähnlichkeit zwischen der SR und dem Wir-Modus dem Zweck (a) der genaueren Bestimmung des gemeinten (was sind die strukturähnlichen Elemente?) und (b) der damit einhergehenden Abgrenzung beider Ansätze (wieso haben wir keine Strukturgleichheit?). Für dieses Vorhaben ist es in einem ersten Schritt sinnvoll, jene Elemente der SR zu identifizieren, die eine solche Strukturähnlichkeit zum Wir-Modus nahelegen. Auf dieser Grundlage lässt sich anschließend von der bloß hypothetischen Annahme einer Strukturgleichheit zwischen der SR und dem Wir-Modus eine präzisere Bestimmung der genauen Unterschiede vornehmen. Die strukturgleichen Elemente der SR lassen sich vorab wie folgt zusammenfassen:[1]

i) Kollektive Handlungsstrukturen (interpersonale Relation), in die Akteure ihre individuellen Handlungen als Teil einer strukturellen Handlung einbinden.
ii) Der normative Konsens (zwischen Akteuren) auf den hierauf Bezug genommen wird (auch soziale Normen und Institutionen beruhen auf Formen der kooperativen Praxis.
iii) Die individuelle kohärente Lebensform, die sich auf geteilte Werte beziehen kann.

„Strukturähnliche" Elemente

> „Wenn eine Person mit einer anderen kooperiert, dann stellt sie ihr eigenes Interesse zurück, um sicherzugehen, dass etwas erreicht wird, was von beiden gewünscht ist. [...] Vielmehr stimmen zwei kooperierende Personen ihre Handlung so ab, dass sich eine von beiden erwünschte Handlungskombination ergibt."[2]

Das Zitat verdeutlicht, dass kooperative Akteure ihre Handlung in eine kollektive Handlungsstruktur einbetten (i). Die Handlung eines sich kooperativ verhaltenden Akteurs wird innerhalb der SR potenziell Teil einer interpersonellen Handlungsstruktur. Besteht die Erwartung darüber, dass der je andere Akteur sich ebenfalls kooperativ verhält, dann wird diese Handlungsstruktur der je individuellen Optimierung vorgezogen. Die Handlung eines Akteurs wird so zum Teil einer kollektiven Handlung. Die interpersonelle Handlungsstruktur ergibt sich dabei aus der Kombination der je individuellen Handlungen.[3] Dies ist ein Indiz, dass Akteure irgendwie die erweiterte Perspektive aller Beteiligten einnehmen. Denn kooperative Akteure scheinen die Interaktionssituation nicht mehr auf der alleinigen Grundlage ihrer je individuellen Präferenzen, sondern auf der Grundlage der Kombination der Präferenzen beider Akteure zu betrachten– also eine Form der Gruppenperspektive einzunehmen (Was sollten wir tun?). Die punktuelle, individuelle Handlung der

---

[1] Dabei sei generell darauf hingewiesen, dass sich v. a. innerhalb der Problembetrachtung von Nida-Rümelin hinsichtlich kollektiver Entscheidungen und der möglichen Paradoxe die sich hier darstellen und diskutieren lassen, weitere Indizien in diese Richtung finden, die hier jedoch aus Platzgründen keine weitreichende Rolle spielen werden.

[2] Nida-Rümelin (2001), S. 86.

[3] Vgl. Nida-Rümelin (2001), S. 86 ff.

Akteure bindet sich strukturell in die übergeordnete interpersonale Handlungsempfehlung (potenziell) ein. Die Handlungsoptionen werden entsprechend betrachtet und es kann sich ein gemeinsames Interesse an der Kooperation ergeben.

Die interpersonale Handlungsstruktur oder auch kollektiv kooperative Handlung wird entlang der SR auf der Grundlage eines (normativen) Konsens erlaubt (ii). In diesem Sinne wird zumindest auf eine mögliche Form der Einigung der Akteure Bezug genommen. Denn ein Konsens der Beteiligten kann nur in einer irgendwie gearteten Form der Einigung akzeptiert und zustande gekommen sein.[4] Auch soziale Normen (gegenseitige Hilfsbereitschaft in einer Gesellschaft), sowie soziale Institutionen oder Regeln, wie die Gleichberechtigung oder Gerechtigkeit, werden entlang der SR als Lösung umfassender Kooperationsprobleme betrachtet.[5] So ist ein Großteil der moralischen Gründe als Lösung von Kooperationsproblemen interpretierbar und gesellschaftliches Zusammenleben hängt davon ab, dass Kooperation funktioniert und Teil unseres Verhaltens ist. Denn diese moralischen Gründe setzen voraus, auf je individuelle Optimierung zu verzichten und seinen Beitrag zu einer kollektiven Handlung zu leisten (Zeit zu opfern, um einem Verunfallten zu helfen usw.). Auch wenn dies inhaltlich je selbst keine Frage der Kooperation wird, ist dies bei der sozialen Geltung solcher Regeln in der SR vielfach so zu deuten.[6]

Dabei kann die individuell kohärente Lebensform (Ende der Begründung) in der SR sich auf eben solche geteilten Werte beziehen (iii). Ein Akteur kann entsprechende Gründe haben Kooperation zu bevorzugen. Entsprechend richtet er auch sein Verhalten bezüglich punktueller Entscheidungen danach aus, wenn es erforderlich ist und er sich tatsächlich danach verhält (willensstark). In diesem Sinne werden gute moralische Gründe, die für die Konformität mit einer Regel sprechen, zu guten Gründen für die individuelle (singuläre) Konformität damit.[7] Entsprechend erscheint die SR zumindest strukturgleich zum Wir-Modus in folgender Hinsicht:

a) Es findet eine Form eines Perspektivenwechsels statt.
b) Träger der Einstellungen bleiben die jeweiligen Individuen und Akteure.
c) Der potenzielle Konsens zielt zumindest auf eine mögliche Form der Einigung ab.

---

[4] Darüber hinaus deutet hier auch die Behandlung der Probleme kollektiver Wahl entlang von Kern und Nida-Rümelin (1994a) auf einen Konsens hin, der nicht lediglich aggregativ auf der Grundlage individueller Präferenzen der beteiligten Akteure zustande kommt.

[5] Auch wenn es sich hier um verschiedene Formen der Kooperation oder Kooperationsprobleme handeln kann.

[6] Nida-Rümelin (2001), S. 89 ff.

[7] Nida-Rümelin (2001), S. 90 f.

d) Soziale Normen, Institutionen und andere moralische Gründe können auf der Grundlage von Kooperation hergeleitet oder miterklärt werden.

Abgrenzung zum Wir-Modus

In einem ersten Schritt lässt sich eine hypothetische Strukturgleichheit unterstellen. Diese dient lediglich der genaueren Unterscheidung. Es könnten in direkter Anlehnung an den Wir-Modus innerhalb der SR folgende Bedingungen unterstellt werden:

1) *Ein gebildeter Konsens (entlang der interpersonalen Handlungsstruktur), der sich aus einer expliziten Einigung, entsprechenden Zielen und möglichen Normen ergibt und der von allen an einer Kooperation beteiligten Akteuren akzeptiert wird.*
2) *Kollektive Akzeptanz des Konsens von allen an der Kooperation beteiligten Akteuren, die zu einer kollektiven Verpflichtung (über den Konsens und seine Ziele) führt. Dies setzt voraus, dass jeder beteiligte Akteur weiß (oder überzeugt ist), dass es andere Akteure gibt die dies analog betrifft.*

Die gemeinsamen Gründe wären dann entlang der interpersonellen Struktur in einem Konsens generiert, dem jeder zustimmt. Der gemeinsame Konsens zwischen den Akteuren könnte dann durch den Austausch von Gründen und Kompromissen getroffen werden und die einzelnen Akteure würden sich jeweils in einer Gruppe von n-Akteuren daran binden (minimales Verfahren). Die Akzeptanz, sowie die Bindung aller Beteiligten daran müsste weiter unterstellt werden. Hierdurch wäre dann eine gemeinsame Intention gebildet und es könnte ein gegenseitiges Wissen durch die Akzeptanz des Konsens vorausgesetzt werden. Demnach wäre ein schwacher Kollektivismus unterstellt. Entsprechend könnten weiter Gruppenpräferenzen unterstellt werden und das Kooperationsdilemma wäre aufgelöst. Nun lassen sich Unterschiede der beiden Ansätze besser begreifen. Nida-Rümelin (2001, S. 88) vereint diese Annahmen direkt und schreibt:

> „Diejenigen, die hier ein Abgehen von den Prinzipien des methodologischen Individualismus argwöhnen, seien darauf hingewiesen, dass die Frage, ob eine Person kooperativ handelt, ausschließlich unter Rekurs auf Eigenschaften dieser Person bestimmt werden kann."

Es wird also explizit davon abgesehen Gruppen in einem eigenständigen ontologischen Status zu interpretieren. Auch wenn bei Tuomela (2007) das Individuum im Wir-Modus Träger der Eigenschaften bleibt, ist dies abgeschwächter zu verstehen.

Denn der Wir-Modus und die Annahme eines irgendwie gearteten Gruppenethos werden entlang der SR direkt verworfen.[8] Die interpersonale Struktur bezieht sich vielmehr alleine auf eine mögliche kollektive Perspektive der Akteure in einer Interaktionssituation, die Kooperation potenziell beinhalten kann.[9] Kollektive Perspektive meint hier lediglich: Die Beachtung möglicher Strategiekombinationen. Dies kann unter der Bezugnahme auf einen moralischen Konsens bedeuten, dass verschiedene Normen und soziale Institutionen usw. weiter unterstellt werden können – auch in einem stärkeren Sinne und auch so, dass ein Wir-Modus nicht generell zu verwerfen oder verneinen wäre.[10] Aber dies ist nicht zwingend notwendig für Kooperation. Vielmehr scheint Kooperation grundlegender.

Ein potenzieller kooperativer Konsens kann in der SR vielmehr auch ohne eine vorgelagerte Einigung aus der Einnahme oder des Erkennens der kollektiven Perspektive eines Akteurs, sowie der potenziellen Beteiligung des je anderen Akteurs, direkt aus der Interaktionssituation selbst abgelesen werden (Interaktionsstruktur in Form des GD). Auch wenn nicht jegliche Formen der Kooperation oder gesellschaftlicher Konsens hierauf beschränkt sind, stellt dies eine wichtige Grundlage. Kooperation ist dann in der SR nicht auf ein *Commitment* der Akteure angewiesen.[11] Teils scheint sogar unklar, ob der andere diese kollektive Haltung und die kooperative Tendenz teilt.[12] Dies kommt v. a. dadurch zum Ausdruck, dass die interpersonelle Handlungsstruktur der Kooperation sich aus je irgendwie individuell optimierendem Verhalten der Personen zu ergeben scheint. Die SR zielt darauf ab, dass die Betrachtung der interpersonalen Perspektive strukturell eine mögliche Besserstellung des Akteurs im Sinne seiner Präferenzen beinhaltet (im Vergleich zu direkter Maximierung dieser). So wird für Kooperation ein individuell struktureller Vorteil aus der Kooperation unterstellt, der sich beispielsweise von anderen schwächeren Präferenztransformationen (wie Altruismus) unterscheidet und sich nicht ad hoc in gleicher struktureller Form in einer einzelnen Interaktionssituation ergibt.[13]

Darüber hinaus ergibt sich die sehr viel größere Robustheit des Wir-Modus in Situationen, wie dem GD, gerade durch das kollektive *Commitment,* sowie die

---

[8] Vgl. Nida-Rümelin (2001), S. 88 ff.

[9] Ebd.

[10] Vgl. Nida-Rümelin (2019).

[11] Dies findet auch darin Ausdruck, das Kooperation entlang der SR scheitern kann, weil der je andere sich beispielsweise wider Erwarten unkooperativ verhält.

[12] Nida-Rümelin (2001), S. 89 ff.

[13] Beispielsweise braucht der Mutualismus des Altruismus in einer möglichen Gruppe mehrere Interaktionssituationen um wechselseitig zum Tragen kommen zu können (ohne in seiner Wirkung beispielsweise wie im Saints-Dilemma) eingeschränkt zu sein.

epistemischen Bedingungen. Diese Robustheit erlaubt einer Gruppe nicht nur Gruppenpräferenzen zu verfolgen, die kooperativ sind, sondern über Kooperation hinaus jegliches Ziel gemeinsam entlang (gesetzter) Gruppenpräferenzen zu verfolgen. Die SR ist in ihren grundlegenden Annahmen zur Kooperation (angenommene interpersonelle Handlungsstruktur als Kombination individueller Handlungen) jedoch auf Interaktionssituationen wie dem GD und die potenzielle kooperative Handlungswahl darin beschränkt (festgelegtes kollektives Ziel).[14] Dies scheint eine zentrale Grundlage der rationalen Annahme von Kooperation zu sein und bleibt weiter klärungsbedürftig. Bisher lässt sich zusammenfassen, dass beide Ansätze sich gerade hinsichtlich wichtiger Annahmen unterscheiden. Wichtige Elemente von grundlegender Kooperation innerhalb der SR waren dabei v. a.:

- das Erkennen und der Bezug zur interpersonelle Struktur (als „kollektive Perspektive“);
- dass die interpersonelle Struktur unter der Voraussetzung, dass der andere ebenso handelt, strukturell zu einem besseren Ergebnis für den einzelnen Akteur führen kann, als individuelles (punktuell) optimierendes Verhalten (klärungsbedürftig).

6.2 Zweite Annäherung: Zulässige kollektive Handlungen und offensichtliche Lösungen

Die Fragen der kooperativen Bedingungen der SR aus Kapitel 5 haben bisher keine Auflösung erhalten, sondern wurden präzisiert. Auf dieser Grundlage finden sich nun innerhalb der kooperativen Bedingungen der SR selbst einige wichtige Hinweise, die es sich lohnt, weiter herauszuarbeiten. Unter anderem ergibt sich aus den Bedingungen das nötige Vorhandensein einer zulässigen kollektiven Handlung (Bedingung ii), damit Kooperation überhaupt zustande kommen kann. Dies hängt direkt mit der interpersonalen Struktur (kollektive Intentionen) zusammen, in welche Akteure ihre Handlung strukturell einbetten können. Darüber hinaus werden die kooperative Einstellung sowie die Struktur der GD-Interaktionssituation zugrunde gelegt. Im Folgenden soll sich mit Blick auf die offenen Punkte der Frage weiter angenähert werden, was zulässige kollektive Handlungen (interpersonale Handlungsstruktur) im kooperativen Sinne überhaupt auszeichnet und ob dies die epistemischen Vorrausetzungen der Akteure beeinflussen kann. In der SR wird auf verschiedene Merkmale einer

[14] Nida-Rümelin (2019), S. 118.

zulässigen kollektiven Handlung allgemein, aber auch unter den kooperativen Bedingungen hingedeutet.[15] Diese lassen sich wie folgt zusammenfassen:

a) Die interpersonelle Struktur (kollektive Lösungen).
b) Der Verweis auf Pareto-Inklusivität.
c) Das Nicht-Vorliegen von Externalitäten.
d) Der Verweis auf die Möglichkeit der Offensichtlichkeit (*salience*) mancher Lösungen (vgl. Schelling).

Diese Merkmale sollen genauer analysiert werden. Grundlegend hierfür sind die Unterscheidung möglicher zulässiger kollektiver Handlungen sowie der möglichen Ziele der Akteure in ihrer Differenzierung zwischen Kooperation (Konsensus) und Koordination. Dies kann eine erste Grundlage zur weiteren Deutung im Sinn der Offensichtlichkeit liefern. Wichtig ist in diesem Kontext, dass die offengelegten Fragen fokussiert werden.[16] Ziel des Kapitels ist es, eine Grundlage zu schaffen, auf der die weitere Betrachtung aufbaut. Eine genauere Konstitution möglicher wechselseitiger Vorteilhaftigkeit innerhalb kooperativer Gründe sowie die exaktere Einbettung deren Offensichtlichkeit in einen tiefergreifenden Rekurs bleiben vorerst offen und schließen später an (Abschnitt 6.3 und 6.4 und Kapitel 7).

Kooperativ zulässige Handlungen

Kooperativ kollektive Intentionalität stellt innerhalb der SR einen Spezialfall von kollektiver Intentionalität dar. Die Abgrenzung von kooperativ kollektiver Intentionalität ergibt sich anhand der individuellen Gründe der Akteure, die ihre Handlung gegeben einer GD-Interaktionssituation in eine interpersonale kooperative Struktur einbetten. Die Abgrenzung von kooperativ kollektiver Intentionalität gestaltet sich anhand individueller Gründe, die eigene Handlung in eine kooperative interpersonale Struktur einzubetten. Diese Struktur erfordert es, das individuelle Interesse zurückzustellen. Nicht alle kollektiv-intentionalen Handlungen scheinen sich entsprechend auf eine solche kooperativ interpersonale Struktur zu beziehen. Dagegen ist die Abgrenzung kollektiver Intentionalität außerhalb kooperativer Handlungen in der SR weniger eindeutig und aufgrund der weniger zentralen Thematisierung

[15] Siehe hierzu v. a. Nida-Rümelin (2019), S. 27 ff. und S. 117 ff.

[16] Dies bedeutet neben dem Versuch, sich den möglichen epistemischen Bedingungen der SR anzunähern, auch, dass die grundlegenden Bedingungen der Konstitution klassischer Ansätze kollektiver Intentionalität soweit erforderlich zumindest am Rand weiter einzubeziehen sind.

erschwert. Eine bessere Abgrenzung scheint jedoch im Zuge der weiteren Betrachtung an dieser Stelle von Vorteil. Der vergleichende Blick auf Beispiele erscheint nachfolgend hilfreich. Die spezifische Relation kooperativ kollektiver Intentionalität zeichnet sich nun wie folgt aus:

> „Kooperativ zu handeln heißt, seine Handlung so zu wählen, dass sie Teil einer kollektiven Handlung (= Kombination individueller Handlungen = interpersonelle Handlungsstruktur) ist, die die handelnde Person gegenüber derjenigen kollektiven Handlung, die aus je individueller Optimierung resultieren würde, vorzieht und von der sie zugleich annimmt, dass auch alle übrigen (potenziell) an der Kooperation Beteiligten die gleiche Präferenz haben."[17]

Die individuellen Handlungen werden so zum Teil einer potenziellen kollektiven Handlungsstruktur. Die Handlungsstruktur bildet einen Rahmen, innerhalb dessen ein Akteur – im Zuge seiner individuellen Deliberation – gute Gründe für das eigene kooperative Handeln erkennen kann, unter der Annahme über die erwartete potenzielle Handlung anderer. Diese Handlungsstruktur erfordert, dass die Akteure von ihrem eigenen Interesse zu einem gewissen Grad Abstand nehmen. Verschiedene Ansätze minimaler Kooperation, die in eine andere Richtung weisen, können zur Abgrenzung herangezogen werden.

Beispiele in diese Richtung finden sich u. a. bei Paternotte (2012), der selbst dafür argumentiert, dass kollektive Ziele die Grenze zwischen Koordination und Kooperation auszeichnen. Erst wenn von kollektiven Zielen gesprochen werden kann, handelt es sich um Formen der Kooperation. Paternotte (2012) bezieht sich indirekt auf kollektive Intentionalität und mögliche Mindestanforderungen klassischer Ansätze. Als Beispiel kann man sich eine Stadt denken, in der alle Frauen es bevorzugen, die gleiche Kleidung zu tragen. Beispielsweise präferiert eine Frau der Stadt, eine Jeanshose zu tragen, weil alle anderen Frauen dieser Stadt ebenfalls eine Jeanshose tragen. Nach Paternotte (2012) handelt es sich hier um eine kollektive Handlung, aber keine kooperative, da es sich hinsichtlich der Kleiderwahl um reine Imitation handelt – in der Annahme, dass alle anderen Frauen sich ja ebenso kleiden. Würden die Frauen der Stadt sich stattdessen für das Tragen von Hosen entscheiden, weil dies im Interesse der Gruppe von Frauen der Stadt wäre, würde ein kollektives Ziel vorliegen und es könnte von Kooperation gesprochen werden. Kollektive Ziele werden hier über die Gründe der an der Interaktionssituation Beteiligten ausgezeichnet und über die Gruppenperspektive bestimmt.[18] Dies lässt sich weiter am Beispiel einer Demonstration fassen, hinsichtlich derer

[17] Nida-Rümelin (2001), S. 87.

[18] Diese Gruppenperspektive bezieht sich jedoch auf mögliche Gründe der Akteure selbst.

ein möglicher Akteur über seine Teilnahme und den potenziellen Erfolg nachdenkt (die Teilnahme möglichst vieler anderer Akteure vorausgesetzt). Grundlage für die Teilnahme an einer Demonstration scheint meist ein potenzielles kollektives Ziel zu sein, dem die Teilnahme an der Demonstration „dienlich" sein kann und das die anderen Demonstrationsteilnehmer im Allgemeinen teilen (beispielsweise Protest gegen Tierversuche).

Ludwig (2020) stellt dagegen kollektive Ziele in seinem Ansatz minimaler Kooperation weniger in den zentralen Vordergrund. Stattdessen wird auch Kooperation in Fällen der Konkurrenz besprochen (die kollektive Intentionalität, gemeinsam Schach zu spielen oder zu Boxen) und die Grenze entlang geteilter Pläne und Ziele (die sich aus den je individuellen Plänen und Zielen und deren Koordination ergibt) ausgelegt. Jedoch bespricht er koordinative Beispiele, die er von Kooperation abgrenzt, auf die sich die Bedingung eines kollektiven Ziels zumindest sinnvoll anwenden lässt. Die Beispiele sind schwächer gewählt: Ein erstes Beispiel findet sich in gegenläufiger Koordination, wobei gerade nicht die kollektive Handlung die individuelle Intention der beteiligten Akteure abbildet, wie dies exemplarisch in der Koordination zwischen Jäger und Beute der Fall scheint. Dennoch kann hier von Koordination gesprochen werden, da Jäger und Beute ihre Handlungen in Anbetracht der Handlungen des anderen und ihrer Erwartungen darüber abzustimmen versuchen. Auch werden Beispiele angeführt, in denen Koordination zwischen Teilnehmern unbewusst stattfindet, wie das Anpassen des eigenen Atems bei einer gemeinsamen Meditation.[19] Da keine geteilten Ziele vorliegen, handelt es sich in beiden Fällen nach Ludwig (2020) nicht um Kooperation. Da hier so bezeichnete geteilte Ziele schwächer konstruiert scheinen als kollektive Ziele im Sinne des Abwägens einer möglichen Gruppe (potenzielle Vorteile), ist auch die Bedingung eines kollektiven Ziels in diesen Beispielen nicht erfüllt. Im ersten Beispiel schließen sich die Ziele eines Jägers und diejenigen seiner potenziellen Beute gegenseitig aus, während es sich im zweiten Fall um einen unterbewussten Vorgang handelt, der sich nicht zwingend auf die Intentionalität der Mediationsteilnehmer bezieht.[20]

Kooperation wurde innerhalb der SR als spezieller Typ der kollektiven Intentionalität ausgezeichnet. Jedoch konnte die je individuell wechselseitige Verfasstheit

---

[19] Vgl. Ludwig (2016), S. 11 f.

[20] Es ist an dieser Stelle darauf hinzuweisen, dass die SR affektive Intentionalität in ihrer Argumentation nicht direkt miteinbezieht (gar indirekt vermutet) und die diversen Rollen der Intentionalität anders interpretiert und eingeteilt werden als dies in traditionellen Ansätzen der Fall ist. Dies hat entsprechende Auswirkungen auf die Intentionen der Akteure selbst, die sich hier verdeutlichen. Ist affektive Intentionalität nicht miteinbezogen stellt das Beispiel der Meditation entlang der SR kein adäquates Koordinationsbeispiel dar (bzw. kann nicht als Handlung als solche gedeutet werden). Dagegen verdeutlichen beispielsweise Schmid und

(reduktiven Sinn) keine weitere Erkenntnis bringen (Kapitel 5). Als Beispiel wurde Lewis' (1969) unterbrochenes Telefonat angeführt. Hierzu schreibt Nida-Rümelin (2001):

> „Angenommen zwei Personen wollen sich in einem Café treffen. Es gibt in der Stadt zwei Cafés. Ohne Abstimmung, in welchem Café man sich trifft, besteht die Gefahr, dass die eine Person in das eine und die andere Person in das andere Café geht. Beide haben ein übereinstimmendes Interesse daran, sich im gleichen Café zu treffen. Um koordiniert zu handeln, ist es nicht erforderlich, eigene Interessen zurückzustellen."[21]

Dies deutet an, dass sich Kooperation als spezieller Typ kollektiver Intentionalität von zumindest rein koordinativen Fällen (auch im Falle kollektiver Intentionalität) unterscheidet. Kooperativ kollektive Intentionalität ist also ein spezieller Typ kollektiver Intentionalität, weil zusätzlich Abstand von den eigenen Präferenzen genommen wird. Angelehnt an die Beispiele bedeutet dies: die minimale intentionale Form von Koordination findet ihren Ausdruck in Beispielen wie der Räuber-Beute-Beziehung, da hier zwar eine koordinative Wechselseitigkeit zweier möglicher Akteure vorausgesetzt werden kann, diese aber nicht zwingend kollektive Intentionalität beinhaltet (gegenläufige Ziele). Der Fall reiner Imitation kann nun zwar ggf. übereinstimmende Interessen spiegeln, jedoch muss hier noch keine kollektive Intentionalität per se vorausgesetzt werden. Die Intentionen der Imitation sowie Überzeugungen hinsichtlich des Verhaltens anderer scheinen an dieser Stelle zumindest ausreichend. Das Beispiel des Telefonats oder des Café-Besuchs scheint darüber hinaus zu gehen. Übereinstimmendes Interesse kann also nicht bedeuten, dass die Interessen der Akteure bloß zufällig übereinstimmen, sondern bezieht sich in der weiteren Einbettung der SR auf kollektive Intentionalität im individuellen, wechselseitigen Sinn. Übereinstimmende Interessen innerhalb kollektiver Intentionalität setzen in der SR ein gemeinsames Handlungsziel der Akteure voraus, wie es auch Ludwig (2020) formuliert. Entsprechend ist es hinsichtlich einer kollektiven Intentionalität im Sinne der SR mindestens erforderlich, dass die je individuellen Intentionen sich hier auf ein potenzielles gemeinsames Interesse oder Ziel richten.

Eine zulässige kollektive Handlung (b), wie sie zur Auszeichnung und Bestimmung von Kooperation herangezogen wird, zeichnet Nida-Rümelin (2001, 2019) zusätzlich durch Symmetrie aus – und zwar dahingehend, dass es sich um Lösungen

---

Schweikard (2020) oder Schmid (2017) die Annahme und Formen der affektiven Intentionalität innerhalb der meisten Ansätze, sowie deren Rolle innerhalb von Handlungen eines Akteures.

[21] Nida-Rümelin (2001), S. 86.

handelt, denen die sich in einer möglichen gemeinsamen Interaktionssituation befindenden Akteure überhaupt zustimmen können.[22] Insofern scheinen alle Lösungen, die kollektive Intentionalität im koordinativen Sinne betreffen, vordergründig die Bedingungen zu erfüllen, da sie im wechselseitigen Interesse der Akteure liegen und ein gemeinsames Ziel zum Ausdruck bringen. Darüber hinaus wird hinsichtlich der kooperativen Bedingungen angegeben, dass alle beteiligten Akteure diesen irgendwie kollektiv zustimmen können, weil ihre Interessen faire Beachtung finden.[23] Entsprechend wird der Blickwinkel so erweitert, dass er alle Beteiligten im Sinne der kollektiven Ziele, wechselseitige Vorteile usw. im Sinne Paternottes (2012) irgendwie zu beachtet. Eine allgemein zulässige kollektive Handlung folgt im Sinne der SR bislang dem folgenden Definitionsschema:

(KZH): Eine potenzielle Handlung X ist für eine Menge Teilnehmer G in einer Interaktionssituation kollektiv zulässig nur dann, wenn

(a) *X von den Teilnehmern G erreicht werden kann, also mindestens zwei (von n) Teilnehmern X realisieren können;*
(b) *X für die Teilnehmer G symmetrisch realisiert wird, also im gemeinsamen Interesse (gegeben ihrer Präferenzen) von den Teilnehmern G liegt.*
(c) *gemeinsames Wissen (Überzeugung) in G ist (oder zu klärende epistemische Bedingungen).*

Kollektiv zulässige Handlungen sind dann vorerst alle diese, die ein potenzielles gemeinsames Ziel betreffen. Die SR zieht die Grenze, ab wann von einer kooperativen Handlung gesprochen werden kann, nun in Anlehnung an das Zurückstellen eines individuellen Interesses deutlich enger, als dies bei Paternotte (2012) oder auch Ludwig (2020) der Fall ist. Kollektiv zulässige Handlungen im kooperativen Sinne werden zusätzlich durch das Kriterium der Pareto-Inklusivität ausgezeichnet. Nida-Rümelin spricht auch von einem möglichen Konsens, der über je individuelles Interesse hinausreicht. Kollektiv zulässige Handlungen im kooperativen Sinn müssen in der SR eine von allen Beteiligten anerkennbare Handlung darstellen. Die Interessen der Beteiligten müssen gleiche Beachtung finden und erfüllen darüber hinaus das Kriterium der Pareto-Inklusivität im kollektiven Sinn (interpersonale Struktur). Es scheint sich um ein kollektives Ziel der Beteiligten (Gruppe oder Team) zu handeln, das sich aus der Kombination der je individuellen Handlungen ergibt.

---

[22] Es sei darauf hingewiesen, dass dies indirekt auf spezifische Bedingungen der Fairness verweist, durch bspw. Symmetrie. Vgl. auch Nida-Rümelin (2019), S. 29 f.

[23] Nida-Rümelin (2019), S. 118.

Die interpersonale Struktur weist hier auf eine Form des möglichen Perspektivenwechsels hin, der jedoch keine Akteur-Transformation beinhaltet, sondern vielmehr von Gründen der Akteure selbst geleitet ist. Dies findet auf der Ebene individueller Gründe statt und erfordert eine Kombination der je individuellen Handlungswahl. Wie dies in die individuelle Abwägung der Gründe Einzug findet, bleibt offen.

Jedoch wird ein kollektives Interesse (im schwächsten kollektivistischen Sinne) verfolgt, dass wechselseitig vorteilig für alle Betroffenen ist. Diese wechselseitige Vorteilhaftigkeit ist im Sinn der SR jedoch eine andere als in den Beispielen des *Stag Hunt* oder *Hi-Lo*-Spiels (gemäß der Definition von Kooperation) und spiegelt sich in dem verfolgten Konsens. Dies ist mit den kooperativen Bedingungen der SR zu begründen. Das Beispiel der Beteiligung an einer Demonstration, die für mich als Akteur individuell immer irgendwie mit Kosten verbunden ist, erfüllt diese Voraussetzungen im minimalen Sinn. Einmal scheinen wir es mit einer individuellen Vorteilhaftigkeit im Sinn der wechselseitig bevorzugten Präferenzen zu tun zu haben und einmal mit der wechselseitigen Vorteil hinsichtlich der kollektiven Kombination der Präferenzen. Der Einfachheit halber bietet es sich an, einmal von einem gemeinsamen kollektiven Ziel (GKZ) und einmal von einem kooperativen kollektiven Ziel (KKZ) zu sprechen. Diese sind in der SR dann wie folgt zu unterscheiden:

(GKZ): Ein potenzielles gemeinsames Ziel X ist für eine Menge Teilnehmer G in einer Interaktionssituation gegeben nur dann, wenn

(a) *X von den Teilnehmern G erreicht werden kann, also mindestens zwei (von n) Teilnehmern X realisieren können;*
(b) *X für die Teilnehmer G weitestgehend symmetrisch realisiert wird;*
(c) *die Realisierung von X von allen Teilnehmern in G gegenüber der Nicht-Realisierung präferiert wird;*
(d) *die Realisierung von X mindestens einen wechselseitigen Vorteil (ihrer individuellen Präferenzstruktur folgend) für alle Teilnehmer in G beinhaltet;*
(e) *(a)–(d) gemeinsames Wissen (Überzeugung) in G ist (oder zu klärenden epistemische Bedingungen).*

(KKZ): Ein potenziell kooperativ kollektives Ziel X ist für eine Menge Teilnehmer G in einer Interaktionssituation gegeben nur dann, wenn

(a) *X von den Teilnehmern G erreicht werden kann, also mindestens zwei (von n) Teilnehmern X realisieren können;*
(b) *X für die Teilnehmer G weitestgehend symmetrisch realisiert wird;*
(c) *die Realisierung von X einen Konsens für alle Teilnehmer in G stellt, der ein partielles Zurückstellen des je eigenen Interesses der Teilnehmer von G voraussetzt;*

(d) *die Realisierung von X mindestens einen wechselseitigen Vorteil auf Gründen u beinhaltet;*
(e) *(a)–(d) gemeinsames Wissen (Überzeugung) in G ist (oder zu klärenden epistemische Bedingungen).*

Der Punkt (d) und die genauere Unterscheidung im Sinne der Rationalität zwischen GKZ und KKZ bleibt erklärungsbedürftig, ebenso wie die Annahme (e). Das Kapitel bildet für den weiteren Verlauf eine erste Orientierungsgrundlage. Bis hierhin lässt sich festhalten, dass die kollektive Intentionalität gekennzeichnet ist durch ein Zusammenspiel individueller, wechselseitiger Intentionen im Hinblick auf ein gemeinsames Ziel sowie epistemischer Verfasstheit der Akteure.[24] Kooperative kollektive Intentionalität ist dagegen ausgezeichnet durch individuelle, wechselseitige Intentionen im Rahmen eines Konsenses zu einem kollektiven Ziel (interpersonelle Struktur wegen Grund u) sowie die epistemische Verfasstheit der Akteure. Auch wenn die bisherigen Definitionen das epistemische Problem selbst nicht auflösen, gewähren sie eine grundlegende Orientierung für die weitere Betrachtung.

Offensichtliche Lösungen

Eine weitere Möglichkeit zur Auszeichnung (kooperativer) kollektiver Handlungslösungen, die Nida-Rümelin (2019) anspricht, ist die der offensichtlichen Lösungen oder auch sogenannten fokalen Punkte in Anlehnung an Schelling (1960).[25] Nach Schelling (1960, 1984a, 1984b) selbst scheinen Akteure in einem gewissen Rahmen fokale Punkte zu benutzen, um ihr Verhalten zu koordinieren, wenn keine Möglichkeit zur Kommunikation o. Ä. besteht:

> „Most situations – perhaps every situation for people who are practiced at this kind of game – provide some glue for coordinating behaviour, some focal point for each person's expectation of what the other expects him to expect to be expected to do. Finding the key, or rather finding a key – any key that is mutually recognized as the key becomes the key – may depend on imagination more than on logic […].“[26]

---

[24] Wie dies in Kapitel 5 bereits im Anschluss an Bratman (1999) angedeutet wurde.

[25] Die Auszeichnung offensichtlicher Lösungen wird in der Literatur hinsichtlich möglicher Probleme von Handlungskoordination und Kooperation im Sinne der ST häufig herangezogen, auch wenn es darum geht, mögliche Erklärungen auszuweisen, wie Kooperation zustande kommen kann, ohne sich auf (aktuales) gemeinsames Wissen zwischen den Akteuren zu beziehen.

[26] Schelling (1960), S. 57.

Schelling (1960) verdeutlicht, dass Menschen die Fähigkeit besitzen, solche offensichtlichen Lösungen zu identifizieren und ein solches Ergebnis ohne Kommunikation zu erzielen, indem sie dieselbe Nachricht aus der gemeinsamen Situation herauslesen und ihre Handlung hinsichtlich der Erwartungen an die anderen ausbilden.[27] Jedoch scheint Schelling (1969) diese Fähigkeit nicht der rationalen Handlungswahl der Menschen, sondern vielmehr nicht rationalen Eigenschaften, wie Kreativität oder Vorstellungskraft, zuzuschreiben. Diese Interpretation bildet allerdings nicht exakt ab, worauf die SR sich im Detail bezieht:

> „The reorientation of game theory, as suggested by Thomas C. Schelling, proved to be quite successful in its application to international relations. It can be interpreted as a theory of reducing the plurality of possible cooperative collective actions by introducing the criterion of salience."[28]

Die Offensichtlichkeit mancher Lösungen wird entlang der SR so verstanden, dass sie bei möglicher Unterbestimmtheit der Situation oder angesichts der Möglichkeit mehrerer kollektiver Lösungen herangezogen werden kann, also dazu anleitet, passende kooperative Lösungen zu bestimmen. Offensichtliche Lösungen können in bestimmten Situationen (ohne eine Möglichkeit zur Absprache) zulässige kollektive Handlungen als irgendwie wahrscheinlicher konstituieren (auch hinsichtlich der möglichen Überlegungen, die ein Akteur über die Handlungswahl des je anderen anstellt).[29] So verstanden sind offensichtliche Lösungen weniger irrationalen Eigenschaften geschuldet, sondern kommen vielmehr bei einer möglichen rationalen Handlungswahl in Interaktionssituationen ohne mögliche Kommunikation usw. zum Tragen und konstituieren entsprechende Gründe der Akteure. Offensichtliche Lösungen sind in der Literatur viel diskutiert und werden nicht selten in Verbindung von Koordinations- und Kooperationsproblemen weitreichend herangezogen. In Beispielen wie *Hi-Lo* oder der GD-Interaktionssituation sind sie zumindest offensichtlich genug.

Erklärungsversuche diesbezüglich sind weitreichend diskutiert. Ihre Verwendung und argumentative Einbettung wird verschieden interpretiert.[30] Dies orientiert sich neben Schelling (1963) in großen Teilen an den Ausführungen von Lewis (1969), der mit Blick auf die Konventionstheorie direkt auf Schelling (1963)

---

[27] Ebd., S. 54.

[28] Nida-Rümelin (2019), S. 120.

[29] Ebd.

[30] Dabei ist jedoch immer darauf zu verweisen, dass es innerhalb solcher Ansätze zur Interpretation zu solchen Erklärungsversuchen um die Emergenz oder Etablierung möglicher offensichtlicher Konventionen geht.

Bezug nimmt und argumentiert, dass manche Konventionen aus offensichtlichen Lösungen hervorgehen können. Auch Lewis (1969) schlussfolgert, dass einige Gleichgewichtslösungen in Interaktionssituationen offensichtlicher scheinen als andere und dies die Wahrscheinlichkeit erhöht, dass die Akteure die Strategie eher in Betracht ziehen. Dabei wird die Offensichtlichkeit einiger Lösungen als möglicher Auswahlmechanismus von Gleichgewichten angesehen.[31] Bei Lewis (1969) steht dabei vorwiegend die Betrachtung reiner Koordinationssituationen im Fokus. Die Betrachtung kann aber auch in ihrem Einfluss auf Dilemmata erweitert werden.[32] Lewis adressiert Offensichtlichkeit (und entsprechende Erwartungen dahingehend) überdies in primärer oder höherer Ordnung.[33]

Eine mögliche Interpretation der Offensichtlichkeit bei Lewis (1969) findet sich bei Gilbert (1989) oder auch Mehta et al. (1994), die eine Offensichtlichkeit der Lösungen als schlichte Tatsache über den Menschen und seine mentale Fähigkeit bzw. als nicht (orthodox) rationalen letzten Ausweg deuten, wenn keine anderen Gründe in einer Interaktionssituation vorliegen. Selbst unter der erweiterten Annahme, dass Spieler dennoch wechselseitige Erwartungen formen (Erwartungen darüber, was die Offensichtlichkeit für den je anderen ist usw.), handelt es sich hier um intuitive Gründe und Vorhersagen, die in einem nicht rationalen Sinn einbezogen werden.[34] Die SR scheint offensichtliche Lösungen jedoch als ein zusätzliches Auswahlkriterium hin zur rationalen Handlung zu verstehen, das nicht gänzlich aus der möglichen rationalen Deliberation hinausfällt. Dies ist besonders in Anbetracht der Untersuchung möglicher kooperativer Lösungen und deren epistemischer Dimension ein folgenreicher Hinweis.

Alternativ können die Offensichtlichkeit bei Lewis (1969) und das Verständnis von Schelling (1963) als eine Form der Öffentlichkeit gedeutet werden. Spezifische Formulierungen von Lewis (1969) lassen eine solche Interpretation in Teilen selbst zu. Diese Form der Öffentlichkeit ergibt sich anders als die Interpretation eines öffentlichen Ereignisses, das als Grundlage zu gemeinsamem Wissen dienen kann, aus der Interaktionssituation und der Offensichtlichkeit mancher Lösungen selbst (indirekt). Die Akteure lesen quasi dieselbe Nachricht aus der gemeinsam erlebten

---

[31] Lewis (1969) verweist in diesem Zusammenhang vor allem auf Erläuterungen von Konventionen und deren möglicher Selbstreproduktion. In diesem Zusammenhang lassen sich Erläuterungen sowie die fehlende Auszeichnung bzw. der fehlende Ursprung solcher Konventionen in Teilen kritisch betrachten, wie sich dies z. B. bei Skyrms (2014) argumentativ wiederfindet.

[32] Siehe hierzu beispielsweise auch Sugden (1998).

[33] Lewis (1969), S. 24 ff.

[34] Vgl. Postema (2008).

Situation.[35] Entsprechend handeln beteiligte Akteure dann nicht entlang einer kreativen, nicht rational zugänglichen Dimension, sondern anhand ihrer Überzeugung, dass der je andere tendenziell aus denselben Überzeugungen oder Motiven heraus handelt (gemäß der offensichtlichen Lösung). Dies ist aber nicht so zu verstehen, dass Akteure notwendigerweise gleich handeln, weil sie dieselbe Nachricht aus der Interaktionssituation filtern.[36]

Letzteres würde in einer adäquaten Deutung der Offensichtlichkeit der je individuellen Deliberation und Lebensform innerhalb der SR zuwiderlaufen. Vielmehr kann dies mögliche Gründe der Einbettung und kognitiven Konstitution hinsichtlich der eigenen Handlung generieren. Die dargelegte Symmetrie sowie die mögliche wechselseitige Vorteilhaftigkeit (bei GKZ und KKZ) können zentrale Rollen spielen, indem sie mögliche Gründe und Überzeugungen der Akteure beeinflussen und eine Lösung gemäß der vorliegenden Präferenzstrukturen offensichtlich erscheinen lassen, da sie beispielsweise für beide beteiligten Akteure von Interesse sind. Im Falle der Kooperation ist dies jedoch bisher nicht eindeutig ausgezeichnet. Eine Auszeichnung über so verstandene kollektive Ziele kann jedoch im Sinn der Offensichtlichkeit eine mögliche erste Grundlage zur interpretatorischen Einordnung liefern. Jedoch sind solche Gründe in spieltheoretischer deduktiv-rationaler Argumentation (Standard-ST) nicht griffig, sondern vielmehr induktiv konstituiert, sodass sie genau genommen keine orthodoxen rationalen Gründe im Sinne der ST ausweisen. Eine Einordnung als abgeschwächte epistemische Bedingung bei der Auszeichnung von Kooperation kann hierdurch im Sinn der SR im Weiteren unabdingbar werden (Kapitel 7). Dies stellt zumindest, wie nachfolgend argumentiert werden soll, eine wichtige Grundlage für das bessere Verständnis der SR dar. Darüber hinaus sollen die rationalen Bedingungen für Kooperation abschließend analysiert werden.

---

[35] Vgl. Schelling (1963), S. 54 f.

[36] Ansätze in diese Richtung, die auf der Ähnlichkeit anderer Akteure und dem Schluss eigener auf die Überzeugungen anderer beruhen, finden sich u. a. bei Rubinstein, Salant (2016). Diese scheinen jedoch alleine auf der Grundlage möglicher empirischer Ergebnisse und weiterer kritischer Aspekte nicht geeignet zur adäquaten Beschreibung bzw. besseren epistemischen Verständnisses der SR. Alternativ gibt es Ansätze die dies über eine Form des Zufalls oder Glücks beschreiben, wie u. a. bei Schoenherr (2018).

6.3 Dritte Annäherung: Team-Reasoning Ansätze

Aus den bisherigen Ausführungen lässt sich darlegen, dass es sich bei Kooperation in der SR in ihrer grundlegenden Darstellung um eine Form des Pro-Gruppen Ich-Modus handelt.[37] Dabei zielt jedoch die SR nicht auf mögliche problematische Präferenz-Transformationen ab. Darüber hinaus wird innerhalb der SR überhaupt kein Bezug auf mögliche problematische Präferenz-Transformationen genommen.[38] Zudem wertet die SR Kooperation nicht als eine mögliche Transformation unter möglichen anderen prosozialen oder sozialen Transformationen der Präferenzen. Vielmehr kommt Kooperation eine Art Sonderrolle zu (Vgl. Abschnitt 4.8).[39] Die SR scheint hinsichtlich der Konstitution von Kooperation einen Ansatz zu beschreiben, der:

- Als Pro-Gruppen Ich-Modus einzuordnen wäre;
- keine Präferenztransformationen in dem bisherigen Sinne vornimmt;
- keinen vollen Wir-Modus als Begründung dafür voraussetzt;
- das Kollektiv (als einzelne Akteure) aber in den Blick nimmt.
- Letzteres ergibt sich aus strukturellen Gründen einzelner Akteure (ich überlege was besser für alle Beteiligten ist, weil sich hier auch ein Vorteil für mich ergibt).

Entlang dessen lassen sich zur weiteren Annäherung an die SR Team-Reasoning Ansätze betrachten. In solchen Ansätzen wird immer in der ein oder anderen Form von Identifikationen mit einer Gruppe, einem Team oder dem Kollektiv ausgegangen, wobei sich hier Ansätze finden, die schwächer konstituiert sind als der Wir-Modus. Sie zielen jedoch alle auf einen Perspektivenwechsel (Form der Akteur-Transformation). Vor allem die Ansätze von Sugden (2000a, 2000b, 2015) kommen den kooperativen Bedingungen der SR in vielen Teilen bereits sehr nahe. Entsprechend hilfreich können Team-Reasoning Ansätze zu einem besseren Verständnis der rationalen Bedingungen der Kooperation in der SR sein.

---

[37] Dies ergibt sich aus einer möglichen Einordnung, wenn man sie aus der Perspektive von Tuomela (2007) vornimmt.

[38] Vielmehr wäre entlang der SR schwächere Kooperation die Bedingung für volle Kooperationsformen.

[39] Da Präferenz-Transformationen solcher Art in mehrfacher Hinsicht und auch innerhalb des evolutionären Rahmens mit Bezug auf den Wir-Modus irgendwie problembehaftet scheinen, macht es Sinn, sie hier nicht weiter zu unterstellen oder zu thematisieren.

Team-Reasoning (TR)

In Ansätzen des *Team-Reasoning* (TR) wird davon ausgegangen, dass die Akteure sich mit der Gruppe identifizieren, um Kooperationsprobleme zu lösen, und das kooperative Gleichgewicht rational erzielen können. Meist wird in Ansätzen dieser Art das Beispiel von *Hi-Lo* oder auch das Hirschjagdspiel als Grundlage herangezogen und in einem weiteren Sinne auf Kooperation in GD-Fällen angewendet.[40] Wie bereits in Unterkapitel 5.2 verdeutlicht, handelt es sich dabei meist um eine Form der instrumentalen Rationalität, indem der rationalen Handlungswahl eine Art der neuen Evaluation im Sinne des Kollektivs bzw. eines Teams vorausgeht. Diesbezüglich erlaubt das TR die rationale Handlungswahl der Gruppe im instrumentalen Sinn (Erweiterung der ST). Auch hier ergeben sich teils theoretische Vorteile (ähnlich wie beim Wir-Modus), da Kooperation als rationale Handlungswahl über die kollektive Wahl (was ist besser für die Gruppe) erklärbar wird. Ansätze des TR finden sich in der Literatur in unterschiedlicher Form und Beschreibung. Allen gemeinsam ist die Voraussetzung, dass Akteure sich in einer spezifischen Handlungssituation die Frage stellen: „Was ist am besten für die Gruppe?". Der Standardansatz der ST, wird in Anlehnung daran meist als Spezialfall des TR gedeutet.[41] Der Begriff ‚Gruppe' ist auf die an einer Handlungsinteraktion beteiligten Akteure ausgelegt und greift je nach Ausführung nicht zwingend auf ein Ethos usw. zurück. Dahingehend finden sich auch Ansätze des TR, die die kooperativen Gründe der einzelnen Individuen als Erklärung dafür heranzuziehen versuchen, wann ein Akteur in welchem Modus agiert (ohne vorgelagerte Einigung). Dennoch ist zur Auszeichnung kollektiver Intentionalität mithilfe der Argumentation des TR, zumindest im vollen Umfang, gemeinsames Wissen (Überzeugung) darüber erforderlich, dass die Akteure sich je im TR befinden.

Innerhalb des TR-Ansatzes lassen sich diverse Stoßrichtungen ausfindig machen – die auch teils weiterführend die epistemischen Bedingungen betreffen. Das TR soll zur weiteren Annäherung an die Bedingungen der SR dienen. Die (instrumentalistischen) Rahmenbedingungen werden erweitert (Was wollen wir und was kann ich für meinen Teil dazu beitragen, dass wir es erreichen?). Vor allem das *Hi-Lo*-Spiel verdeutlicht, dass die reine Transformation der Präferenzen der Akteure nicht ausreicht, um das Pareto-dominante Gleichgewicht Hi entlang rationaler Handlungswahl auszuzeichnen.[42] In Anlehnung an die Argumentation des TR lässt sich die kooperative Handlungswahl als rational auszeichnen, da Akteure die

[40] Verschiedene Ansätze des *Team-Reasoning* finden sich u. a. bei Bacharach (1999, 2006), Hollis (1998) oder auch Sugden (1993a, 1993b, 2003, 2015).

[41] Vgl. Gold, Sugden (2007).

[42] Vgl. Collard (1978).

Argumente einfach anhand der Präferenzen der Gruppe wählen (3 + 3 = 6 im Fall der Kooperation stellt dann den besten kollektiven Nutzen dar).[43] Argumentieren beide Spieler also im TR-Modus, wählen sie die Handlung c. Zentral für schwächere Ansätze des TR im Vergleich zum Wir-Modus ist, dass die je einzelnen Akteure im TR-Modus argumentieren (aus Perspektive der Gruppe) und gemeinsames Wissen darüber verfügen, dass der je andere dies auch tut usw.[44] Gold und Coleman (2018) formulieren dies wie folgt aus:

> „Team-reasoning provides a solution to the problems of coordination and payoff dominance as follows. In Aumann's Stag Hunt game, a team-reasoning player notes that the (C, C) strategy profile is uniquely optimal for the player pair, because it offers the best possible payoff to both, and no other strategy profile yields either player a payoff as good as the payoff in (C, C). If there is common knowledge that both players adopt the team-reasoning mode of choosing their strategies, both therefore select and play their C strategies."[45]

In diesem Rahmen erlauben es TR Ansätze eine Form der interpersonalen Handlungsstruktur in Form eines schwachen Kollektivismus vorauszusetzen, ohne zwingend an ein Ethos gebunden zu sein. Je nach weiteren Annahmen kommen sie daher teils der SR sehr nahe und scheinen ein weiteres hilfreiches Analyseinstrument darzustellen.

Team-Reasoning bei Sugden

Beispielhaft soll hier der TR-Ansatz nach Sugden (2000a/b, 2015, 2020) betrachtet werden. Denn hier finden sich wichtige Überlegungen hinsichtlich möglicher Modi-Wechsel, die der Beschreibung der SR nahe kommen. Sugden (2000a/b, 2015, 2020) geht von einem TR-Ansatz auf individueller Begründungsebene aus. Wobei von TR als sozial orientierte Intention ausgegangen wird, die an die Erwartungen hinsichtlich der möglichen Beteiligung der anderen gebunden ist und entsprechend über

---

[43] Vgl. u. a. Gold, 2012, 2018.

[44] Zur Unterscheidung zwischen den Konstitutionen des Wir-Modus und des TR sowie den sich ergebenden Nachteilen siehe u. a. Tuomela (2013), Der TR-Fall kann in Anlehnung an beispielsweise Bratman (1999) auf der Grundlage wechselseitiger kollektiver Intentionen sowie gemeinsamen Wissens konstruiert werden. Jedoch unterscheiden sich die Ansätze im Detail. Darüber hinaus kann Tuomelas Wir-Modus als Spezialfall des *Team-Reasoning* angesehen werden. Besonders Bacharach (1999) postuliert ähnliche Bedingungen und Voraussetzungen, wie dies im Wir-Modus der Fall ist. Andere Ansätze finden sich u. a. bei Lahno, Lahno (2014) oder Coleman et al. (2008).

[45] Gold, Coleman (2018), S. 309.

die individuelle Rationalität hinausgeht.[46] Dabei rücken die geteilte Intention und deren Struktur in den Vordergrund, womit ein wechselseitiger Vorteil für die Beteiligten einhergeht. In Abgrenzung zum TR beispielsweise nach Bacharach (1999, 2006) geht es also nicht darum, dass Akteure das kollektive Interesse eines Teams oder einer Gruppe (den Gruppennutzen) verfolgen. Vielmehr geht es darum, dass es im gemeinsamen Interesse der Teilnehmer liegt, in einer gegebenen Interaktionssituation ein kollektives Ziel anzuerkennen und gemeinsam zu intendieren. Dies verweist auf die Wechselseitigkeit der Kooperation, die nach Sugden auch innerhalb der Maximierung eines Team- oder Gruppennutzens eine Rolle spielt. Dabei steht das Individuum, das im Team-Modus argumentiert im Vordergrund und dieses wird die dominante rationale Lösung bevorzugen, egal wie seine Erwartungen an die anderen Teilnehmer im Detail ausfallen. Entlang kooperativer Reziprozität kann die Pareto-Optimalität einer Strategie für die individuellen Akteure je gute Gründe darstellen, so zu handeln und zu denken, dass der andere auch so handeln wird.[47]

Der intuitive Gedanke dahinter zielt auf eine ähnliche Argumentation wie in der SR ab (interpersonelle Struktur). Dies ist der Fall, weil davon ausgegangen wird, dass jeder Akteur seine Handlung als Beitrag zu einem kollektiven Ziel so wählt, dass er die Erzielung eines potenziellen wechselseitigen Vorteils intendiert. Der wechselseitige Vorteil ist dabei aus Perspektive jedes beteiligten Akteurs zu sehen, mit Blick auf dessen ursprüngliches Interesse in einer Interaktionssituation (in Anbetracht der Handlung des anderen). Aus der GD-Interaktionssituation einen wechselseitigen Vorteil gemäß den eigenen Präferenzen zu erzielen, kann nicht auf alleiniger Grundlage der individuellen Präferenzen bzw. der individuell-rationalen Wahl im Sinne der ST verstanden werden. Sugden (2015) schreibt hierzu:

> „If intentional cooperation for mutual benefit is to be represented as a team reasoning, we need a theory of team reasoning that differs from that proposed by Bacharach. We need a theory: in which team members aim to achieve their common interest, not to maximize a common utility function."[48]

In Anlehnung hieran definiert Sugden (2015) wechselseitige Vorteilhaftigkeit der Akteure in einer möglichen Interaktionssituation in einem weiteren Rahmen. Für

[46] Dabei wird keine Einbeziehung einer irgendwie gearteten Reziprozität derart vorausgesetzt, dass die Präferenzen der anderen für einen Spieler im Emotionalen einbezogen werden, wie dies Rabin (1993) beispielsweise realisiert oder bei Ansätzen zum Tragen kommt, in denen Altruismus die Grundlage für Kooperation bildet. Dies ist in Anlehnung an die SR per Definition der Kooperation und kooperativer Gründe ausgeschlossen.

[47] Sugden (2000, 2015).

[48] Sugden (2015), S. 156.

jeden Spieler $i = 1, \ldots, n$ ist s_i als typische Strategie für i geschrieben. Für jedes Strategieprofil $(s_1, \ldots s_n)$ gibt es einen Nutzen für jeden Spieler i, geschrieben: $u_i(s_1, \ldots, s_n)$. Für jeden Spieler i ist $\overline{u}_i$ der *maximin* Nutzen (höchster Nutzen den der Spieler sich selbst garantieren kann, unabhängig von den anderen Spielern). Ein mögliches Strategieprofil (s_1^*, s_2^*) eines Spielers ist genau dann eine wechselseitig vorteilhafte Praxis in einer Zwei-Personen-Interaktionssituation, wenn für jeden Spieler i, $u_i\ (s_1^*, s_2^*) > \overline{u}_i$ gilt. Ein kollektives Ziel ist also wechselseitig vorteilig für die Akteure in einer Interaktionssituation, wenn jeder Spieler sich dadurch im Vergleich zu seinem Maximin-Wert $\overline{u}_i$ (höchster Wert, der garantiert wird in Erwartung der Handlung des je anderen) besserstellt.[49] Die interpersonelle Struktur spiegelt hier partiell, was Sugden (2015) als speziellen Ansatz des TR auszeichnet. Die Realisierung von einem kooperativ kollektiven Ziel X wäre hier dann entsprechend weiter ausformuliert, dadurch, dass *die Realisierung von X mindestens einen wechselseitigen Vorteil für die Akteure in einer Interaktionssituation beinhaltet, indem jeder Spieler sich im Vergleich zu seinem Maximin-Wert* $\overline{u}_i$ *besserstellt.*[50] Bisher lässt sich an dieser Stelle vorerst zusammenfassen: Ein Individuum i hat kooperative Gründe, wenn die kollektive Strategie (TR), in Erwartung der Beteiligung des anderen, ihn im Vergleich zu seinem Maximin-Wert in der Interaktionssituation besserstellt. Dies wäre indirekt vergleichbar (aber nicht identisch) damit, was in der SR gemeint ist, wenn ein Akteur strukturell die kooperative Handlung bevorzugt, weil dies vorteilhaft für ihn scheint.

6.4 Konfliktvermeidung, Emergenz und strukturelle Einbettung

Die SR scheint in eine ähnliche Richtung wie Sugdens Ausführungen abzuzielen, wenn Akteure auf ihre individuelle Optimierung verzichten, um gemeinsam ein potenziell besseres Ergebnis erzielen zu wollen (Pareto-Optimalität). Bis hier hin lassen sich kooperativ kollektive Ziele entlang der Darstellung von Sugden (2000a/b, 2015, 2020) weiter wie folgt auszeichnen:

> *(KKZ)*: Ein potenziell kooperativ kollektives Ziel X ist für eine Menge Teilnehmer G in einer Interaktionssituation gegeben nur dann, wenn*

---

[49] Für eine genauere Ausführung in einem n-Personen-Spiel und entsprechend ausformulierte Bedingungen siehe Sugden (2015), S. 159 ff.

[50] Ansätze, die generell auf wechselseitige Vorteile abzielen finden sich darüber hinaus auch in bspw. Karpus, Razvilas (2017). Siehe hier auch Bruni, Sugden (2007).

a. *X von den Teilnehmern G erreicht werden kann, also mindestens zwei (von n) Teilnehmern X realisieren können;*
b. *X für die Teilnehmer G weitestgehend symmetrisch realisiert wird;*
c. *die Realisierung von X einen Konsens für alle Teilnehmer in G stellt, der ein partielles Zurückstellen des je eigenen Interesses der Teilnehmer von G voraussetzt;*
d. *die Realisierung von X mindestens einen wechselseitigen Vorteil für die Akteure in einer Interaktionssituation beinhaltet, indem jeder Spieler im Vergleich zu seinem Maximin-Wert* $\overline{u}_i$ *besserstellt;*
(f) *(a)–(d) gemeinsames Wissen (Überzeugung) in G ist.*[51]

Nun zielt die SR jedoch nicht auf Modi-Wechsel (oder einem Auslöser für einen solchen Wechsel) ab und die Einordnung als mögliches Team-Reasoning, selbst im dargelegten Spezialfall scheint zumindest etwas Unbehagen bei der Deutung der Theorie nahezuliegen. Die SR scheint an dieser Stelle auch intuitiver als die Darstellung von Sugden (2000a/b, 2015, 2020). Dabei scheinen Bedingungen eine Rolle zu spielen, die über die Darstellung von Sugden hinausgehen. Denn die SR bezieht sich hier auf den Vorteil den Kooperation im strukturellen Kontext (ohne TR). In Kürze referiert die SR über die bisherige Darstellung hinaus auch auf die folgende Annahmen: Kooperation scheint potenziell besser für jeden daran beteiligten Akteur, wenn

i. Kooperation in einem strukturellen Kontext gute Gründe für den einzelnen Akteur liefert – mit Blick auf die Struktur der Interaktionssituation selbst (keine Externalitäten);
ii. sich die beteiligten Individuen in einer hochgradig kooperativen Lebenswelt bewegen bzw. sie Teil dieser Lebenswelt sind.

Der zentrale Punkt zielt später auf die epistemischen Bedingungen selbst ab, da Akteure auf individueller Argumentationsgrundlage Gründe aus der GD-Interaktionssituation herauslesen und diese ihre Einstellungen mitbestimmen. Die nachfolgenden Ausführungen stellen eine wichtige Grundlage für die Herausarbeitung der konkreten epistemischen Bedingungen (Kapitel 7).

[51] Oder genauer für Bedingung (e) bei Sugden (2015), wie in Kapitel 7 weiter ausgeführt wird, *common reason to believe* ist.

Emergenz der kooperativen Einstellung der Akteure

Zentral ist in der SR – und das kommt indirekt auch in den kurzen Ausführungen zu Sugden (2000a/b, 2015, 2020) zum Ausdruck, dass ein Individuum hier nicht auf zwei unabhängige Systeme der Argumentation (einmal zur Verfolgung individueller Präferenzen, einmal zur Verfolgung möglicher Teampräferenzen) zurückzugreifen scheint und die potenziellen Gründe von Kooperation sich aus den Präferenzstrukturen der beiden beteiligten Individuen direkt ergeben. In der SR können jedoch zum einen Annahmen zum Tragen kommen, die über die reine Interaktionssituation und ihre punktuelle Darstellung hinausgehen. Dabei scheinen auch Gründe zulässig, wie dass der Akteur mit dem ich mich in einer Interaktionssituation der Form des GD befinde in ähnlichen Situationen (soweit ich das weiß) immer kooperativ gehandelt hat oder auch, dass er bisher immer alle zu seinem Vorteil ausgenutzt zu haben scheint. Zum anderen scheint entlang der Interaktionssituation des GD der zentrale Punkt der folgende zu sein: Die Interaktionssituation selbst und ihre Präferenzstruktur, die sich aus den Präferenzen beider (oder mehrerer) Akteure ergibt, scheint die individuellen Vorteile der Kooperation irgendwie anzuzeigen. Dies legt auch die vorangegangene Annäherung der SR über offensichtliche Lösungen nahe. Was die SR mit „wechselseitig guten Gründen" für Kooperation zum Ausdruck bringen will, scheint auf Gründe abzuzielen, die sich aus der Struktur des Spieles selber ergeben (nicht im Lichte des Modi).[52]

Da die SR nicht auf Präferenztransformationen zurückgreift und diese generell problembehaftet sind, bleiben die Präferenzen eines Akteures unverändert. Auch wechselt er nicht zwischen zwei Formen der Argumentation als individueller Akteur und als Teil eines Kollektiv (zwei verschiedene Gleichgewichtslösungen). Vielmehr scheint in der SR zum Tragen zu kommen, was sich u. a. auch bei dem Ansatz von Paternotte (2013) zu minimaler Kooperation wiederfindet: Kollektive Ziele emergieren auf der individuellen Struktur der Präferenzen der Akteure.[53] Durch Gründe, die sich aus der Präferenzstruktur einer Interaktionssituation für einzelne Individuen ableiten lassen, können kooperative Präferenzen entstehen. Die Emergenz scheint an dieser Stelle ähnliches zu beinhalten, wie dies bei Sugden (2015) partiell zum Ausdruck kommt, wieso ein Modi-Wechsel ausgelöst wird. Auch, wenn die SR darüber hinaus weitere Faktoren miteinbeziehen kann, die sich auf die Einbettung in erweiterte Strukturen bezieht. Zumindest lässt die Theorie der SR Platz für solche Einbindungen.

[52] Dies scheint auch Sugden auch indirekt in den Blick zu nehmen, wenn er die Argumentation einzelner Individuen hinsichtlich der möglichen Strategiekombinationen der Akteure in einer Situation betrachtet.

[53] Vgl. Paternotte (2013), S. 50 f.

Die Realisierung von einem kollektiven Ziel X zielt auf einen wechselseitigen strukturellen Vorteil der Akteure ab, der jeden Spieler entlang der gegebenen interpersonellen (kollektiven) Struktur besser zu stellen scheint (unter möglicher Beachtung weiterer Gründe, die sich durch weitere strukturelle Bezüge ergeben). Die Formulierungen im Lichte der SR hierzu sind weiter detaillierter auszuführen. Bis hierhin lässt sich aber zumindest festhalten, dass das Erkennen solcher Strukturen in Interaktionssituationen eine kollektive Perspektive, so wie das Erkennen eines potenziell gemeinsamen Zieles voraussetzt. Darüber hinaus scheinen kooperative Einstellungen der Individuen auf Grundlage der Interaktionssituation selbst (unter Bezugnahme möglicher weiterer Faktoren) zu emergieren, wenn ein strukturell wechselseitiger Vorteil dadurch angezeigt wird. Dies deutet auf induktive Begründungen hin. Wichtig war an dieser Stelle die genauere Beschaffenheit der SR anzuzeigen. Weiter soll betrachtet werden, welche strukturellen Elemente noch möglichen Einzug in die individuellen Begründungssysteme der Akteure haben können, bevor im anschließenden Kapitel ausführlicher auf die epistemischen Bedingungen der hier so bezeichneten emergierenden kooperativen Präferenzen in Gänze näher eingegangen werden soll.

Kooperation vor Konkurrenz

Ein wichtiger Hinweis für die strukturelle Einbettung der punktuellen Handlung eines Individuums in einer Interaktionssituation mit möglicher Kooperation ist der Vorteil der sich hierbei gegenüber Konkurrenz ergibt. Konkurrenz ergibt sich im GD direkt aus nicht-Kooperation. Dies ist ähnlich zu deuten wie sich dies bei Sugden (2015) darstellt (höherer Wert im Vergleich zum Maximin-Wert), jedoch in der SR nicht hierauf beschränkt. Ein potenzielles kooperativen Ziel und das Erkennen dieses, scheint hierfür notwendig. Anschließend soll der strukturelle Bezug alleine mit Blick auf eine Interaktionssituation betrachtet werden und dann hinsichtlich möglicher weiterer Einbettungen (im realen Kontext). Ein wichtiger Hinweis zur Grundlegung dieser wechselseitigen Vorteilhaftigkeit gemäß der SR ist die Konfliktvermeidung:

> „Das einzelne Gruppenmitglied ist davon überzeugt, dass die je individuell optimierenden […] Handlungsweisen der Personen aus G eine Struktur s' ausbilden, die für jedes Mitglied aus G weniger wünschenswert ist als s, denn s' würde zu Konflikteskalationen führen, die die Handlungsfähigkeit von G vereiteln, die Bereitstellung kollektiver Güter unmöglich machen, Unterbestimmtheiten kollektiver Rationalität nicht beheben und keine gemeinsamen wechselseitigen Handlungserwartungen herbeiführen.“[54]

[54] Nida-Rümelin (1999), S. 162.

Beispielsweise führt Nida-Rümelin (2001) den Vorteil der Kooperation gegenüber der Konkurrenz entlang eines Beispiels aus. In diesem Beispiel geht es um zwei Mitarbeiter, die nach derselben herausgehobenen Position streben. Für jeden der beiden Mitarbeiter steigen die Chancen darauf, die Position zu ergattern, wenn er den anderen und seine Arbeit schlecht macht. Reden beide schlecht über den anderen wird keiner von beiden den Job bekommen, da der Chef den Eindruck hat, beide arbeiten schlecht.[55] Vermutlich kann man ergänzen, dass sie dann selbst, wenn eine zweite Stelle in derselben Position frei werden würde, sie erstmal keine Chance darauf haben, vielleicht sogar um ihre jetzige Stelle fürchten müssen. Dies würde das Gleichgewicht (0/0), in welchem beide je schlecht über den anderen reden, weiter verschlechtern bspw. auf (-1/-1). Das Beispiel scheint eine Form des Chicken-Games zu beschreiben.[56] Das Chicken-Game in seiner Reinform (nach x beliebiger Darstellung) macht die strukturellen Bezüge hier deutlicher (Abbildung 6.1).

	a_1	a_2
b_1	2/2	0/3
b_2	3/0	-1/-1

Abbildung 6.1 Das Chicken Game in Normalform

Aus der Perspektive von Akteur a (analog aus der Perspektive von Akteur b) zeigt sich nun folgendes: Maximiert Akteur a nur mit Blick auf seine individuellen Präferenzen (a_2), läuft er Gefahr auf dem für ihn schlecht-möglichsten Ergebnis zu landen (-1). Dieses schlechte Ergebnis wird sogar ziemlich wahrscheinlich, wenn er davon ausgeht, dass Akteur b genauso rational seine individuellen Präferenzen maximiert (b_2). Nehmen die Akteure entlang der Interaktionssituation einen möglichen Konflikt (-1/-1) in Kauf um ihre Präferenzen zu maximieren, dann haben sie für die Verfolgung ihrer Präferenzen eventuell nichts gewonnen. Erkennen sie diesen potenziellen Konflikt, ergibt sich entlang der interpersonalen Präferenzstruktur der Interaktionssituation jedoch auch ein möglicher Konsens, der sie gemäß ihrer Präferenzen besserstellt (Pareto-Optimalität) als der potenzielle Konflikt (2/2). Die Akteure nehmen also die kollektive Struktur in den Blick und können daran einen

[55] Nida-Rümelin (2001), S. 86.

[56] Diesmal gibt es das Chicken-Game nicht in zwei hintereinander folgenden Schritten wieder wie bei dem Schimpansen-Beispiel wieder, sondern die Möglichkeit auf die Position in einer einzelnen Interaktionssituation.

möglichen Konflikt und einen möglichen Konsens herauslesen (ohne Teil eines Teams werden zu müssen). Nutzen hier Akteure dauerhaft die Situation zum eigenen Vorteil aus und wissen, dass der andere dies rationalerweise vermutlich ebenso handhaben wird, riskieren sie nicht nur ein schlechteres Ergebnis. Vielmehr landen sie mit hoher Wahrscheinlichkeit auf dem für sie schlechtesten Ergebnis. Das Chicken-Game ist hier radikaler, da der Maximin-Wert und auch der Verlust durch Konkurrenz für den Einzelnen größer ist, als der mögliche Verlust, wenn der andere einen ausnutzt.

Darüber hinaus können für reale Akteure weitere strukturelle Überlegungen miteinbezogen werden: Dieses kann, wie am Schimpansen Beispiel gezeigt wurde nicht nur den möglichen Jobverlust oder keine absehbar bessere Position (möglicher langzeitiger Reputationsverlust) beinhalten, sondern gar unter gewissen Bedingungen die komplette eigene Existenz bedrohen.[57] Dies zeigt auch das Beispiel der gegenseitigen Hilfeleistung in einer Gesellschaft oder gar der Einhaltung von Individualrechten. Die Bedingungen zur Kooperation zum Einhalten dieser Regel scheint stichhaltig, weil buchstäblich unser eigenes Leben davon abhängt. Dies sind Formen der Kooperation, wo weitaus mehr für den Einzelnen auf dem Spiel steht. Oft sind viele Alltagsbeispiele, die als GD gedeutet werden, als Mischform (wie oben) des CG zu deuten.[58] Der strukturelle Bezug ist hier mehr als ein rein zeitlicher, ebenso wie beim intrapersonellen Beispiel von Britta, die auf eine Prüfung lernen sollte. Und eben daher rührt die Ähnlichkeit beider Beispiele die entlang der SR unterstellt wird.[59] Gehen wir davon aus, dass wir uns bereits in einem Lebenskontext befinden, der grundlegend in einer Gruppe oder Gemeinschaft stattfindet und hängt unsere Teilnahme, sowie hierdurch entstehende Vorteile – vermutlich sogar unsere Existenz und wie wir diese werten – auch von dem generellen, teils punktuellen Gelingen von Kooperation ab, kann dies potenziell stützen, dass Kooperation nicht nur im interpersonellen Kontext (einzelne Interaktionssituation), sondern auch darüber hinaus strukturell (eindeutig) günstiger ist als Konkurrenz.[60]

---

[57] Vgl. Abschnitt 5.3 der Arbeit.

[58] Entlang vieler realer Beispiele wird oft das GD zu Grunde gelegt, jedoch liegt häufig ein CD vor. Ein typisches Beispiel war der „Kampf" im Supermarkt um das Toilettenpapier während der Corona-Zeit das häufig als Beispiel des GD gedeutet wurde. Die Supermarkt-Einkäufer erzielen hier jedoch, wenn jeder sich individuell maximierend verhält, kein lediglich schlechteres Ergebnis, sondern mindestens auch das schlechteste Ergebnis (kein Klopapier).

[59] Nida-Rümelin (2001), S. 80 ff.

[60] Vgl. hierzu weiter Jaffro, Paternotte (2021).

Unabhängig der (diskutierbaren) Rückwärtsinduktion entlang der TFT-Ausführungen (siehe Abschnitt 4.4) geht es hier nicht um eine zeitliche Langfristigkeit, die sich durch ein Wiedertreffen mit ein und derselben Personen generiert (vgl. Skyrms).[61] Vielmehr scheint es um die Betrachtung einer ganzen Gruppe (im evolutionären Sinne einer Population zu gehen), an deren Teilhabe ich strukturelle Vorteile auf verschiedenen Ebenen habe, und deshalb scheine ich Interesse am grundlegenden Aufrechterhalten der Kooperation zu haben. Kooperation ist hier im punktuellen (und der einzelnen GD-Interaktionssituation oder dem einzelnen Chicken-Game) auf verschiedenen Ebenen auf vielfache Weise strukturell verknüpft und eingebettet zu sein und zwar hinsichtlich unseres gesamten Lebenskontextes. Zudem geht es nicht um ein einzelnes Individuum, welches wir wiedertreffen könnten, sondern man läuft Gefahr, dass die gesamte Gruppe weiß, dass ich ein Trittbrettfahrer bin und mich deshalb ausschließt. Der *Schatten der Zukunft* lässt sich hier strukturell deuten.[62]

Es geht hier also um eine erweiterte Einbeziehung der Überlegungen im strukturellen Sinne. Bei Sugden ist der Zusammenhang der wechselseitigen Vorteilhaftigkeit auf eine punktuelle Interaktionssituation formuliert. Auch dass die Struktur einer Interaktionssituation etwas anzeigt, verbleibt erstmal punktuell in der Situation und den Präferenzen der Akteure (ST). Die SR bezieht diese Erklärung auf der grundlegenden Argumentation eines Individuums mit ein und kann sie zusätzlich um weitere strukturelle Gründe bereichern. Ein solcher erweiterter struktureller Grund kann in der radikalsten Darstellung die Teilhabe an der Gemeinschaft und ihrer Vorteile betreffen, die in kooperativer Form (unabhängig des jeweiligen moralischen Inhaltes) strukturell verknüpft sind. Umso grundlegender diese Verknüpfungen für unsere kohärente Lebensform sind, umso mehr werden wir dann vermutlich zögern, die kooperative Grundstruktur dahingehend zu verwerfen. Intuitiv würden die meisten Menschen vermutlich weniger lange zögern Kooperation in einer Situation aufzugeben, in welcher sie sich bei einem möglichen Straßen-Quiz wiederfinden und mit einer fremden Person um monetäre Auszahlungsmengen spielen, wie dies hinsichtlich der grundlegenden Arbeitsteilung in einer ökonomischen Gesellschaft zu tun. Bis hier lässt sich (alleine mit Blick auf die einzelne Interaktionssituation ST) abschließend für kooperativ kollektive Ziele festhalten:

*(KKZ)**: Ein potenziell kooperativ kollektives Ziel X ist für eine Menge Teilnehmer G in einer Interaktionssituation gegeben nur dann, wenn*

---

[61] Zumindest auf der dargelegten Erklärungsgrundlage von TFT.

[62] Entlang dessen werden auch unterschiedliche Ergebnisse aus der evolutionären ST einbettbar.

(a) *X von den Teilnehmern G erreicht werden kann, also mindestens zwei (von n) Teilnehmern X realisieren können;*
(b) *X für die Teilnehmer G weitestgehend symmetrisch realisiert wird;*
(c) *die Realisierung von X einen Konsens für alle Teilnehmer in G stellt, der ein partielles Zurückstellen des je eigenen Interesses der Teilnehmer von G voraussetzt;*
(d) *die Realisierung von X mindestens einen wechselseitigen strukturellen Vorteil für die Akteure beinhaltet, indem jeder Spieler sich gegeben der interpersonellen (kollektiven) Struktur besserstellt (Konfliktvermeidung);*
(e) *(a)–(d) gemeinsames Wissen (Überzeugung) in G ist (oder zu klärende epistemische Bedingungen).*

Externalitäten

Nun kann Kooperation entlang der SR auch scheitern, gar in gewissen Bezügen irrational sein. Dies ist der Fall, wenn (negative) Externalitäten vorliegen. Die Betrachtung solcher Externalitäten erweitert nun zum einen die Betrachtung der möglichen Rationalisierung von Kooperation in einer Interaktionssituation (a) und stützt zum anderen die (erweiterten) strukturellen Bezüge, die in der SR und den hier genannten Bedingungen miteinfließen. Bei Nida-Rümelin (2001, S. 89) wird dies beispielsweise entlang von Kartellen ausgeführt, denn dadurch zeigt sich „Kooperation ist nicht unter allen Bedingungen ein guter Handlungsgrund." Kartelle beschreiben eine spezifische Kooperationsform von einzelnen Unternehmen. Die Kooperation kommt dadurch zustande, dass diese einzelnen Unternehmen gezielte (meist inoffizielle) Absprachen untereinander treffen. Dies schwächt in diesem Fall, wie in den meisten Fällen der Kooperation, die Konkurrenz – in diesem Fall zwischen den Unternehmen, die an dieser Absprache beteiligt sind. Durch diese Kooperation können sie ein erhöhtes Preisniveau schaffen und die Gesetze des (freien) Marktes umgehen oder zumindest abschwächen.[63] Im Sinne von KKZ** sind hier alle Bedingungen (mit Ausnahme von e – epistemische Bedingungen) potenziell erfüllt.

Kooperation kann in spezifischen Fällen auch irrational sein, wenn sie mit anderen strukturellen Gründen konkurriert: In diesem Fall der grundlegenden Norm der Gleichbehandlung, die zumindest in ihrer Einhaltung wieder auf kooperative Grundlagen verweist. Solche Formen der Kooperation, die mit anderen moralischen Regeln konkurrieren, lassen sich mehrfach offenlegen. Wichtig ist jedoch der strukturelle Bezug der innerhalb der SR auf interpersoneller (erweiterter) Ebene zum Tragen kommt. Denn hier zeigt sich, dass nicht nur grundlegende Formen der

[63] Nida-Rümelin (2001), S. 89 f.

Kooperation (im grundlegenden oder auch vollen Sinne unter Absprache) gefährdet sein können, durch das punktuelle Nicht-Zustandekommen der Kooperation, sondern strukturelle Bezüge auch andersherum eine Rolle spielen in der möglichen Gesamtabwägung der Gründe eines Akteurs. Dies ist mitunter der Fall, da solche moralischen Normen, wie die Gleichbehandlung in ihrer (potenziellen) Beteiligung, sich als Kooperationsprobleme darstellen lassen. Es handelt sich hier also ebenso um interpersonelle Strukturen oder kollektive Intentionen. Entsprechend kann Kooperation unter der negativen Externalität zu anderen Kooperationsproblemen oder gar weitreichenderen Einigungen Einfluss auf die Abwägungen in einer Situation haben. Externalitäten lassen sich dann in die Abwägung miteinbeziehen und zwar nicht nur dahingehend, dass sie bestmöglich nicht vorliegen sollten, sondern auf mehreren Ebenen (strukturelle Handlungsabwägung). Externalitäten im Sinne der SR können dahingehend in Kooperationssituationen wie folgt vorliegen:

(EK): Kooperation kann irrational werden, wenn eine (negative) Externalität vorliegt,

(i) *die die Lösungen für umfassendere, strukturell elementarere Kooperationsprobleme und deren Beteiligung hin zu moralischen Normen und Regeln gefährdet (Gefährdung einer potenziellen Kooperation wird als weniger strukturell gravierend für die Lebenskohärenz eines oder mehrerer Akteure gewertet als die Gefährdung eines davon betroffenen Kooperationsproblems – moralische Norm, Regel usw.);*

(ii) *die, die Lösung für strukturell elementarere Kooperationsprobleme und deren Beteiligung gefährdet, die tiefer wiegen als andere strukturelle Bezüge, die für die ursprüngliche Kooperation sprechen (Gefährdung der strukturell erweiterten Einbettung einer potenziellen Kooperation wird als weniger strukturell gravierend für die Lebenskohärenz eines oder mehrerer Akteure gewertet als die Gefährdung eines davon betroffenen Kooperationsproblems (moralische Norm, Regel usw.).*

KKZ** ist nicht weiter direkt über diese Externalitäten bestimmt (begrenzte Betrachtung GD-Situation der ST). Jedoch verdeutlicht die Einbeziehung und die Bedeutung solcher Externalitäten die strukturelle Beschaffenheit der Bedingungen der SR und stützt die bisherige Ausführung. Darüber hinaus können diese Externalitäten eine wichtige Rolle für die epistemischen Bedingungen von Kooperation in der SR spielen, wenn über die mögliche kooperative Beteiligung anderer Akteure abgewogen wird.

Hochgradig Kooperative Lebenswelt und evolutionär stabile Kooperation

Basierend auf den bisherigen Ausführungen greift die Theorie der SR in ihrer Beschreibung zumindest auf minimalistische kollektivistische Elemente (aus Perspektive des einzelnen Individuums und seinen Gründen) und auf Annahmen zur bereits bestehenden stabilen Kooperation innerhalb unserer (menschlichen) Lebenswelt zurück. Wichtig ist jedoch, dass die strukturellen Bezüge und Bedingungen in der SR einen Grund für das Zustandekommen (oder ggf. auch das Ausbleiben) von Kooperation darstellen. Sie müssen jedoch nicht als umfassende Erklärung für die generelle Existenz solcher (kooperativ) kollektiver Intentionalität in unserer Lebenswelt dienen. Ebenso wenig, wie sie keine (absolute) Erklärung für unsere so existierende kooperative Lebenswelt an sich sein müssen. Es lassen sich auf Grund der wechselseitigen individuellen Abwägung Gründe für solche Schlussfolgerungen vermuten, jedoch trifft die SR keinerlei Aussagen in diese Richtung. Sie will und muss an dieser Stelle beispielsweise keine Erklärungsgrundlage für die evolutionäre Entwicklung hin zu solchen Formen stabiler Kooperation sein. Nida-Rümelin (2015, 2018) nimmt hier den Standpunkt eines *Unaufgeregten Moralischen Realismus* ein.[64] Nida-Rümelin (2015, S. 91) schreibt auch:

> „Es gibt einen unhintergehbaren Objektanspruch dessen, was ich als lebensweltliches Orientierungswissen bezeichne. Das ist das empirische Alltagswissen. Wir bauen auf verlässliche Urteile, die Teil unserer Lebenswelt sind. Wer das in toto bezweifelt, steigt aus der Lebenswelt aus."

Unabhängig von der weiteren Betrachtung der metaethischen Ausführungen nach Nida-Rümelin, reicht es an dieser Stelle festzuhalten, dass die Theorie sich an unserer lebensweltlichen Praxis orientieren muss und eine weitere Begründung nicht zwingend notwendig scheint. So scheinen Ansätze, wie der von Skyrms (2004, 2010, 2014), die sich auf die Evolution der Moral beziehen und damit Kooperation (als mögliche rationale Strategie) im menschlichen Lebenskontext plausibilisieren, nicht gegen die hier ausgeführten Bedingungen der SR zu sprechen. Sie also mindestens nicht zu verneinen. Vielmehr haben wir Gründe für die Annahme, dass unsere Lebenswelt und wie wir darin agieren auf Kooperation in einem evolutionär stabilen Sinne zurückgreift,[65] (auch, wenn hier nicht die abschließende Begründung enthalten sein muss, wann wir damit wie handeln). Auch wenn man im Detail nicht alle Annahmen von bspw. Skyrms (2004) Ansatz teilen muss, schließt das die SR zumindest nicht aus und teilt grundlegende partielle Bezüge. Skyrms' Argumente gehen

[64] Vgl. Nida-Rümelin (2018).

[65] Skyrms (2004), S. 31 ff.

dabei von Spielformen, wie dem Hirschjagdspiel aus und zielen auf andere Überlegungen zur Entwicklung von Fairness ab.[66] Das Hirschjagdspiel muss hierfür nicht die radikale Annahme unterstellen, dass Umweltbedingungen sich so verändern können, dass mögliche Individuen ohne die Jagd in der Gruppe schlichtweg verhungern könnten (Vgl. Kooperation vs. Konkurrenz). Dies würde nur die Dringlichkeit radikalisieren. Ein zumindest interessanter Punkt in diese Richtung findet sich auch in der gemeinsamen Jagd bei Menschenaffengruppen. Gemeinsame Jagd scheint ein grundlegendes Phänomen von Kooperation zu beschreiben, auch wenn hier vor allem die Koordination der Handlungen von Individuen im Vordergrund steht. Spätestens bei der Aufteilung haben wir aber kooperative Effekte, die verdeutlichen, dass Kooperation weniger rigide ist, als dies entlang der GD-Interaktionssituation diskutiert wird.[67] So deuten zumindest aktuelle Studienergebnisse darauf hin, dass Menschenaffengruppen v. a. in Gebieten zusammen jagen und die Beute fair aufteilen, wo sie darauf angewiesen sind. Wohingegen Gruppen in Gebieten mit Nahrung, die sich ebenso alleine erbeuten lässt, lediglich sporadisch zusammen jagen.

Die in Abschnitt 5.3 angeführten Argumente und die Probleme die mit schwächeren Annahmen von Kooperation einhergehen können, scheinen eher zu stützen, dass die SR eine mögliche Hilfestellung beim Verständnis dieser sein kann und schwache Formen der Kooperation starken Formen dieser vorausgeht.[68] Diese Ergebnisse und die Ansätze der evolutionären ST können hier plausibilisierend wirken. Skyrms (2014) argumentiert zwar an vielen Stellen im Detail anders und der Rahmen dessen was betrachtet wird ist die Entstehung prosozialen Verhaltens, jedoch verdeutlicht sich folgendes: Der (externe) Blick auf andere Akteure und deren besseren Erfolg beim Hirschjagdspiel verändert die Bedingungen der Umgebung (in kleinen Gruppen) so, dass Kooperation zum evolutionär stabilen Ereignis werden kann. Dies kann ein Indiz darstellen, da so indirekt die interpersonalen Strukturen wahrgenommen werden und sowohl Konflikt aus auch Konsens eine Rolle spielen.

Abschließend bleibt zu erwähnen, dass solche Ergebnisse zwar helfen bestimmte Ansätze zu plausibilisieren, jedoch scheinen ausführliche Untersuchungen in diese Richtung erschwert. Der Bezug der SR auf die existierende Lebenswelt, in der wir

---

[66] Skyrms (2014), S. 23 ff. Strukturelle Ähnlichkeiten über die evolutionären Annahmen, wann Kooperation im Hirschjagdspiel stabil wird, ließen sich auf epistemische Bedingungen indirekter Weise ausweiten.

[67] Beispiele zur Kooperation auch im Tierreich finden sich in vielfacher Hinsicht in Dugatkin (1997) und im ST-Fall und einer Untersuchung dahingehend bei Dugatkin, Reeve (1998).

[68] Dies wurde entlang der gemeinsamen Futterbeschaffung von Menschenaffen in Abschnitt 5.3 verdeutlicht. Ähnliche Ergebnisse zur kooperativen Beschaffung von Futter zeigten sich bei Elefanten. Die Tiere innerhalb einer Gruppe sind sogar bereit anderen zu helfen, wenn sie selbst schon satt sind, wenn auch zaghafter.

uns befinden scheint daher zumindest kein ungerechtfertigter Ansatz. So kann in der evolutionären Begründung auch generell die potenzielle Annahme von Emergenzen und erweiterten Zusammenhängen eine Rolle spielen. Beispielsweise wird Altruismus (auch in den hier ausgeführten Darstellungen) meist ausgehend mit Verwandtschaftsbeziehungen betrachtet. Aber auch hier kann die bloße Handlungskoordination als Ursprung eine mögliche Rolle annehmen. So lassen sich Vogelbrutplätze ausfindig machen, wo mehrere Vögel brüten (die noch keiner gemeinsamen Gruppe angehören müssen). Diese sammeln sich schlicht weil Brutplätze beschränkt sind. Zur Handlungskoordination gegen Feinde bietet es sich an, dass sich über die Zeit Warnrufe entwickeln, um sich gegenseitig zu warnen. Umso ausgeprägter dies wird, umso mehr reagieren andere Vögel dieser Brutstätte auf mögliche Stimmungsäußerungen anderer Vögel (Schrei = Angst; schlecht) und umso mehr können einzelne Vögel immer mehr das Verhalten zeigen, es überhaupt nicht zu mögen, wenn einer der Artgenossen schreit und leidet usw. Dies beschreibt keine umfassende Erklärung für Altruismus, sondern zeigt, dass hypothetische Emergenzen potenziell nicht ausgeschlossen sind (v. a. in komplexen Systemen). An dieser Stelle lässt sich schlicht festhalten: Wir scheinen in einer hochgradig kooperativen Lebenswelt zu leben (stabile Kooperation). Der Mensch als solches und seine Lebenswelt scheint sogar in einem besonderen Maße davon abzuhängen.[69] Und auch wenn die Bedingungen der SR auf keine Begründung zum Zustandekommen von Kooperation in der Evolution abzielt, gibt es Indizien, die diese zumindest plausibilisieren könnten oder auf ähnliche zentrale Zusammenhänge verweisen.[70]

Zwischenresümee

Das Kapitel zielte darauf ab sich der SR von der Seite des Wir-Modus weiter anzunähern. Dazu wurden strukturähnliche Elemente ausgemacht. Wobei auf der Grundlage wichtiger Unterscheidungen die SR auf der Ebene einer Form des Pro-Gruppen Ich-Modus verbleibt. Die strukturähnlichen Elemente der SR ergeben sich auf Grundlage eines Individuums, welches auf individueller Ebene hin zu einer kollektiven Perspektive zu argumentieren scheint. Dies scheint ein zentrales Element der SR zu sein, auch wenn kein Modi-Wechsel unterstellt wird. Auf der Grundlage dessen und der Probleme, die sich in Kapitel 5 ergaben, wurde sich den Bedingungen weiter angenähert. Dies diente der besseren Einordnung und dem besseren Verständnis der SR auf der Grundlage der Theorie selbst und im Vergleich zu anderen

[69] Hare, Woods (2020).

[70] Hier ist auch der moralische Realismus nicht zwingend zu verwerfen, wenn man eine Evolution der Kooperation so deutet, dass sie lediglich einen Möglichkeitsrahmen aufspannt, der einen erweiterten Raum schafft, in welchem wir uns entsprechende Gründe geben und nehmen können.

Elementen der Ansätze kollektiver Intentionalität. So konnten zulässige kollektive Ziele und darüber hinaus kooperativ kollektive Ziele in einem ersten Rekurs auf die SR bestimmt werden. Wobei die Bedingung des wechselseitigen Vorteils der Individuen wegen Grund u in Bezug auf die interpersonelle Struktur, in welche sie ihre Handlung potenziell einbinden, sowie die Grundlagen gemeinsamen Wissens (Überzeugung) weiterhin offen blieben.

Auf der Grundlage zum Vergleich von TR-Ansätzen lässt sich weiter ein schwacher Kollektivismus unterstellen. TR Ansätze per se gehen alle auf die ein oder andere Weise mit der Identifikation mit einer Gruppe oder eines Teams einher. Vor allem der Ansatz nach Sugden (2015) scheint der SR jedoch in vielerlei Hinsicht stark zu ähneln (Spezialform TR). Hier wird ein Individuum vorausgesetzt, das im Team-Modus argumentiert, wenn sich eine wechselhafte Vorteilhaftigkeit ergibt, die den Akteur gegenüber dem Maximin-Wert der Situation besser stellt. Hier geht ein Modi-Wechsel auf individueller Argumentation mit ein. Über diese Ähnlichkeit wurde die SR weiter interpretatorisch (ohne TR oder Modi-Wechsel) konkretisiert. Dabei scheint der wechselseitige Vorteil (über die kollektiven Strategieprofile) und ein potenzielles kollektives Ziel innerhalb der Struktur der Interaktionssituation selbst zum Ausdruck zu kommen. Präferenzen von Individuen scheinen entsprechend zu emergieren, auch wenn erstmal im Detail hochgradig vage bleibt, was hiermit gemeint ist. Dies zeigt sich in erweiterter Form entlang von Konfliktvermeidung nicht nur im punktuellen, sondern auch im strukturellen Sinne. Im radikalsten Sinne zeigt es sich durch die Konsequenzen, wenn wir Kooperation in Gänze verlieren oder gar unser eigenes Leben davon abhängt. Eine entsprechende Formulierung der gesuchten Gründe u lässt sich hiernach unterstellen. Dies wiederum lässt sich erweitert mit der Berücksichtigung der SR von (negativen) Externalitäten erläutern und scheint zumindest entlang evolutionärer Ansätze und empirischer Ergebnisse nicht ausgeschlossen (Plausibilisierung).

Das vorliegende Kapitel zeigt die folgenden wichtigen Ergebnisse: Zum einen scheint die SR in einer schwächeren Form auf kollektivistische Elemente zu referieren (wenn nicht sogar in der schwächst möglichen Form), wenn die grundlegenden Bedingungen von Kooperation betrachtet werden. Zumindest insoweit, als dass wir kollektive Strukturen einer Interaktionssituation (und in strukturellen Bezügen darüber hinaus) in unsere individuelle Argumentation und mögliche emergierende Präferenzen einfließen lassen. Zum anderen beziehen sich die epistemischen Bedingungen auf genau die ausgemachten individuellen Gründe (offensichtlicher) kollektiver Ziele.

7 Die epistemische Dimension der strukturellen Rationalität

Im vorangehenden Kapitel wurden auf der Grundlage möglicher Chancen und Probleme zentrale Bedingungen für das Verständnis der SR herausgearbeitet. Diese bilden einen wesentlichen Bestandteil der abschließenden Bestimmung ihrer epistemischen Voraussetzungen. Das vorliegende Kapitel unternimmt den Versuch, sich den epistemischen Bedingungen der SR auf dieser Grundlage weiter anzunähern und die Theorie an dieser Stelle partiell zu erweitern. Dem liegt die Motivation zugrunde, die Bedingungen der SR-Kooperation weiter zu klären und mögliche Erkenntnisse für das Phänomen der Kooperation selbst dadurch zu gewinnen. Das vorliegende Kapitel folgt zwei grundlegenden Thesen:

1) Die bisherigen Bedingungen der SR erfordern abschließend eine Abschwächung der epistemischen Bedingungen (der orthodoxen ST);
2) Entlang verschiedener epistemischer Bedingungen kann auf Grundlage der SR die Einbettung verschiedener gradueller Stufen von Kooperation dargestellt werden.

Die „übergreifende" These (2) lautet, dass die SR Vorteile bieten kann, wenn es um die Einbettung verschiedener gradueller Stufen der Kooperation und deren zusammenhängendes Verständnis geht. Es zeichnen sich dahingehend verschiedene mögliche Ausgestaltungsformen der Kooperation ab, die aus der Betrachtung der SR abschließend gewonnen werden können. Auch wenn sie weiteren Klärungsbedarf bedürften. Zum einen betrifft dies die grundlegenden Bedingungen der SR hinsichtlich Kooperation selbst, die hier zur besseren Abgrenzung als schwache Kooperation bezeichnet werden sollen. Zum anderen betrifft dies ein einbettendes Verständnis von voller Kooperation in Anlehnung an einen möglichen Konsens (zweiter Ordnung). Dies verdeutlicht wieso die

A.-V. Faix, *Ökonomische versus strukturelle Rationalität im Kooperationsdilemma*, https://doi.org/10.1007/978-3-662-72226-8_7

epistemische Bedingungen selbst im Kern von Kooperation stehen. Wobei ersteres den zentralen Fokus des Kapitels und der Arbeit bildet. Und letzteres nur daran anschließt. Die Kernthese (1) lautet entsprechend, dass die kooperativen Bedingungen der SR eine Abschwächung des Konzepts gemeinsamen Wissens (Überzeugungen) voraussetzen. Da die Diskussion des Konzepts gemeinsamen Wissens (Überzeugungen) eine sehr weitläufige ist, will ich mich hier auf die aus der SR notwendigen Bedingungen zur Kooperation beschränken. Hierzu liefert indirektes gemeinsames Wissen (Überzeugungen) in Anlehnung an Paternotte (2009, 2012) und Barwise (1988) ein hinreichendes Mittel.

Dies erlaubt zumindest über die bisherige Annäherung, Kooperation besser abzubilden und abschließend die epistemischen Bedingungen der SR hinsichtlich Kooperation darzustellen. Dies verdeutlicht, dass die SR den Blickwinkel auf Kooperation zu einem gewissen Grad erweitern kann. Dies birgt in Summe gewisse Kosten hinsichtlich der orthodoxen ST, kann jedoch auch Vorteile hinsichtlich der Vermeidung von unerklärlichen Modi-Wechseln und deren Erklärungen sowie Einbettung bieten. Darüber hinaus sei auf generelle Schwierigkeiten der epistemischen Rationalisierung der SR hingewiesen. Die Formulierung der epistemischen Bedingungen der SR orientiert sich hier an Kooperation und vornehmlich an den Debatten der kollektiven Intentionen und der ST. Wichtig ist daher zu erwähnen, dass hier der Versuch der Beschreibung der epistemischen Bedingungen in der SR im Zentrum der Betrachtung steht, wobei viele Anschlussfragen nicht abschließend geklärt werden können.

In einem ersten Schritt soll die Abschwächung gemeinsamen Wissens im Lichte der SR näher betrachtet werden. Es geht hier um die Frage, welche tatsächlich notwendigen Abschwächungen des Konzeptes gemeinsamen Wissens (Überzeugungen) vorausgesetzt werden muss, dass Kooperation in der SR entlang der bisherigen Ausführungen rationalisierbar wird (Abschnitt 7.1). Hierzu gilt es die Bedingungen der SR weiter zu klären. Darüber hinaus soll verdeutlicht werden, dass es weitere Indizien gibt, die innerhalb der ST auf mögliche Probleme mit Wissen der Akteure verweisen. Die Behandlung dieser dient der Nachvollziehbarkeit der Bedingungen der SR. Darüber hinaus gilt es Konzepte zu vergleichen und anzureißen, die gemeinsames Wissen (Überzeugungen) entsprechend abschwächen und dahingehend zu prüfen sind (Abschnitt 7.2). Hierbei zeigt sich, dass das Konzept indirekten Wissens in angepasster Form zumindest für das geplante Vorhaben der Arbeit die Bedingungen der SR abbildet. Zentral ist hier, welche geteilten Informationen die Akteure potenziell haben und nicht das tatsächliche Wissen der Akteure. Abschließend gilt es diese Bedingungen mit den bisherigen Ergebnissen aus Kapitel 6 zu verbinden und die epistemischen Bedingungen der SR darzustellen (Abschnitt 7.3). Ein abschließender Verweis auf die

ST scheint hier angebracht, da dies das Ausgangsproblem beschreibt, an welchem sich hier abgearbeitet wurde. Vor allem scheinen an dieser Stelle Kosten hinsichtlich der Vorhersagbarkeit der ST zu entstehen.

Abschließend soll der Versuch unternommen werden, die Frage nach voller Kooperation entlang der SR zu beantworten. Es scheint entsprechend naheliegend, dass volle Kooperation auf entsprechenden Grundlagen der SR entlang bisheriger Ausführungen weiter angenommen werden kann (Abschnitt 7.4). Was sich verschiebt sind die epistemischen Bedingungen, sowie mögliche Annahmen über kollektive Ziele. Hier gilt es lediglich mögliche Lösungen anzureißen, zu verdeutlichen wann und wieso sie hilfreich sind, wenn Kooperation bereits im minimalen Verständnis möglich ist und welche Vorteile mit dieser Erweiterung einhergehen. Die SR bietet zumindest eine Grundlage, verschiedene Formen der Kooperation miteinzubeziehen. Es soll gezeigt werden, welche Fälle im Sinne der SR hiervon überhaupt betroffen sind – nämlich solche, in denen keine kooperative Einigung auf der Basis abgeschwächten gemeinsamen Wissens erreichbar aber erschwert ist, weil die Auswahl eines kollektiven Ziels in Form eines Konsens ohne weitere Absprachen verunmöglicht ist. Hier bietet die SR auf der Grundlage eines Konsenses (zweiter Ordnung) die Möglichkeit, solche Fälle zu integrieren. Es lässt sich hinsichtlich der je individuellen kohärenten Einbettung von Gründen eine Möglichkeit gewinnen, das Switch-Problem im Wir-Modus auch auf Ebene der möglichen vollen Kooperation abzuschwächen. Die SR scheint hier zumindest die Möglichkeit zu bieten, graduelle Stufen der Kooperation in einen möglichen dynamischen Ansatz einzubetten.

7.1 Epistemische Hinweise in der SR

In Kapitel 5 wurde verdeutlicht, dass kooperativ kollektive Intentionen in der SR auf der Grundlage individuell bedingter Intentionen es nicht vermögen Kooperationsprobleme aufzulösen, da dies zu Problemen mit dem orthodoxen Konzept gemeinsamen Wissens (Überzeugungen) führt. Auch wenn sich den Bedingungen über ein individuell konstituiertes kooperativ kollektives Ziel weiter angenähert wurde (Kapitel 6), bleibt die genaue epistemische Grundlage unklar. Da aber gerade empirische Ergebnisse und unsere Alltagserfahrungen auf schwache Formen der Kooperation abzielen, kann entlang der SR für eine Abschwächung von gemeinsamem Wissen plädiert werden.

In einem ersten Schritt scheint es sinnvoll die orthodoxen Annahmen von gemeinsamen Wissen und dahingehend bestehende Rahmenbedingungen und Debatten abzustecken. Um anschließend auf die nötigen Abschwächungen entlang der SR zur verweisen. Und dies durch mögliche erweiterte Argumente entlang der bisherigen Betrachtung der Arbeit zu stützen.

Die orthodoxe Konzeption gemeinsamen Wissens

Auf der Grundlage der möglichen Probleme der (schwachen) Kooperation, teils aber auch der Koordination, ist in einem ersten Schritt zu fragen, inwieweit (formale und nicht formale) Konzepte des gemeinsamen Wissens überhaupt gerechtfertigt sind.[1] Einige Ansätze schlussfolgern auf der Grundlage der breiten Diskussion und ausgehend von möglicher Kritik, dass das Konzept gemeinsamen Wissens (Überzeugungen) gänzlich zu verwerfen sei.[2] Dies soll hier aus mehreren Gründen nicht verfolgt werden: Zum einen legt die bisherige Betrachtung der SR (aber auch die Bedingungen der ST im Allgemeinen) gerade an dieser Stelle der Untersuchung wichtige Implikationen und Erkenntnisse nahe, die die Wechselseitigkeit zwischen den Akteuren betreffen (Kapitel 5). Annahmen in diese Richtung auf epistemischer Grundlage scheinen deshalb in gewissen Bezügen erforderlich, v. a. mit Blick auf rationale Handlungswahlen und weitere Erklärungsgrundlagen. Zum anderen sind das Konzept des gemeinsamen Wissens sowie die gemeinsame Struktur der Definitionen von zentraler Bedeutung für die klassischen Ansätze selbst, an denen sich die SR in ihren Grundzügen orientiert.[3] Dies zeigt sich bereits hinsichtlich grundlegender Formen der Koordination, wobei es ohne irgendeine Form oder Repräsentation gemeinsamen Wissens (Überzeugungen) nicht möglich wäre, simple Handlungen aufeinander abzustimmen. Das Beispiel des Anrufers (nach Lewis) oder die Koordination zwischen Verkehrsteilnehmern (Rechtsfahrgebot usw.) verdeutlicht dies. Entsprechend scheint gemeinsames Wissen für Kooperation und ein präzises Verständnis des Phänomens eine wichtige Voraussetzung darzustellen (vgl.

---

[1] Vor allem die Frage der kognitiven und begrenzten Fähigkeiten des Menschen hinsichtlich des iterierten Konzepts gemeinsamen Wissens spielt dabei eine Rolle, wie sich die Kritik u. a. bei Tollefsen (2005, 2020) wiederfindet.

[2] Weitreichende Kritik und Debatten hinsichtlich des orthodoxen Konzepts gemeinsamen Wissens findet sich u. a. bei Heal (1978), Clark, Marshall (1981)oder Morris, Shin (1997). Darüber hinaus argumentiert beispielsweise Parikh (2005), dass gemeinsames Wissen selbst in starken Fällen gemeinsamer Handlungen angezweifelt werden. Blomberg (2015) argumentiert darüber hinaus, dass das orthodoxe Konzept gemeinsamen Wissens zu verwerfen ist.

[3] Vgl. beispielsweise Bloomberg (2015).

Kapitel 5). Es scheint zumindest wichtig, wie Wissen und bestimmte Überzeugungen unsere Handlungswahlen in Interaktionssituationen beeinflussen können. Auch Nida-Rümelin (2001) verdeutlicht, dass es nicht rational ist, wenn Akteure sich in der Erwartung, dass der andere nicht kooperieren wird, sich kooperativ verhält.[4]

Innerhalb der Debatte zu orthodoxen Konzepten gemeinsamen Wissens findet sich nun eine Fülle an Argumenten und Diskussionen, die hier aber nicht in Gänze abgebildet werden können. Auf einige zentrale Debatten sei jedoch am Rande verwiesen, um schlicht zu verdeutlichen, dass gemeinsames Wissen in der orthodoxen Form kein gänzlich unantastbares Bollwerk zu sein scheint, auch wenn seine Bedeutung, wie oben dargestellt, mehr als zentral ist. Die in Kapitel 5 angesprochenen Argumente verwiesen hinsichtlich der iterierten Definition darauf, dass die hier vorausgesetzten Anforderungen an reale Akteure zu hoch scheinen und stattdessen im Normalfall nur auf eine geringe Zahl von Iterationen zurückgegriffen wird (*Idealisierungsproblem*). Dem Einwand nach verfügen reale Akteure weder über die Gedächtnisleistung noch die Zeit, um unendliche Iteration abzubilden. Da sich die unendliche Iteration jedoch teils durch Fixpunkt-Konstruktionen gewissermaßen vermeiden lässt, soll die kognitive Leistungsfähigkeit in der kritischen Betrachtung hier keine große Rolle spielen.[5] Partiell besteht das Problem dennoch, da es Situationen zu geben scheint, in denen kein öffentliches Ereignis o.ä. zur Verfügung steht.[6]

Ein weiteres viel diskutiertes Problem mit orthodoxen Konzeptionen gemeinsamen Wissens betrifft den Einwand der „Verfälschung", der darauf verweist, dass auch, wenn ein öffentliches Ereignis zur Verfügung steht, gemeinsames Wissen zwischen Akteuren immer nur auf Grundlage der persönlichen Interpretation der Akteure möglich ist. Selbst innerhalb der Ausgangslage der Öffentlichkeit eines Ereignisses E, das entsprechend Wissen über X enthält, ist also nicht automatisch akkurates gemeinsames Wissen gewährleistet. Es kann nie eine absolute Garantie für einen Akteur A geben, dass ein Akteur B das Statement über E auch tatsächlich richtig verstanden hat usw. Vielleicht hat B gerade nicht richtig zugehört oder das öffentliche Ereignis anderweitig nicht richtig mitbekommen oder entsprechend

[4] Vgl. Nida-Rümelin (2019), S. 28 f. Die Argumentation wurde in Kapitel 5 bereits präzisiert.

[5] Siehe u. a. Barwise(1988).

[6] Ein bekanntes Beispiel findet sich im sogenannten E-Mail-Spiel bei Rubinstein (1989), der verdeutlicht, dass die iterative Konzeption zumindest in Fällen notwendig scheint, in denen kein öffentlich zugängliches Ereignis zur Verfügung steht.

anders interpretiert.[7] Im Fall der Fixpunkt-Definition kann so z. B. statt eines öffentlichen Events E ein partielles öffentliches Event angenommen und dann unterstellt werden, dass, selbst wenn Akteur A nicht weiß, was Akteur B weiß, er davon zumindest zu einem hohen Grad überzeugt ist. Aber auch wenn der Zustand gemeinsamer Überzeugungen auf dieser Grundlage erreicht werden kann, ist die angebrachte Kritik darauf übertragbar und die Definition sowohl minimaler als auch höchster Anforderungen gemeinsamer Überzeugungen schwierig zu interpretieren.[8] Diese Debatte soll hier keineswegs zu einem Ende geführt werden.

An dieser Stelle kann soweit festgehalten werden, dass das Konzept gemeinsamen Wissens zentral scheint und keinesfalls ganz verworfen werden soll. Das Vorhaben wäre nicht leistbar. Darüber hinaus gibt es spezifische Debatten über Iterierte- oder Fixpunkt-Definition und keine sei an dieser Stelle generell zu bevorzugen, auch wenn es z. B. nach Lewis (1969), Aumann (1976) und Paternotte (2011) zumindest Argumente zu geben scheint, die verdeutlichen, dass eine realistischere Version gemeinsamen Wissens auf einem öffentlichen Ereignis basieren kann (X ist gemeinsames Wissen zwischen Akteuren wenn es ein Ereignis E gibt, so dass E öffentlich ist (und wann immer E der Fall ist, jeder weiß dass es der Fall ist) und E enthält, dass man E weiß). Egal welche Variante: Es liegt kein gemeinsames Wissen auf der Grundlage eines anonymen einmaligen GD-Spiels vor, welches Kooperation entlang der bisherigen Ausweisung rationalisieren könnte, ebenso wie in anderen Formen schwacher Kooperation.

Epistemische Einstellungen im Lichte der SR

In Anlehnung an die bisherige Darstellung, lohnt sich in einem ersten Rekurs die Betrachtung der SR selbst und die hier erwähnten epistemischen Bedingungen. Es geht also um eine interpretative Herleitung im Lichte bisheriger Argumente. Vorangehend wurde ausschließlich auf das potenzielle Kriterium der Offensichtlichkeit (Abschnitt 6.2) sowie deren mögliche Deutung im Zusammenhang mit der

[7] Dieses Argument zielt auf den Fallibilismus ab, der als spezieller Fall des Prinzips verstanden werden kann, dass es keine Sicherheit über den Zustand des Geists anderer Akteure geben kann.

[8] Vgl. Paternotte (2013). Für die Formulierung iterierter Überzeugungen sowie Problemstellungen siehe u. a. Postema (2008). Darüber hinaus sei darauf hingewiesen, dass es nicht *eine* Formulierung gemeinsamer Überzeugungen gibt. Neben der Möglichkeit, die verschiedenen Interpretationen gemeinsamen Wissens je abzuschwächen, können diverse Interpretationen und Konzepte gemeinsamer Überzeugungen unterstellt werden. So kann z. B. von schwachen gemeinsamen Überzeugungen oder verschiedenen Graden ausgegangen werden. Die unterschiedlichen Konzepte verursachen diesbezüglich teils dieselben, teils differenzierende Debatten, die hier im Einzelnen nicht detaillierter besprochen werden können. Die hier dargelegte Abschwächung bezieht sich auf Wissen und entsprechende Überzeugungen.

SR verwiesen (Abschnitt 6.4). Da hier auf die Beschreibung der epistemischen Bedingungen der SR abgezielt wird, gilt es, diese weiter aus der Perspektive der SR selbst zu konkretisieren. Dabei soll verdeutlicht werden, dass auch weitere grundlegende Elemente der SR eine Abschwächung der epistemischen Annahmen nicht ausschließen, sondern indirekt stützen.

Erste Indizien, wie die epistemischen Bedingungen im Rahmen der SR genauer zu deuten sind, sind semantischer Natur. Nida-Rümelin (2019) spricht im Rekurs auf gemeinsames Wissen bzw. Überzeugungen von Erwartungen der Akteure, wenn es um das Zustandekommen von Kooperation im GD-Interaktionsfall geht.[9] Darüber hinaus wird bei der Repräsentation von Überzeugungen über andere mögliche Tendenzen (statt deduktiver Wahrscheinlichkeiten usw.) gesprochen.[10] Nida-Rümelin (2001) versteht epistemische Einstellungen allgemein wie folgt:

> „Epistemische Einstellungen beziehen sich in Form von (deskriptiven) Überzeugungen, Erwartungen, Vermutungen, Gewissheiten, Hypothesen etc. darauf, was der Fall ist, war oder sein wird."[11]

Hieraus lassen sich erste Indizien zur Interpretation der epistemischen Dimension der SR ableiten. Diese scheinen nicht auf das orthodoxe Standardkonzept beschränkt zu bleiben. Das Zitat sowie die Bedingungen der SR legen über rein sprachliche Aspekte hinaus nahe, dass eine mögliche Erwartung oder Tendenz des Akteurs sich partiell auf der Grundlage der GD-Interaktionssituation selbst ergibt (wechselseitiger struktureller Vorteil). Die Akteure also Gründe entlang der Interaktionssituationen, in welcher sie sich befinden, sowie den Erwartungen über das Verhalten des je anderen in dieser Interaktionssituation ausbilden und sich dahingehend ein schwaches kollektiv kooperatives Ziel zu eigen machen. Diese Erwartungen beziehen sich offenbar nicht im ursprünglichen Sinn auf die tatsächliche mentale Verfasstheit des jeweils anderen Akteurs, sondern ergeben sich vielmehr aus der Struktur der Interaktionssituation selbst (Offensichtlichkeit). Dies verdeutlicht auch die kooperative Bedingung (iii), die sich auf die vorliegende Präferenzstruktur im GD selbst bezieht. Es handelt sich also um mögliches indirektes Wissen und damit um eine Form des gemeinsamen Wissens im abgeschwächten Sinn. Dies lässt sich entlang der folgenden Grundlagen des Ansatzes der SR argumentativ weiter stützen:

---

[9] Vgl. Nida-Rümelin (2019), S. 120 f.

[10] Vgl. ebd.

[11] Nida-Rümelin (2001), S. 119.

- Kooperation kann individuell rational sein, wenn sie scheitert (mit Blick auf die Kohärenz).
- Überzeugungen der Akteure sind auf der Basis von Gründen konstruiert (subjektive Komponente).
- Die Interaktionssituation wird zur externen Bedingung für Kooperation (externalistische Komponente).
- Externe Effekte und weitere strukturelle Einbindungen spielen eine Rolle.
- Es wird auf gemeinsame normative Überzeugungen sowie ein epistemisches (und normatives) System eines Akteurs Bezug genommen.

Diese argumentativen Punkte sind näher zu betrachten. Im Ansatz der SR gelten kooperative Gründe als Gründe eines Akteurs. Die Gründe in spezifischen Interaktionssituationen, wie dem GD, die Akteure dazu anleiten können, potenziell von ihren individuellen Präferenzen Abstand zu nehmen, sind in diesem Kontext näher zu betrachten.[12] Im Vergleich zum Wir-Modus sind diese kooperativen Gründe je individuell gute Gründe in der spezifischen Interaktionssituation. Sie sind nicht kollektiv gebildet, sondern individuell unter Einbeziehung der Erwartungen an andere Beteiligte. Deren rationale Konstitution und Beurteilung nimmt ebenso alleinigen Bezug auf die jeweilige Kohärenz der individuellen Gründe der Akteure, auch wenn diese potenziell zur Einbettung der Handlungsentscheidung in eine interpersonale Struktur beitragen können. Entsprechend betrifft die Rationalität der Handlungsentscheidung die guten Gründe eines Akteurs, sowie die Kohärenz dieser und nicht schon tatsächlich das erfolgreiche Zustandekommen der Kooperation. Die Gründe hierfür werden in einer anonymen Interaktionssituation auf individueller Ebene konstituiert, in die die Erwartungen oder Tendenzen über den je anderen Akteur Einzug halten. Erwartungen reflektieren nicht zwingend gesichertes aktuales Wissen oder starke Überzeugungen im orthodoxen Sinn, die Kooperation dann rational sichern können. Nida-Rümelin (2019) schreibt auch:

> „In many cases however, there are better reasons for cooperation. If this is the case and if it is rational to expect that others are willing to cooperate (i. e. that they cooperate if the others cooperate), then the transition from approving of a cooperative action to the choice of an individual cooperative action is paradigmatic for the conception of structural rationality."[13]

Will man auf dieser Grundlage die Rationalität einer Handlungsentscheidung beurteilen, sind die individuellen Gründe eines Akteurs für diese Handlungsentscheidung

[12] Vgl. z. B. Nida-Rümelin (2001).

[13] Nida-Rümelin (2019), S. 29.

auf Kohärenz zu prüfen (vgl. auch Unterkapitel 4.8). Die Rationalität ist für eine kooperative Handlung auch aus dieser Perspektive zu bewerten. Zumindest eröffnet sich hier ein gewisser Spielraum. Die SR postuliert nämlich nicht, dass die Gründe für eine Kooperation auch zwangsläufig deren Erfolg sichern. Zum einen können die kooperativen Gründe in der konkreten Situation (externe Effekte) oder kooperative Gründe auf je individueller Ebene nicht überwiegen.[14] Zum anderen scheint die SR nicht vorauszusetzen, dass das Vorliegen potenzieller kooperativer Gründe durchweg zur erfolgreichen Kooperation der beteiligten Akteure führt.

Entsprechend besteht in Fällen schwacher Kooperation auch die Möglichkeit, dass ein Akteur falsche Überzeugungen bzw. falsche Gründe für Überzeugungen über die Kooperationsbereitschaft des je anderen ausbilden kann und die Kooperation mangels Beteiligung des anderen scheitert. Dies lässt jedoch die ursprünglichen Gründe eines Akteurs für seine Beteiligung mit Blick auf die Kohärenz nicht implizit irrational werden. Vielmehr deutet es darauf hin, dass epistemische Lücken bestanden haben können, die die tatsächliche mentale Verfasstheit des anderen betreffen. Die SR bietet hier die Möglichkeit, eine subjektive Komponente hinsichtlich der individuellen Kohärenz (und in letzter Instanz Lebensform) der Akteure zu berücksichtigen, die in die Handlungsentscheidung einfließt. Diese subjektive Komponente ergibt sich jedoch nicht aus den konativen Einstellungen der Akteure allein, die zumindest hinsichtlich der Präferenzen in einer GD-Situation bekannt sind, sondern auch aus den epistemischen Bedingungen der Akteure selbst. Mit seiner individuellen Deliberation kann der Akteur auf ein Geflecht epistemischer Einstellungen im oben ausgeführten Sinn zurückgreifen, das auch auf indirektes und induktives Wissen und mögliche Hypothesen usw. Bezug nehmen kann. Gemeinsames Wissen innerhalb der SR muss sich deshalb nicht fortwährend auf aktuales gemeinsames Wissen der Akteure beziehen.

Wesentlich für potenzielle Kooperation in einer GD-Interaktionssituation sind die je individuellen kooperativen Gründe der einzelnen Akteure selbst. Nida-Rümelin (2020) schreibt zur Kooperation bezogen auf das Beispiel von Geldanlagen:

> „Wenn Personen, die in einer prisoner's dilemma-Situation kooperieren, wohlwissend, dass die erste Anlageform in beiden Fällen, also unabhängig davon, wie sich die andere Person entscheidet, höhere Erträge abwirft, zugleich aber die beidseitige Entscheidung für die zweite Anlagestrategie einen höheren Ertrag abwirft [...], als die beidseitige Entscheidung für die erste Anlageform [...], dann könnte die Begründung

[14] Vgl. ebd.

sein: ‚Ich wollte meinen Teil zu dem möglichen gemeinsamen Erfolg beitragen' (‚in der Erwartung, dass die andere Person ihren Teil dazu beiträgt')."[15]

Die individuellen Gründe betreffen dann (wie in Kapitel 6 dargestellt) auch mögliche Gründe über die Beteiligung des anderen. Ein Akteur greift im Rahmen der SR (vgl. Unterkapitel 4.8) bei seiner kooperativen Handlungsentscheidung auf theoretische und praktische Gründe zurück, die mit epistemischen und normativen Einstellungen einhergehen und in normativen Urteilen zum Ausdruck kommen. Dies kann sich in den epistemischen Bedingungen eines Akteurs, der sich in einer Interaktionssituation befindet, herauskristallisieren. Ein Akteur greift also auf eine Vielfalt epistemischer Bedingungen zurück, die zur individuell kohärenten Evaluation einer Handlungssituation herangezogen werden können. Betreffen diese Gründe die mögliche Beteiligung des anderen in einer vorliegenden Handlungssituation, scheint dies nicht zwingend schon die aktuale mentale Beschaffenheit über den je anderen zu betreffen, sondern ein Akteur kann mögliche Gründe darüber ausbilden. Akteure greifen auf ein Bündel oder eine Vielheit epistemischer Quellen zurück, die sich auf für die Interaktionssituation relevante Faktoren beziehen, bezüglich derer sie Gründe heranziehen und ausbilden können.

Beziehen sich epistemische Einstellungen in einer gemeinsamen Handlung nicht auf mögliches gemeinsames Wissen (oder Überzeugungen) über die aktualen mentalen Eigenschaften des Gegenübers, können sie beispielsweise aus Erfahrungen und anderen Quellen stammen. Gründe haben innerhalb der SR einen durchaus faktischen Bezug und beziehen sich mitunter auf die aktuale Welt, die uns umgibt (bspw. eine vorliegende Interaktionsstruktur). Entsprechend können nicht nur Erfahrungen, beispielsweise aus ähnlichen Situationen, Einzug in eine mögliche Deliberation eines Akteurs (hin zur Kooperation) eine Rolle spielen, sondern auch andere Informationen, mögliche typische Ereignisse usw. sowie mögliches Wissen oder Überzeugung, auf die er sich anderweitig bezieht. Unter kooperativen Bedingungen der SR gibt die Interaktionssituation selbst den zentralen Ausschlag, da die Akteure mögliche kooperative Gründe aus der Interaktionssituation selbst ableiten (mögliches typisches Ereignis).[16] Statt sich auf die tatsächliche mentale Verfasstheit des anderen zu beziehen, wird also über die Interaktionssituation auf eine Form der geteilten, objektiv erfassbaren Außenwelt Bezug genommen. Dies geschieht nicht in Form eines so gearteten öffentlichen Ereignisses, sondern über indirekte Gründe, die sich aus der Interaktionssituation selbst (Konfliktvermeidung) ergeben. Im Vergleich zur ST und der hier postulierten rationalen Begründung der

[15] Nida-Rümelin (2020), S. 126.

[16] Details in diese Richtung werden im folgenden Unterkapitel näher besprochen.

Akteure scheint es sich um indirektes Wissen zu handeln, das die Akteure über die Situation haben und aus dem sie (indirekte) Gründe ableiten. Die epistemische Dimension strukturell-rationaler Akteure erhält eine externalistische Seite.[17] Es ist die Präferenzstruktur der Akteure in einer Interaktionssituation, die Kooperation im Sinne der SR anleiten kann und eine zentrale Voraussetzung hierfür bildet.

In diese Richtung deutet auch die Argumentation Nida-Rümelins (2001, 2019) unter der Berücksichtigung möglicher externer Effekte, die sich mitunter auf die epistemische Dimension beziehen lassen und über den gesamten Komplex der Einstellungen eines Akteurs Einzug in dessen praktische und theoretische Gründe halten. Hinsichtlich solcher externen Effekte erläutert Nida-Rümelin (2001), dass Kooperation nicht unter allen Umständen ein guter Handlungsgrund sein müsse. Das angeführte Beispiel betrifft die Kartellbildung (Abschnitt 6.3).Das Beispiel schildert, dass externe Effekte dieser Art die GD-Situation beeinflussen können bzw. Kooperation kein immer guter Handlungsgrund sein muss. Bestimmt wird dies in den Ausführungen der SR über mögliche Normen der Gleichbehandlung. Diese können in einem erweiterten Rahmen die Überzeugungen der Akteure prägen und die potenzielle Kooperation zur Kartellbildung beeinflussen (vgl. Kapitel 5). Soll an dieser Stelle nicht auf bereits bestehende normative deontologische soziale Regeln Bezug genommen werden, können solche externen Effekte in einer GD-Situation auch die möglichen Erwartungen an die Handlungswahl des anderen und damit die eigene Deliberation beeinflussen. Die epistemische Voraussetzung alleine, die Überzeugung das eigentliche Ziel der Wirtschaftlichkeit langfristig zu unterlaufen, kann ein guter Grund für Nicht-Kooperation sein und mögliche epistemische Erwartungen über den je anderen prägen. In diesem Rahmen lassen sich erste Hinweise finden, wie solche normativen Überzeugungen sich ausbilden können. Sie beziehen sich mitunter auch auf eine Vielfalt epistemischer Quellen, die innerhalb der Deliberation des Akteurs über eine mögliche kooperative Handlungswahl einbezogen werden, und sind selbst teils an weitere konative Einstellungen sowie theoretische und praktische Gründe in diesem Zusammenhang geknüpft. Wenn z. B. ein Akteur eigentlich eine kooperative Haltung besitzt, jedoch bisher nur negative Erfahrungen mit anderen Akteuren gesammelt hat und immer von Trittbrettfahrern ausgenutzt wurde, wird er Gründe und entsprechende (normative) Urteile im individuell-rationalen Sinn anbringen können, die gegen eine kooperative Beteiligung sprechen.

---

[17] Diese externalistische Seite ergibt sich dadurch, dass die epistemische Rechtfertigung hier nicht an innere Zustände der Akteure gekoppelt ist und auf deren introspektive Zugänglichkeit verweist (Schwerpunkt auf internen kognitiven Zuständen der Akteure). Vielmehr ergeben sich epistemische Zustände der Akteure dann durch objektiv zugängliche, externe Faktoren und zugängliche Informationen (hier in indirekter Begründung über die Struktur der Interaktionssituation).

Neben den angeführten Problemen, die sich in Kapitel 5 und 6 mit Blick auf die Konzeption der SR darstellen ließen, wurden Argumente angeführt, die einer Bezugnahme auf eine abgeschwächte Form gemeinsamen Wissens das Wort reden. Die Abschwächung des gemeinsamen Wissens kann hier eine Grundlage bieten, die von der SR angestrebten Bedingungen kooperativer Intentionalität auf individuell-reduktiver Ebene zu gewährleisten, ohne auf mögliche Probleme hinsichtlich der Konstruktion in Verbindung mit orthodoxem gemeinsamen Wissen oder Überzeugungen (wie in Kapitel 5 angeführt) zu geraten. Die Abschwächung des gemeinsamen Wissens muss mindestens

A) indirekte Gründe (mit objektivem Bezug der Definition von Gründen innerhalb der SR) ermöglichen (externe Komponente);
B) eine subjektive Komponente aufweisen (Kohärenz der eigenen Lebensform);
C) in einem möglichen Bezug zu der epistemischen Vielfalt stehen, die ein Akteur in eine Interaktionssituation mitbringt.

Nachfolgend gilt es, auf bestehende Ansätze Bezug zu nehmen, die diese Grundlage zumindest in weiten Teilen gewährleisten können. Es sei an dieser Stelle darauf hingewiesen, dass die Berücksichtigung einer gesamten epistemischen Vielfalt (entsprechenden externen Bedingungen, erweiterten strukturellen Einbettungen usw.) nicht entlang des Vorhabens hin zur epistemischen Beschreibung im GD-Fall herangezogen werden kann. Ziel der ST selbst ist es ja entsprechende Aussagen über das rationale Verhalten der Akteure in dieser Situation zu beschreiben, dennoch sind dies wichtige Hinweise über die Verfasstheit der SR, die dabei zum Tragen kommen.

Altruistische Präferenzen

Dass eine solche Abschwächung der orthodoxen Konzeption nicht alleine der spezifischen Verfasstheit der SR geschuldet ist, lässt sich entlang möglicher Probleme ausformulieren, die sich unabhängig ihrer Bedingungen für epistemische Annahmen der ST formulieren lassen. Ein erstes mögliches Problem lässt sich entlang altruistischer Präferenzen ausformulieren. Altruistische Präferenzen sind generell unproblematischer in den Ansatz der ST zu integrieren als Kooperation, da sie nicht wechselseitig bedingt sind und einfach (ohne T2) direkt in den Präferenzen der Akteure zum Ausdruck kommen können.[18] Es handelt sich also nicht um

[18] Dies ist zumindest der Fall, wenn man sie als altruistische Präferenzen modelliert, die im Interesse der Person liegen, die eine Handlungsentscheidung trifft. Darüber hinaus verbinden viele Ansätze altruistische Präferenzen oder Modelle mit kooperativen und definieren

gemeinsames Wissen.[19] Durch die epistemische Konstitution der orthodoxen ST verursacht die Annahme altruistischer Präferenzen keine so gravierenden Probleme wie die Kooperation. Sie lassen sich im Sinn einer instrumentalistischen Rationalität einfacher integrieren, weil eine altruistische Motivation, selbst wenn sie nicht aus egoistischen Motiven herrührt, die eigenen Präferenzen (den anderen zu unterstützen oder ihm zu helfen usw.) direkt zum Ausdruck bringen kann (unabhängig einer möglichen Herleitung). Doch in einer Standard-Interaktionssituation, in der die Präferenzen nicht ausschließlich auf Konsequenzen festgelegt sind und die ansonsten anonym ist, kann man sich fragen woher hat Akteur A das Wissen über die Präferenzen von Akteur B, wenn sich tatsächlich altruistische Präferenzen an den Präferenzen des Anderen orientieren? Können meine gegebenen Präferenzen entlang einer Interaktionssituation gegeben an der Darstellung der Präferenzen des Anderen transformieren? Auch wenn altruistische Präferenzen keine Wechselseitigkeit voraussetzen müssen, scheinen sie ja dennoch an die Präferenzen des anderen gebunden.

Auch Präferenztransformationen im Sinne des Pro-Gruppen Ich-Modus nach Tuomela (2007) helfen hier nur bedingt weiter. Bisher wurde entlang altruistischer Präferenztransformationen eher ein intuitiver Einwand vorgebracht (Abschnitt 4.6). Dieses intuitiv angeführte Beispiel betraf den Fall, in dem sich zwei Kollegen gegenseitig mit der Arbeitsentlastung des je anderen überraschen wollen (Saints-Dilemma). Dies erschien nicht zwingend als irrationales Verhalten, zumindest würden die wenigsten dies unter realen Bedingungen so werten. Nehmen wir nun weiter folgendes Beispiel an: Ein Akteur A hat einen Motorschaden und bleibt mit seinem Auto mitten auf der Fahrbahn stehen. Ein Akteur B sieht die Situation und hat altruistische Präferenzen, B zu helfen, die ihn dazu bewegen, sein eigenes Auto an der Seite zu parken und auszusteigen. Durch die Erweiterung des Rahmens der ST erweitert sich nun jedoch auch der mögliche Blick auf altruistische Präferenzen. Dies betrifft die epistemischen Bedingungen möglicher Präferenztransformationen einer vorliegenden Situation. Es bleibt ohne aktuales Wissen fraglich, ob Akteur A diese Hilfe überhaupt möchte – ob also die altruistischen Präferenzen von B gegenüber A tatsächlich die Präferenzen von A erfassen, wenn kein aktuales Wissen darüber vorliegt. Was bedeutet dieses Beispiel für altruistische Präferenzen in

Altruismus als reziprok im Zusammenhang mit moralischen Präferenzen, siehe hierfür Rabin (1993).

[19] Vgl. z. B. Nida-Rümelin (2020), S. 112 f. Das ist auch dann der Fall, wenn altruistische Präferenzen nicht egoistisch motiviert gedeutet werden, sondern als tatsächlich altruistisch, unabhängig eines möglichen persönlichen konsequentialistischen Nutzens (im reinen Sinn T1).

einer GD-Situation oder anderen Interaktionssituationen, auch mit verschiedenen Annahmen der Lösung von Kooperation?

Man kann sich an dieser Stelle vorstellen, dass zwei Akteure sich in einer Interaktionssituation wie dem GD befinden und beide präferieren, altruistisch zu handeln, wie dies das bereits angesprochene Saints-Dilemma beschreibt, das innerhalb der SR die Argumentation nahelegt, dass Kooperation nicht auf altruistischen Präferenzen aufbaut. Nun bleiben folgende Optionen der Interpretation:

i) Die altruistischen Präferenzen kommen direkt in den Präferenzen eines Akteurs zum Ausdruck.
ii) Die altruistischen Präferenzen ergeben sich in einer Präferenztransformation, z. B. im Sinn des Pro-Gruppen Ich-Modus.

In der Deutung i) bleibt, wie in dem obigen Beispiel der Akteure mit der Autopanne dargestellt, überhaupt fraglich, auf welcher Grundlage altruistische Präferenzen zustande kommen. Sind die Präferenzen des Anderen nicht mehr zwingend an die verschiedenen Konsequenzen der Weltzustände (T2) gebunden, fehlt es an dieser Stelle zumindest (real) häufig an einem direkten/aktualen epistemischen Zugang. Die altruistischen Präferenzen im Saints-Dilemma spiegeln dann (je nach spezifischer Definition) beispielsweise gar nicht tatsächlich die Präferenzen des je anderen Akteurs, weil diese selbst vielleicht Altruismus präferieren.[20] Die mögliche epistemische Grundlage und der entsprechende Zugang bleiben in anonymen Interaktionssituationen zumindest hinterfragbar.

Bezüglich Punkt ii) verweist Tuomela (2013) selbst auf Probleme, mit denen die Transformationen der Präferenzen im Pro-Gruppen Ich-Modus verbunden sein können.[21] Vorteilig ist die Transformation im Vergleich zu i), da ihre formale Beschaffenheit beinhaltet, dass die Präferenzen des Anderen sich jeweils nicht verändern und die Präferenztransformation dann wirklich das Interesse des Anderen verfolgt. Wenn sich jedoch die Präferenzen beider Akteure (beispielsweise durch eine mögliche Transformation) verändern können und hierbei kein Wissen über diese Veränderungen vorliegen, bleibt nun unklar wie sich letztendlich eigene Präferenzen dahingehend transformieren, damit sie dann als tatsächlich altruistisch gelten können usw. Die Argumentation eines Akteurs, der seine Interessen transformiert, wäre dann ungefähr die folgende:

---

[20] Sollen altruistische Präferenzen nicht zwingend an konsequentialistische oder egoistische Gründe des anderen gebunden sein, bleibt zumindest fraglich, ob man im Saints-Dilemma überhaupt von altruistischen Präferenzen im gewünschten Sinn sprechen kann.

[21] Die hängt weitestgehend mit der Beschaffenheit und den Annahmen der Präferenzen in der ET selbst zusammen, wie dies auch in Kapitel 4 angeführt wurde.

1. Ich transformiere in Anbetracht der Interaktionssituation meine Präferenzen zu altruistischen Präferenzen gemäß deiner Präferenzen (ursprünglich d).
2. Ich habe kein Wissen darüber, ob du deine Präferenzen (d) auch im altruistischen oder anderen Sinn transformierst.
3. Deshalb wähle ich was?

Dieser Nachteil der Präferenztransformationen ist hinsichtlich des Pro-Gruppen Ich-Modus nichts gänzlich Neues (Abschnitt 5.2) und Tuomela (2013) verweist selbst auf die Nachteile, die eine Transformationen im Vergleich zu voller Kooperation (Wir-Modus) mit sich bringen können. Dies scheint ad hoc auf alle Transformationen von Präferenzen anwendbar zu sein.

Unter den Bedingungen des Wir-Modus lassen sich in einer Gruppe von Akteuren altruistische Präferenzen ebenso funktional beschreiben, wie dies bei Kooperation der Fall ist, und die Vorteile finden ebenfalls Anwendung. Deshalb muss das Problem dadurch nicht auf den Pro-Gruppen Ich-Modus beschränkt bleiben. Auch im Wir-Modus kann eine Gruppe gegenüber Dritten (anderer Akteur oder weitere Gruppe) altruistische Präferenzen hervorbringen und sich einigen. Die Probleme lassen sich in diesem Fall ebenso wie bei Kooperation gegenüber Dritten (Unterkapitel 4.7) übertragen. Auch wenn also altruistische Präferenzen nicht im kooperativen Sinn wechselseitig verknüpft sind, eröffnet die Möglichkeit der Transformation (die teils die Ausbildung altruistischer Präferenzen überhaupt erst ermöglicht) Probleme hinsichtlich des Wissens der Akteure in der Interaktionssituation, da per Definition altruistische Präferenzen sich auf die Präferenzen des je Anderen beziehen sollten. Hier scheinen Elemente zum Tragen zu kommen, die in der ST keine adäquate Berücksichtigung finden und sich auf indirekte Gründe beziehen, die sich erweitert über die Außenwelt (in ähnlicher Weise wie oben angeführt) ergeben. Die konsistente Berücksichtigung dessen kann auf indirekte Gründe verweisen. Gerade in realen Szenarien zeigt sich dies innerhalb altruistischer Präferenzen deutlicher, da Menschen sich häufig altruistisch verhalten, ohne tatsächliches aktuales Wissen (Überzeugungen) über die Präferenzen anderer zu besitzen. Dies werten wir im Alltag nicht zwingend als irrational und können ggf. Gründe dafür anführen bzw. diese nachvollziehen (bspw. jemand hatte eine Autopanne, ich nehme an er braucht Hilfe).

Reine Koordination

Entlang von Spielen wie *Hi-Lo* ergaben sich bereits ähnliche Probleme hinsichtlich kollektiver Intentionen mit dem orthodoxen Konzept des Wissens der Akteure

(Abschnitt 5.2). Einige Autoren trennen hier Koordination nicht von Kooperation.[22] Sondern werten die Probleme zumindest ähnlich. Nun sind aber auch Koordinationsprobleme entlang der Ausführungen der ST denkbar, die hinsichtlich der Koordination auf mögliche Probleme hindeuten. Ein Beispiel dafür kann die bereits erwähnte Jäger-Beute-Beziehung oder auch schlicht das Spiel Fangen sein.[23] Beides hätte in entsprechender Matrixform Darstellung gegenläufige Präferenzen (wenn einer gewinnt, verliert der andere und andersherum). Es wird als ein Nullsummenspiel mit Konflikt beschrieben, dass bspw. wie folgt wiedergegeben werden kann (Abbildung 7.1).[24]

	Jäger läuft rechts	Jäger läuft links
Gejagter läuft rechts	0/1	1/0
Gejagter läuft links	1/0	0/1

Abbildung 7.1 Reine Koordination im Jäger-Beute-Fall

Die Argumentation aus Sicht des Jägers sieht dann grob wie folgt aus:

1. Wenn der Gejagte rechts läuft, ist es für mich besser rechts zu laufen;
2. Wenn der Gejagte links läuft, ist es besser für mich links zu laufen;
3. Also wähle ich was?

Dies beschreibt kein wirkliches Problem der ST. Jedoch gehen wir in vielen realen Situationen meist anders vor, indem wir möglicherweise typisches Verhalten des anderen deuten und versuchen zu interpretieren oder es gar in die Umwelt einzubeziehen (rechts ist ein Wald, der sich gut zum Verstecken eignet) usw. Dies betrifft epistemische Bedingungen außerhalb der ST (Modellrahmen Spielformat). Hierzu sind zumindest zwei Anmerkungen zu machen.

[22] Das zeigt sich entlang bereits besprochener Theorien, wie Ludwig (2020) oder auch Paternotte (2011).

[23] Ludwig (2020).

[24] Es sei an dieser Stelle darauf hingewiesen, dass dies ein wohlbekanntes Format eines Nullsummenspiels darstellt, also hier kein gravierend neues Problem angesprochen wird und reale Situationen dieser Art häufig unter Anonymität und ohne weitere Einbettung keine Handlungsanweisung beinhalten können.

Die erste Anmerkung ist ein kurzer Einschub zu den evolutionären Bezügen, die Tuomela (2007) mitunter auf den Grundlagen von Tomasello (2009) herstellt. Eine wichtige Annahme hin zum Wir-Modus ist das gemeinsame Jagen oder auch der mögliche Wettbewerb auch bei frühen Menschengruppen aus denen sich die hypothetische Darstellung zur Entwicklung von Kooperation ergibt.[25] Skyrms (2014) bezieht die gemeinsame Jagd am Hirschjagdspiel direkt in seine Ausführungen zur Evolution der Kooperation mit ein. Realiter drängt sich dann doch zumindest zu einem gewissen Grad die Frage auf, wie Menschengruppen ihre Handlung hinsichtlich einer Jagd noch koordinieren wollen, wenn schon alleine die Koordination an der Beute problematisch rational zu beschreiben ist (Kontext der ST). Das ist keine direkte Kritik an der Darstellung und die Ausrichtung einer evolutionären Theorie zur Stabilisierung von Kooperation. Dies scheint hochgradig sinnig, jedoch drängt sich die Vermutung auf, dass die Ausrichtung der ST hier indirekt Lücken aufweisen kann.

Das führt mich direkt zur zweiten Anmerkung. Die Darstellung der Koordination in einer möglichen Jäger-Beute-Beziehung scheint an sich weniger problematisch. Die ST ist hier auf modellierte Situationen beschränkt, weil wir innerhalb dieses Ausschnittes etwas in Erfahrung bringen wollen. Doch in der ST sind andere Spieler allgemein so zu behandeln wie die restliche Außenwelt. Daran ist einmal nichts verkehrt. Jedoch scheinen Erfahrungsgründe, an denen sich die mögliche epistemische Rationalität der Spieler entfalten können, nicht alleine auf Spielsituationen beschränkt. Dies beeinflusst unsere Gründe. Darüber hinaus kann sie durch eine lange Erfahrung erworben werden. Das wird zumindest dann lückenhaft, wenn die ST über ihren Bereich (als möglichen Spezialfall der ET) hinaus angewendet wird, oder wenn wir versuchen die Rationalisierung hinter möglichen Überzeugungen der beteiligten Akteure real weiter zu verstehen.[26]

Abschließend lässt sich an dieser Stelle zusammenfassen, dass die SR Elemente und Annahmen enthält, die neben schwachen kollektiven Zielen (auch kooperativen) auf eine Abschwächung des gemeinsamen Wissens (in und über die Modellbeschränkung der ST hinaus) hinzudeuten scheint. Darüber hinaus zeigen sich entlang der Deutung der ST weiterführende Lücken hinsichtlich der epistemischen Bedingungen in den orthodoxen Annahmen. Diese zielen in eine ähnliche Richtung, wie die SR und verdeutlichen zumindest partiell, dass die epistemischen Bedingungen, die aus der SR hervorgehen nicht generell ins Leere laufen bzw. generell abwegig sind.

[25] Vgl. Tuomela (2007), S. 218 ff.

[26] Spohn (1994), S. 27 f.

7.2 Abschwächung des Konzepts gemeinsamen Wissens

Auf der Grundlage der vorangegangenen Betrachtung kann nun für eine mögliche Abschwächung des Ansatzes gemeinsamen Wissens plädiert werden – vornehmlich entlang der herausgearbeiteten Bedingungen der SR. Dabei sind die vorangehenden Kapitel natürlich miteinzubeziehen. Es sei erwähnt, dass es einige Wege gibt, die an dieser Stelle zu einer passenden Formulierung der möglichen Abschwächung des Konzeptes gemeinsamen Wissens führen können. Die Tatsache, dass es hier bereits viele mögliche Ansätze gibt, die mehr oder minder ad hoc an das hier gesuchte potenzielle Ziel führen, scheint selbst bereits ein Indiz dafür zu sein, dass das Vorhaben gänzlich ungerechtfertigt ist. Die Fülle an möglichen Konzeptionen und deren Diskussion entlang des orthodoxen Begriffs gemeinsamen Wissens (oder Überzeugungen) ist sehr vielfältig und weitläufig.

So gibt es Ansätze, wie der von Parikh (2005), welcher das Konzept des orthodoxen Wissens gerade in Bezug auf kollektive Handlungen verwirft.[27] Ein Verwerfen des Konzepts wurde jedoch bereits auf Grund der allgemeinen Erklärungskraft, sowie den Bedingungen der SR zurückgewiesen (Abschnitt 7.1). Das orthodoxe Konzept gemeinsamen Wissens ist mit Blick auf ideale Bedingungen nicht zu verkennen. Weiter weisen Ansätze, wie die von Peacocke (2005) oder Sperber und Wilson (1986) auf die Abschwächung gemeinsamen Wissens in kollektiven Handlungen hin.[28] Bacharach (1999, 2006) schwächt das Konzept gemeinsamen Wissens auf Tendenzen und TR ab und beides ist immer in Abhängigkeit des Modi und des psychologischen Mechanismus der Gruppenidentifikation zu verstehen.[29] Gold und Sugden (2007) leiten ihre Argumentation von der Bacharachs (1999, 2006) ab und schlussfolgern weiter, dass TR auf indirektem gemeinsamen Wissen basiert (ich weiß nicht, wer Teil der Gruppe ist). Gilbert (1989) argumentiert dagegen für eine Abschwächung des Konzepts gemeinsamen Wissens, das auf eine paradigmatische Situation einer Aussage E abzielt. Die meisten der angeführten Ansätze sind auf die ein oder andere Weise nicht ganz

---

[27] Dies geht mit den damit einhergehenden Einbußen der Erklärungskraft von gemeinsamen Wissen in kollektiven Handlungen einher. Wobei auf Informationsteilung verwiesen wird, die im Sinne Barwise (1988) nicht gänzlich unbedeutend ist.

[28] Peacocke (2005) schwächt gemeinsames Wissen auf wechselseitiges Wissen ab, während Sperber und Wilson (1986) auf eine wechselseitige Offenheit abzielen und sich durch die gemeinsame kognitive Umwelt (die sie teilen) in der Identität der Akteure manifestiert.

[29] Ansätze die auf die „Lücke" der Erklärung des Modi-Wechsels bei Bacharach abzielen finden sich u. a. bei Smerilli (2010).

zutreffend auf die Bedingungen der SR – vornehmlich deshalb, weil sie indirekt bereits auf TR oder Gruppenidentifikation zurückgreifen, zielen aber grob in die gleiche Richtung. Gemeinsam scheint ihnen doch in der Abschwächung von gemeinsamem Wissen, dass sie immer entweder auf indirekte Zugänge zu Wissen (Überzeugungen) oder induktives Schließen zurückzugreifen.

Aus dem Bisherigen lässt sich zusammenfassen, dass eine epistemische Bedingung (e) über gemeinsames Wissen (Überzeugungen) in KKZ** gesucht wird, die schwache (anonyme, einmalige) Kooperation gewährleistet und als rational auszeichnen kann. Wobei hier, statt auf das Konzept orthodoxen, gemeinsamen Wissens (Überzeugungen) innerhalb der SR, auf mindestens abgeschwächte Bedingungen zurück, die (i)-(iii) der SR erfüllen – also die kooperativen Bedingungen der SR und ihre dargestellten epistemischen Annahmen. Es sei darauf hingewiesen, dass die Bedingung (A) –indirekte Gründe werden ermöglicht – die zentralste Bedingung scheint, v. a. dann, wenn die Interaktionssituation des GD in der SR hervorgehoben betrachtet werden soll. Ebenso wie der externalistische Bezug auf dem diese indirekten Gründe beruhen. Deshalb steht die Bedingung der SR über das Vorliegen einer Interaktionssituation, wie dem GD im Fokus, auch wenn die anderen kooperativen Bedingungen (kooperative Haltung, keine Externalitäten) nicht zu vernachlässigen sind. Auf Grundlage dieser Einschränkung der Betrachtung sollen folgende Ansätze im Lichte der SR diskutiert werden:

a) Cubitt, Sugden (2003): Typische Situationen/Ereignisse
b) Gold, Sugden (2007): T-konditionales Wissen
c) Paternotte (2012, 2015): Indirektes gemeinsames Wissen (Kombination von b und c)

Die Auswahl der betrachteten Theorien wird in der Eingrenzung der Betrachtung erläutert. Dabei stellt nur der Ansatz c) eine Begründung für die epistemischen Bedingungen der Kooperation in der SR dar. Die Betrachtungen a) und b) dienen darüber hinaus zum besseren Verständnis von c). Darüber hinaus orientieren sich die Ansätze a)-c) an der Abschwächung des Konzepts des gemeinsamen Wissens entlang der Ausgangslage der Annahmen der ST und deren Abschwächung. Der Fokus der Betrachtung ist hier zum einen dem Ausgangspunkt selbst geschuldet sowie dem Vorhaben der SR, sich möglichst in die formalen (idealisierten) Bedingungen einzufügen. Die Diskussion entlang bestehender Konzepte ist von Bedeutung, um die epistemischen Bedingungen der SR besser zu verstehen, zu vergleichen oder auch abzugrenzen. Sowohl Cubitt und Sugden (2007) als auch Paternotte (2011, 2012, 2015, 2020) orientieren sich dabei an Hinweisen von Lewis (1969), dessen Formulierung des Konzepts gemeinsamen Wissens als

Grundlage für weitere Formalisierungen dazu diente.[30] Wobei Paternotte (2011, 2012, 2015, 2020) sich auf eine Fixpunkt-Definition bezieht, die nicht über die erste Ordnung der Iteration hinausgeht. Dies ist mit Blick auf die externalistische Komponente der SR hinsichtlich der Interaktionssituation von Bedeutung. Zentral ist der Blick darauf, was geteilt wird (Informationen).[31] Jedoch bildet keiner der Ansätze a)-c) die epistemischen Bedingungen der SR ganzheitlich ab, jedoch kommt indirektes Wissen nach Paternotte (2012, 2015) diesen bereits relativ nahe und kann daher als Grundlage für die anschließende Betrachtung dienen. Die Unterscheidung die sich bei Paternotte (2012, 2015) zu den Bedingen der SR ergibt, findet sich vornehmlich in der Rationalisierung der indirekten Gründe bei Kooperation wieder und wird im Anschluss besprochen.

Typische Situationen oder Ereignisse
Cubitt und Sugden (2003) argumentieren, dass entlang von Lewis (1969) wichtige Eigenschaften in der ST und dahingehend vom Konzept gemeinsamen Wissens übersehen wurden. Dabei geht es nicht um eine rein interpretatorische Maßnahme, sondern darum, zu zeigen welche Bedeutung dies noch in den heutigen Debatten der ST haben kann. Der zentrale Punkt dabei ist, dass Lewis (1969) Ausführungen zu Konventionen auf die Rolle von induktiven Gründen und der Offensichtlichkeit mancher Lösungen hinweisen.[32] Hierzu will ich kurz die wichtigsten Schritte rekonstruieren. Als erstes ist es zentral, dass Lewis annimmt, dass eine Person Gründe für ihre Überzeugungen zu haben scheint. Die Analyse der menschlichen Begründung nimmt eine zentrale Rolle ein, wenn es darum geht Überzeugungen oder Handlungen zu rechtfertigen – induktiv und deduktiv. Es gibt also eine Unterscheidung zwischen (a) dass ein Individuum Gründe für eine Überzeugung hat und (b) wovon ein Individuum tatsächlich überzeugt ist. Wobei bei Cubitt und Sugden (2003) die Interpretation von (a) im Vordergrund steht. In diesem Sinne haben Individuen Gründe für Überzeugungen über Propositionen, wenn sie von der Regularität von Konventionen ausgehen und gemeinsames Wissen basiert hier auf gemeinsamen Hintergrundinformationen und gemeinsamen induktiven Standards.

Zuerst zu den grundlegenden Notationen. Es wird von Personen i, j, k und l ausgegangen. Eine Population P besteht aus einer Menge von Personen, die Variablen x, y, z beschreiben Propositionen. Für jede Person i und jede Proposition x, bedeutet

[30] Aumann (1978).

[31] Es sei darauf hingewiesen, dass manche dies auch als Zurückweisung des Konzepts gemeinsamen Wissens in bestimmten Ausführungen werten.

[32] In dem Sinne geht sie über die formalen Ausführungen von Aumann (1976) hinaus. Auch hinsichtlich der fundamentalen Rolle des Konzeptes von gemeinsamen Wissen.

$R_i(x)$, dass i einen Grund für die Überzeugung x hat. Dies kann in entsprechender Iteration wiedergegeben werden. $R_i[R_j(x)]$ bedeutet, dass i einen Grund hat für die Überzeugung, dass j einen Grund hat für die Überzeugung, dass x usw.. Die Notation $r^P(x)$ bezeichnet die endlich verschachtelte Formel der Form $R_i[R_j[\ldots [R_k(x)] \ldots]]$, die für alle Personen i, j, …k in der Population P wahr ist. Im Sinne Lewis (1969) wird dies so interpretiert, dass ein Zustand $r^p(x)$ dann vorliegt, wenn für alle Mitglieder von P gilt, dass sie jeweils einen Grund für die Überzeugung haben, dass alle anderen ebenfalls einen Grund für diese Überzeugung haben – und so weiter -, sodass sich eine Form gemeinsamer Überzeugungen einstellt. Es handelt sich also um einen rekursiven Fixpunkt epistemischer Zustände, der als gemeinsame Überzeugung über die Proposition x gelten kann. Dabei wird der Zustand A, der für eine Person i anzeigt, dass x gilt, notiert als A ind_iX. A ind_iX bedeutet, dass A für i anzeigt, dass x. Wenn also i einen Grund hat zu glauben, dass A gilt, dann hat i entsprechende Gründe dafür davon überzeugt zu sein, dass x wahr ist. A holds bringt dabei die Annahme zum Ausdruck, dass A gilt. Dies beinhaltet die folgende Eigenschaft der Beziehung die angezeigt wird: (A1): Für alle Personen i, für alle Zustände A, für alle Propositionen x: $[R_i(\text{A holds}) \wedge (\text{A ind}_i x)] \Rightarrow R_i(x)$.[33]

Wenn i also Gründe für die Überzeugung A hat und dies Gründe für die Überzeugung x beinhaltet, dann hat i Gründe von x überzeugt zu sein. Darauf bauen zentrale Definitionen auf, die über Lewis (1969) entlang von Sugden und Cubitt formaler ausgeführt werden. In einer gegebenen Population P, ist ein Zustand A reflexiver gemeinsamer Indikator für x, wenn und nur dann, wenn, die folgenden vier Bedingungen erfüllt sind:

(C1) Für alle Personen i in P: A holds ⇒ Ri (A holds).

(C2) Für alle Personen i, j, in P: A ind_i R_j(A holds).

(C3) Für alle Personen i in P: A ind_i x.

(C4) Für alle Personen i, j, k in P gilt für alle Propositionen y: (A indiy) → Ri [A indjy].

Dabei gelten die Bedingungen nicht für jeden Zustand A, sondern nur für solche A die selbstoffenbarend und öffentlich sind.

Cubitt und Sugden beschreiben das entlang eines Beispiels eines aufblitzenden Lichtstrahls in einem Raum. Jede Person in dem Raum hat dann Gründe für die

[33] Cubitt, Sugden (2003), S. 190 ff.

Überzeugung, dass es eine aufblitzendes Licht gab und deshalb die anderen Personen im Raum auch Gründe für die Überzeugung haben, dass es ein aufblitzendes Licht gab. Dies dient als Grundlage, dass jede Person Gründe hat um davon überzeugt zu sein, dass andere seine eigenen induktiven Standards und Hintergrundinformationen teilen (A ist ein reflexiver gemeinsamer Indikator in P, dass x).

> Lewis' Theorem: Für alle Zustände A, für alle Propositionen x und alle in der Population p: Wenn A hält und, wenn A ein gemeinsamer reflexiver Indikator in P für x ist, dann ist $r^P(x)$ wahr.

Nun sind jedoch viele Konventionen und Regeln nicht selbstoffenbarend und öffentlich, und eine Betrachtung muss dahingehend für Zustände erweitert werden, die sich nicht selbstoffenbarend jedem offen legen (Beispiel des Rechtsfahrgebotes in Amerika). Cubitt und Sugden geben in Anlehnung an die Bedingungen für einen reflexiven gemeinsamen Indikator auch die Bedingungen für verteilte gemeinsame Indikatoren an.[34] Dabei lassen sich die gleichen Schlussfolgerungen ableiten, wenn Propositionen beobachtbaren Regelmäßigkeiten folgen.[35]

> Distributed Theorem: Für alle Propositionen x und für alle in der Population P={1, ..., n} gilt: wenn $A = (A_1$ und ... und $A_n)$ ein verteilter Indikator in P für x ist, dann ist A auch ein reflexiver gemeinsamer Indikator in P für x.

Nun beschreiben Gründe für Überzeugungen keine aktualen Überzeugungen (i ist überzeugt, dass x). Cubitt und Sugden (2003) argumentieren jedoch, dass eine Person, die fehlerfrei Gründe anführt, davon Überzeugungen ausbilden wird, für was sie Gründe für Überzeugungen hat.[36] Lewis (1969) selbst führt diesbezüglich aus: „Anyone who has reasons to believe something will come to believe it, provided he has a sufficient degree of rationality."[37] Induktive Schlüsse werden nur in dem abgebildeten Rahmen zulässig (entlang der Bedingungen) und können in diesem Rahmen in die Bayesianische Analyse eingebaut werden, wenn jeder einen gewissen gemeinsamen Standard dieser induktiven Schlussfolgerung teilt. Offensichtlichkeit kann hier einen Auswahlprozess entlang von Gleichgewichten beschreiben, indem erklärt wird, wie Konventionen in einer Population sich selbst reproduzieren (wobei nicht nach dem Ursprung der Konvention gefragt wird).[38] In diesem Sinne kann die

[34] Cubitt, Sugden (2003), S. 191–192.

[35] Ebd.

[36] Ebd., S. 193.

[37] Lewis (1969), S. 55.

[38] Wie dies beispielsweise bei Skyrms (2014) der Fall ist.

Offensichtlichkeit mancher Lösungen bei Lewis (1969) in Anlehnung an Cubitt und Sugden (2003) auch gedeutet werden. Paternotte (2011) deutet dies auch als typische Situationen, die eine besondere Form gemeinsamen Wissens anzeigen.

Nun beziehen sich typische Situationen aber auf Regelmäßigkeiten, die als Konvention gedeutet werden. Da nun die Bedingungen der SR hinsichtlich der Deutung von Kooperation, aber a) keine Konvention beschreiben (Abschnitt 6.2) und b) nicht zwingend Regelmäßigkeiten in den Vordergrund der Analyse stellen, bleibt die Übertragbarkeit fraglich. Dazu kommt, dass hier eine iterative Struktur von abgeschwächtem Wissen beibehalten wird. Auch wenn die Iteration durch die Abschwächung gelockert wird, bleibt die Idee erhalten, dass Akteure nicht nur selbst über die Informationen verfügen, sondern auch wissen, dass andere sie hat usw. Der iterierte Bezug der internen Überzeugungsstrukturen bleibt also erhalten und die wechselseitigen Wissenszustände bleiben im vollen Maße berücksichtigt. Dies erfüllt die Bedingungen der SR nicht, da kein externes Wissen oder externe Informationen, wie die Interaktionssituation selbst als Grundlage der Beschreibung der epistemischen Verfasstheit der Akteure herangezogen wird. Die abgeschwächte iterierte Version bleibt hier durch einen internen Prozess konstruiert (intern erzeugter Zustand iterativer Überzeugung). Dennoch vermittelt der Ansatz wichtige Informationen darüber, wie induktives Wissen entlang einer Abschwächung herangezogen werden kann. Auch, wenn der Rahmen der orthodoxen ST verlassen wird. Die wesentlichen Unterschiede, die sich aus dieser Perspektive und Betrachtungsform im Vergleich zur orthodoxen (formalen) Definition gemeinsamen Wissens (oder Überzeugungen) ergeben, sind dann, dass die Handlungsentscheidung eines Akteurs aus Gründen für Überzeugungen und einer dahingehenden Argumentation basiert, statt auf der Standardargumentation von Wissen oder Überzeugungen selbst. Dieses Vorgehen ist dabei gerade so zu verstehen, dass die Akteure gewisse Gründe für Überzeugungen bzw. dafür, etwas für wahr zu halten, anführen, ohne dass dies tatsächlich bereits wahr sein muss.[39] Entsprechend scheint hier ebenso hinsichtlich der SR zentral, dass die Rolle der Gründe im Vordergrund der Überlegungen der Akteure steht und sich auf induktives Wissen bezogen wird.[40]

[39] Lewis (1969) gibt zur Bestimmung gemeinsamen Wissens Bedingungen an, um iterierte Gründe für Überzeugungen näher zu analysieren. Es besteht auf dieser Grundlage die Option, dies im Sinne der subjektiven Wahrscheinlichkeiten nach Savage (1962) zu deuten.

[40] Wobei hier anzumerken ist, dass der Begriff der Gründe in der SR weiter gefasst ist als etwa im Ansatz von Lewis: Während dort Wünsche und Überzeugungen als Gründe genügen können, umfasst die SR zusätzlich normative und strukturelle Aspekte praktischer Deliberation.

T-konditionales Wissen

Gold und Sugden (2004, 2007) diskutieren und vergleichen verschiedene Ansätze von TR. Dabei wird TR als Schema des praktischen Begründens verstanden und ein spezieller Fall von individuellem Begründen. Im TR argumentieren Akteure (wie in Abschnitt 6.3) als Mitglied einer Gruppe oder eines Teams (was ist am besten für die Gruppe). Es wird von einer Menge S von Individuen ausgegangen, die in jeder Situation alternative Handlungen haben, aus denen sie wählen können. Ein Individuum i und jede Menge von Individuen G ist so beschrieben, dass alle i Mitglieder von G sind und G ein Teilmenge von S. Ein Individuum i identifiziert sich mit G, wenn G als eine Art einheitlicher Akteur aufgefasst wird (also als singuläre Entität hin zu einem Ziel handelt). Gemeinsames Wissen ist im orthodoxen Sinne definiert. Normales TR führt hier zu keiner Lösung bis alle Mitglieder von S sich mit der Gruppe identifizieren. Auf Grundlage des Schemas der TR-Argumentation eines Individuums werden verschiedene TR-Ansätze verglichen.[41] Dabei zeigt sich, dass sie unterschiedliche Hypothesen dazu vertreten werden, wie Teams geformt sind oder wieso Individuen sich mit ihnen identifizieren. Zentral ist hier aber, wieso es in manchen Situationen unrealistisch ist, dass es ein gemeinsames Wissen innerhalb einer Gruppe S gibt, dass jedes Mitglied von S sich tatsächlich mit S identifiziert. Es kann nämlich der Fall sein, dass es einige Mitglieder von S (die Gruppe mit der sich ein TR identifiziert) sich nicht mit S identifizieren. Es gibt also ein Team/ eine Gruppe T, das die Mitglieder in S beschreibt, die sich tatsächlich mit S identifizieren. Verschiedene TR-Ansätze unterscheiden sich dadurch, wie die Teilnehmer von T in solchen Fällen argumentieren sollten.

Es liegt also kein gemeinsames Wissen über die Identifikation der Akteure mit S vor. Nicht jeder in S muss also Teil der Teilmenge T (TR-Reasoner) sein. Dies kann entsprechende Abschwächungen von gemeinsamem Wissen beinhalten. Ein Beispiel dieses Vorgehens findet sich bei Bacharach (2006), wobei auf die Möglichkeit verwiesen wird, dass manche Spieler den TR-Modus zwar annehmen, dies jedoch tun, ohne konkretes Wissen darüber zu besitzen, ob die anderen Akteure ebenso im TR argumentieren. Die Grundlage für die verschiedenen Modi – ob ein Akteur den TR-Modus annimmt oder nicht – ist bei Bacharach (1999, 2006) eine Frage des psychologischen Framings.[42] Das Framing geht der Argumentation in einer Interaktionssituation voraus und bestimmt die rationale Lösung im instrumentalistischen Sinn. Die GD-Situation wird vergleichbar mit dem Bild, in welchem man entweder einen Hasen oder eine Ente sieht. Denn entweder erkennt man im GD-Fall ein Problem „für mich“ oder ein Problem „für uns“. Eine grundlegende Erklärung, wann

[41] Gold, Sugden (2004), S. 9–10.

[42] Damit außerhalb der rationalen Zugänglichkeit zu liegen.

ein Akteur welches Framing wählt, bleibt aus und wird im Vergleich zur SR nicht selbst zur Frage der je individuellen rationalen Begründung. Es handelt sich also um abgeschwächtes Wissen über die Wahrscheinlichkeit oder Tendenz, dass andere Akteure sich ebenso im TR befinden.[43]

Die Menge S beschreibt nun die Gruppe, mit der sich ein Individuum in S, das in TR argumentiert, identifiziert. Aber nicht jedes Individuum der Gruppe S muss im TR sein, sondern nur die Teilmenge T von S an Individuen befindet sich sicher im TR, und identifiziert sich auch tatsächlich mit der Gruppe S. Für jedes Individuum kann dann eine Wahrscheinlichkeit w ($0 \leq w \leq 1$) angenommen werden, ob es ein Individuum aus der Teilmenge ist, die sich mit TR identifizieren ($w > 0$). Gold, Sugden (2007) definieren auf dieser Grundlage sogenanntes T-konditionales Wissen, wobei eine Proposition p T-konditionales Wissen ist, wenn i) p wahr ist, ii) wenn alle Individuen i in S, wenn sie ein Mitglied von T sind, p wissen, dass p (iii), wenn alle Individuen j und i in S, wenn i ein Mitglied von T ist, p wissen und wissen, dass wenn j ein Mitglied von T ist, dass j p weiß usw. U beschreibt den zu maximierenden Gruppennutzen (aus Perspektive TR).[44] Das Schema der Argumentation aus Sicht eines Individuums lässt sich dann nach Gold, Sugden (2007) wie folgt beschreiben:[45]

(1) *Ich bin ein Mitglied von T.*
(2) *Es ist T-konditionales gemeinsames Wissen, dass jedes Mitglied von T sich mit S identifiziert.*
(3) *Es ist T-konditionales gemeinsames Wissen, dass jedes Mitglied von T den Gruppennutzen U maximieren will.*
(4) *Es ist T-konditionales gemeinsames Wissen, angesichts der Handlungen der Nicht-Mitglieder von T, dass die Handlung p als einziges U maximiert.*

Ich sollte meinen Teil p wählen.

[43] Vgl. Gold, Sugden (2007).

[44] Gold, Sugden (2007), S. 133 f. angelehnt an die orthodoxe Konzeption gemeinsames Wissen ausgeführt in ebd., S. 9.

[45] Gold, Sugden (2007), S. 133 f.

Die dargelegte Abschwächung gemeinsamen Wissens scheint nun nicht die Bedingungen der SR zu erfüllen, da sie die Annahme eines TR-Modus aus Team- oder Gruppenperspektive voraussetzt (im Sinne der Instrumentalisierung der ST) und die Abschwächung sich entsprechend ausrichtet. Darüber hinaus bleibt die Abschwächung im vorgenommenen Rahmen eines Modi-Wechsels und hier nicht plausibel. Dennoch kann bis hierhin festgehalten werden, dass die Abschwächung des Wissens, wie sie hier vorgenommen wurde, nun nicht konditional zu sein scheint (Ich sollte meinen Teil des besten Spielprofils entlang TR wählen). Wohingegen die klassische ST davon ausgeht, dass ein Akteur sich entsprechend aus dem, was er von anderen erwartet, auswählen sollte.

Interessant scheint nun die Analyse der obigen Darstellung von Cubitt und Sugden (2003) entlang des zentralen Konzepts von „Gründen für Überzeugungen". Abgekürzt: „To say that a person has reason to believe a proposition p is to say that p can be inferred from propositions than she accepts as true, using rules of inference that she accepts as valid."[46] Entsprechend ist die Definition (analog zu gemeinsamem Wissen), dass es einen gemeinsamen Grund für die Überzeugung einer Proposition p in einer Menge Individuen T gibt, wenn: (i) für alle Individuen i in T, i Gründe hat von p überzeugt zu sein; (ii) für alle Individuen i und j in T, i Gründe für die Überzeugung hat, dass j Gründe hat von p überzeugt zu sein; (iii) für jedes Individuum i, j und k in T, i Gründe für die Überzeugung hat, dass j Gründe für die Überzeugung hat, dass k Gründe hat von p überzeugt zu sein, usw. Auf Grund der Annahme, dass entlang des GD gemeinsame Gründe für Überzeugungen über p nicht zulässig sind (Bezug Konventionen), wird alternativ auf *cross-personal common reason to believe* zurückgegriffen. Dabei wird davon ausgegangen, dass es eine *cross-personal common reason to believe* über eine Proposition p in einer Menge von Individuen in T gibt, wenn: (i) für alle Individuen i und j in T (wobei $i \neq j$ und $j \neq k$), i einen Grund für die Überzeugung hat, dass j einen Grund für die Überzeugung hat, dass p; (ii) für alle Individuen i, j und k in T (wobei $i \neq j$ und $j \neq k$), i einen Grund für die Überzeugung hat, dass j einen Grund für die Überzeugung hat, dass k einen Grund für die Überzeugung hat, dass p usw. Entlang des GD wäre p die Proposition „Akteur 1 wählt kooperieren". Entlang der letzten Ausführungen könnte ein Akteur dem anderen ähnliches Begründen unterstellen, da Akteur 1 Gründe für die Überzeugung hat, dass Akteur 2 Gründe für die Überzeugung hat, dass Akteur 1 kooperieren wählt usw. Innerhalb des Schemas von Gold und Sugden (2004, S. 21) ergibt sich folgende Formulierung von TR:

[46] Gold, Sugden (2004), S. 21.

(1) *Ich bin ein Mitglied von S.*
(2) *In S, gibt es gemeinsame cross-personal reasons to believe, dass jedes Mitglied das wechselseitig gesicherte TR in Bezug auf S und U befürwortet und danach handelt.*
(3) *In S gibt es common reasons to believe, dass A als einzigstes U maximiert.*
(4) *Ich befürworte gegenseitig gesichertes TR.*

Ich sollte meinen Teil von A wählen.

In Anlehnung an die Ausführungen von Bacharach (2006) und dem Vergleich der orthodoxen Konzeption gemeinsamen Wissens, scheint diese Variante von TR weiter abgeschwächt (hinsichtlich der epistemischen Bedingungen), da wir uns an Gründen oder besser *cross-personal* Gründen für Überzeugungen orientieren.[47] Die Darstellung entlang der Abschwächung hin zu TR ist hier für die Betrachtung erstmal weniger interessant. Relevant sind an dieser Stelle, wie gute Gründe für Überzeugungen weiter unabhängig von Konventionen in die Argumentation eines Akteurs miteinbezogen werden können (dies ergibt sich als indirektes Puzzleteil).

Der TR-Ansatz wird also als Rationalisierung für Kooperation vorausgesetzt und das gemeinsame Wissen über die Annahmen möglicher Individuen die sich darin befinden und entsprechend daran teilnehmen weiter abgeschwächt. In diesem Sinne werden die Bedingungen der SR nicht erfüllt. Auch in Bezug darauf, welche Gründe hier als Gründe fungieren und, ob und weshalb diese indirekt sind, werden die Anforderungen der SR nicht gänzlich abgebildet, denn auch hier bleibt in der Abschwächung der iterative Charakter des gemeinsamen Wissens bestehen. Dennoch dient der Ansatz mit Blick auf das Verständnis zur weiteren Betrachtung von Paternotte (2011), der weiter als Grundlage für die epistemischen Bedingungen der SR herangezogen werden kann.

Indirektes gemeinsames Wissen

Bei Paternotte (2011, 2012, 2013, 2017, 2019, 2020) finden sich nun Ausführungen für sogenanntes indirektes gemeinsames Wissen. Hier werden die bisherigen Abschwächungen ergänzt und erweitert. Dabei geht Paternotte (2013) davon aus, dass schwache Formen von kollektiven Handlungen sich auf andere epistemische Bedingungen beziehen (kein Wissen aus erster Hand). Sie scheinen strukturell

[47] In Anlehnung an die Ausführungen zu Cubitt, Sugden (2003). Wenn auch in modifizierter Form.

schwächer angesetzt, wenn es um die Frage geht, was tatsächlich in solchen Situationen von den Akteuren geteilt wird.[48] Dennoch scheinen sich reale Akteure an schwachen Formen der kollektiven Handlung (auch im kooperativen Sinne) zu beteiligen, indem sie auf gemeinsame Ziele hinarbeiten (ohne zu wissen wer sich noch beteiligt). Dies scheint keine Gewohnheit zu sein, sondern Individuen tun das aus intentionalen Gründen heraus und nach entsprechender Deliberation. Dabei scheint in schwachen Formen die Öffentlichkeit und die Transparenz der Gründe selbst essentiell für gemeinsame Handlungen zu werden. Schwache Fälle kollektiver Handlungen oder auch minimaler Kooperation sind entlang Paternotte (2012, 2015) im Sinne eines Flashmobs, der GD-Interaktionssituation (einmalig und anonym) oder auch entlang von Werbung im Fernsehen zu verstehen. Dabei sind schwache gemeinsame Handlungen gerade dadurch charakterisiert, dass eine direkte epistemische Verbindung zwischen den Akteuren fehlt (kein direktes Wissen über das Verhalten der jeweils anderen). Entsprechend soll gemeinsames Wissen (Überzeugungen) abgeschwächt werden, um die Bedingungen schwacher gemeinsamer Handlungen oder minimaler Kooperation zu treffen.[49] Das Konzept gemeinsamen Wissens soll dahingehend „realer" gedeutet werden. Zum Verständnis der Ausführungen von Paternotte (2009, 2011, 2012, 2014, 2015, 2017, 2019) sind verschiedene Überlegungen miteinbezogen, die hier in drei Schritten dargestellt werden sollen.

Dabei wird (1) davon ausgegangen, dass gemeinsames Wissen (Überzeugungen) häufig von öffentlichen Ereignissen kommt. Dies wird hier als nicht-iterative Definition unterstellt, um dem Problem der Idealisierung zu entkommen. Als Beispiel führt Paternotte (2015, S. 8) folgendes an: „If someone argues in a public speech that the death penalty is wrong, it will create common knowledge among the listeners that she said that death penalty is wrong." Entsprechend wird gemeinsames Wissen über eine Proposition E definiert durch die Existenz eines gemeinsamen Ereignisses F, so dass wann immer F der Fall ist, jeder weiß, dass F der Fall ist und E von F impliziert wird. Dabei wird davon ausgegangen, dass diese Definition sich äquivalent zu der iterativen verhält. Entsprechend ist von Akteuren nur vorausgesetzt, dass sie öffentliche Ereignisse erkennen können. Dabei ist es wichtig anzumerken, dass sich hier nur indirekt eine Äquivalenz auf Grundlage der Betrachtung von „Informationen haben" ergibt – nicht jedoch auf der Grundlage aktualem Wissens oder Überzeugungen. Es wird also keine Äquivalenz im eigentlichen Sinne unterstellt, sondern lediglich in Bezug darauf, welche Informationen (nicht welches aktuale Wissen) zwischen den Akteuren geteilt werden. Dabei wird auf Barwise (1988) Bezug genommen, der verdeutlicht, dass sich die iterierte Definition und

[48] Paternotte (2013), S. 4 ff.

[49] Paternotte (2013), S. 4 ff. oder Paternotte (2012), S. 10 f.

die Fixpunkt-Definition von gemeinsamen Wissen zwar theoretisch unterscheiden, aber ein idealer Akteur keine Einbußen hinsichtlich seiner Informationen hat – Also die Ansätze dahingehend gleichwertig sind, welche Informationen die Akteure tatsächlich haben. Dasselbe wird für den Ansatz der geteilten Umwelt aufgezeigt, der auf gemeinsames Wissen einer geteilten Umgebung verweist. Barwise (1988) argumentiert, dass letzteres am ehesten beschreibt, wie reale Menschen tatsächlich Gebrauch von gemeinsamen Wissen machen.[50] Entsprechend wird gemeinsames Wissen von Paternotte (2013) auf eine endliche Nummer von Wissens- Aussagen reduziert, die aus einem öffentlichen Ereignis stammen (es wird nicht über die erste Ordnung hinaus iteriert). Dies scheint im Sinne der vorliegenden Betrachtung zentral. Dies ist von Bedeutung, da die Iteration unter der Annahme gestoppt wird, dass auf eine geteilte, objektive Außenwelt Bezug genommen wird, der einen gemeinsamen Bezugsrahmen bildet. Durch diese Annahme, wird eine Iteration redundant, da bereits alle beobachtbaren Fakten als Information enthalten sind.[51]

---

[50] Dabei wird unter anderem auf Barwise (1988) Bezug genommen. In seiner Arbeit vergleicht Barwise drei Ansätze zur Modellierung gemeinsamen Wissens: den iterierten Ansatz, die Fixpunkt-Definition sowie den sogenannten *shared environemnt*-Ansatz. Ein zentraler theoretischer Unterschied besteht zwischen einem Akteur p, der einen Sachverhalt σ **weiß** (also epistemisch fundiertes Wissen über σ besitzt), und einem Akteur p, der lediglich Informationen über σ hat. Wissen im Sinne von **Knows**(p, σ) impliziert in klassischen epistemischen Modellen typischerweise Wahrheit, Überzeugung und Rechtfertigung, während das bloße **Information haben** – im Sinne von **HasInfo** (p, σ) – lediglich auf den Zugang einer Informationseinheit oder einer gegebenen Datenlage verweist, ohne dass daraus selbst epistemische Qualität (z. B. Wahrheit oder Validität) folgt. Barwise argumentiert, dass der Begriff des Wissens sinniger Weise über den Begriff des Informationen-Habens definiert bzw. erklärt werden kann, d. h. dass epistemische Zustände auf zugrundeliegenden Informationszustände zurückgeführt werden können. Dies erlaubt eine realistischere Modellierung kognitiver Zustände, insbesondere in Szenarien mit unvollständiger Information. Anstelle eines idealisierten Modells gemeinsamen Wissen (mit unendlicher Verschachtelung), schlägt Barwise daher eine Analyse auf Basis geteilter Informationszugänge vor. In diesem Sinne zeigt Barwise (1988), dass der *shared enironment*-Ansatz eine approximative Repräsentation sowohl des iterierten als auch des Fixpunkt-Ansatzes ermöglicht – insbesondere dann, wenn berücksichtigt wird, welche Informationen in einer gemeinsamen Umwelt allen beteiligten Akteuren zugänglich sind.

[51] Formal lässt sich gemeinsames Wissen auch durch die sogenannte Fixpunkt-Definition charakterisieren: Dabei wird es als der kleineste Fixpunkt einer Wissensoperation definiert, die alle Stufen iterierten Wissens umfass – also jeder weiß, dass jeder weiß, dass jeder weiß, … usw. Angelehnt an den sogenannten *shared environment*-Ansatz entfällt jedoch die Notwendigkeit, diese Iteration bis ins Unendliche fortzuführen. Der Grund dafür liegt in der Annahme, dass die Akteure über einen gemeinsamen Bezugspunkt in der Außenwelt verfügen – also z. B. dieselbe Szene beobachten oder dieselbe Information zur Verfügung haben. Wenn eine solche gemeinsame Welt gegeben ist, bildet sie einen stabilen Kontext, in dem bereits klar ist, dass alle Beteiligten die relevanten Informationen haben oder sehen können

Wenn (2) gemeinsames Wissen aus spezifischen Situationen (aus einem möglichen öffentlichen Ereignis) kommt, dann liegt kein aktuales Wissen darüber was andere wissen vor, sondern enthält gute Gründe für gewisse Überzeugungen der Akteure.[52] Das Konzept gemeinsamen Wissens folgt hier explizit den theoretischen Überlegungen von Cubitt und Sugden (2003) und Lewis (1969).[53] Im Vergleich zu Cubitt und Sudgen (2003) jedoch ohne die Abschwächung hinsichtlich einer iterierten Form von gemeinsamen Wissens vorzunehmen. Entsprechend sind Gründe für Überzeugungen und typische Ereignisse in die Überlegungen miteinbezogen, wenn auch im Detail anders interpretiert (entlang der in (1) angegebenen Fixpunkt-Definition). Paternotte (2012) gibt folgendes Beispiel an: Eine laute Sirene ertönt und jeder kann annehmen, dass alle anwesenden Akteure das gehört haben – auch, wenn dies nicht logisch folgt. In diesem Fall ist so definiertes abgeschwächtes gemeinsames Wissen nicht logisch aus einer Menge von Propositionen geschlossen worden (ST-Bedingungen), sondern induktiv aus einer Situation.[54] So kann gemeinsames Wissen als indirekt entlang typischer Situationen abgeschwächt werden. Ein Beispiel das Paternotte (2013) ausführt ist, dass Joan ein Philosoph ist und einen Ausflug im Zug macht (alleine). Er ist gelangweilt und fängt spontan an sich mit der (fremden) Person neben ihm zu unterhalten. Sie stellen fest, dass sie beide Philosophen sind und Joan erwirbt dadurch eine große Menge an Informationen. So kann Joan davon ausgehen, dass bekannt ist, wer Aristoteles und wer Kant ist, ohne dies erst erklären zu müssen und der fremde Mann im Zug, wird auch wissen wer gemeint ist. Die Feststellung, dass sie beide Philosophen sind, deckt gemeinsames Hintergrundwissen auf. Während direktes (abgeschwächtes) gemeinsames Wissen auf öffentlichen Ereignissen basiert, basiert indirektes (abgeschwächtes) gemeinsames Wissen auf typischen Ereignissen (bspw. Philosoph zu sein). Dies beschreibt ähnliche Ereignisse, die Akteuren Wissen (im Sinne von Informationen)

---

und wissen, dass die anderen ebenfalls die relevanten Information haben oder sehen können. Das bedeutet, dass die rekursive Anwendung der Wissensoperation ab einem bestimmten Punkt keinen zusätzlichen Informationsgewinn mehr erzeugt. Die Iteration stoppt faktisch, weil sich der Wissenszustand nicht weiter verändert. Der gemeinsame Zugang zur äußeren Welt stellt also den Fixpunkt dar – er „verankert" das Wissen in einer geteilten Realität. Unter einer solchen Annahme reicht es aus, einmal festzuhalten, dass alle Beteiligten denselben Wahrnehmungskontext haben.

[52] Auch Paternotte (2011) versteht Gründe für Überzeugen als ausreichend gut.

[53] Siehe hierzu auch die ursprünglichen Ausführungen entlang von Lewis (1969) entlang von Paternotte (2011).

[54] Paternotte (2011) passt hier Formalisierungen entsprechend ein, um zu umgehen, dass der Ansatz nach Lewis (1969) zu schwach sein könnte.

vermitteln können.[55] Ein öffentliches Ereignis wird also ähnlich wie gemäß Cubitt und Sugden (2003) indirekt über eine Menge typischer Ereignisse verteilt.[56] Darüber hinaus findet nun eine Anwendung (nicht entlang von Konventionen), sondern entlang typischer Ereignisse über eine nicht-iterierte Fixpunkt-Definition statt.[57] Diese Abschwächung führt dazu, dass Akteure auch über indirekte Begründungen zum gleichen epistemischen Zustand gelangen (die gemeinsame Wissensbasis bleibt erhalten, ohne dass es zu einem Verlust an Informationen kommt). Paternotte (2011) argumentiert hier erweitert im Sinne von sogenanntem *gewöhnlichen Wissen*, dass den Zustand beschreibt in dem jeder Beteiligte über einen bestimmten Sachverhalt (bspw. Philosoph sein) informiert ist. Ausgangsüberlegung ist hier, dass Akteure in der Lage sind sich auf eine geteilte Informationsbasis zu stützen, ohne jeden iterativen Schritt nachvollziehen zu müssen und dies auch über indirekte Gründe bzw. typische Ereignisse usw. tun. Entsprechend genügend sind hier indirekte Gründe, damit alle relevanten Informationen gegeben sind. Nach Paternotte bildet dies eine robuste Grundlage für gemeinsame Handlungen. Die Abschwächungen beschreiben nun nicht mehr das tatsächliche Wissen der Akteure, sondern vielmehr deren Informationsstatus (hinsichtlich der ihnen zur Verfügung stehenden Informationen) entlang typischer Ereignisse.[58] Hier ist also zwischen Wissen als gerechtfertigter Überzeugung und Information als verfügbarer, aber nicht notwendigerweise reflektierter Input zu unterscheiden. Während das klassische Konzept gemeinsamen Wissens iterative und stabile Überzeugungen oder Wissen unterstellt, bezieht sich die Abschwächung auf den Zugang zu denselben Informationen, ohne dass alle Beteiligten explizit wissen müssen, dass die anderen diese Information auch als Wissen verarbeiten.[59] Information ist hier also eine schwächere, aber hinreichende

---

[55] Sillari (2005) verdeutlicht innerhalb des formalen Rahmens, dass ein Grund für eine Überzeugung zu aktualer Überzeugung werden kann.

[56] Paternotte (2011) spricht hier auch von der Anpassung der Bedingungen vom Konzept des gemeinsamen Wissen an reale Situationen und in diesem Zusammenhang von *gewöhnlichem gemeinsamen Wissen* oder auch *realem gemeinsamen Wissen (p-common belief)*.

[57] Paternotte (2011) definiert dies als *common p-belief*, wie formal wie folgt: $p(F)F \subset B_{*}^{p}F$. Wobei sich dies auf Gründe für die Überzeugung für E bezieht und der zentrale Punkt ist, dass die Iteration hier über einen Operator R über Gründe für Überzeugungen gestoppt wird.

[58] Entsprechend verweist Paternotte (2013) auch auf den hier enthaltenen Externalismus. Siehe hierzu im Sinne der Intentionalität auch Rechenauer (2020).

[59] Dies lässt sich bspw. formal wie folgt für abgeschwächtes gemeinsames Wissen als geteilte Information darlegen: $I_G(p) \Leftrightarrow \exists F[T(F,p) \wedge \forall i \in G : O_i(F)]$, , wobei G die Menge der Akteure (Gruppe) und p eine Proposition (zu teilender Sachverhalt) und F ein öffentlich beobachtbares oder typisches Ereignis beschreibt. $O_i(F)$ bedeutet ein Akteur i beobachtet das Ereignis F und $F \models$ p gibt wieder, dass ein Ereignis F die Proposition p impliziert. F ist ein typisches Ereignis, das p in einem gegebenen Kontext nahelegt, wird beschrieben durch

Basis für Koordination und Kooperation und erlaubt es kollektive Handlungen auch unter Bedingungen begrenzter epistemischer Transparenz zu modellieren. Diese Abschwächung beeinträchtigt nicht die zentralen Annahmen über den „idealen Akteur“, da in Anlehnung an die Argumentation von Barwise (1988), der Informationsgehalt für die beteiligten Akteure äquivalent bleibt.[60] Auch, wenn nicht mehr über vollständige Wissen-Zustände verfügt wird, reicht die Annahme eines gemeinsamen Informationsereignisses (z. B. eine hörbare Sirene) aus. Die Akteure verlieren keine entscheidenden Informationen, sondern erhalten sie indirekt. Dies lässt sich darlegen, indem indirekte Gründe als objektiver Anker (im faktischen Sinne) angenommen werden und es eine hinreichend große Menge an Informationen gibt, dass gemeinsames Wissen über etwas vorhanden ist bzw. zumindest darf kein Grund dagegen sprechen. Gemeinsames Wissen wurde nun in zweifacher Hinsicht abgeschwächt: Zum einen ist es indirekt und zum anderen konditional. Es kommt von verschiedenen Informationsquellen und getrennten Akteuren, die immer noch wichtige Eigenschaften teilen.[61]

(3) Muss nun bestimmt werden, was geteilt wird. Dies kann entlang der bisherigen Abschwächung gemeinsamen Wissens durch die Neigung oder Tendenz durch ein offenkundiges gemeinsames Ziel gestellt werden (Fragestellung des einzelnen Akteurs ist es: Beteilige ich mich oder nicht). Was in Situationen schwacher kollektiver Intentionalität oder auch minimaler Kooperation geteilt wird scheint hier ein kollektives Ziel zu sein. Es geht also um die Tendenz, kollektive Ziele im Sinne eines typischen Ereignisses zu erkennen und mir über Gründe für Überzeugungen über die mögliche Beteiligung anderer zu eigen zu machen. Kollektive Ziele sind hier nach Paternotte (2012, 2015) schwach bestimmt und individuell konstruiert. Entscheidend ist dabei, dass die Existenz eines offensichtlichen kollektiven Ziels indirektes gemeinsames Wissen (im abgeschwächten Sinne) zwischen den Akteuren wird und sie sich deshalb entsprechend mit der Gruppe identifizieren (T-konditionales Wissen). Die abgeschwächten Annahmen hinsichtlich des Konzeptes gemeinsamen Wissens bilden hierfür die Grundlage.

T(F,p) und, dass ein Akteur i Zugang zur Information hat (nicht notwendigerweise Wissen) wird beschrieben durch $I_i(p)$. Formal wird dann zum Ausdruck gebracht, dass p als geteilte Information für G gilt, wenn ein Ereignis F existiert, dass typischerweise p impliziert, und alle Akteure in G das Ereignis F beobachten.

[60] Die von Paternotte (2009, S. 262 f.) unterstellte doppelte Abschwächung des Konzeptes von gemeinsamen Wissen lässt sich zumindest weitestgehend formal äquivalent zu *p-common belief* behandeln.

[61] Es muss kein absolutes Wissen über die mentale Verfasstheit eines je anderen Akteurs mehr unterstellt werden und reale Akteure erfüllen die kognitiven Anforderungen des Ansatzes.

Die Offensichtlichkeit eines solchen (individuell gebildeten) kollektiven Ziels vorausgesetzt (wie dies im GD oder *Hi-Lo* der Fall ist), ermöglicht die epistemischen Bedingungen in Anlehnung an Paternotte (2013) weiter auszuführen und schwache Fälle der Kooperation zu formulieren.[62] Die jeweiligen Gründe der Akteure für die Beteiligung an einem Gruppenziel (gemäß ihrer Argumentation in TR) sind dann als je individuelle Gründe für Überzeugungen zu werten, die sich beispielsweise aus der Struktur der vorliegenden Präferenzen in einer Interaktionssituation ergeben. Zumindest dürfen keine Gründe dagegensprechen. Akteure bemerken in einer möglichen Interaktionssituation wie dem GD, dass ein potenzielles kollektives Ziel vorliegt, und evaluieren, wie offensichtlich dieses und die mögliche Beteiligung des je anderen Akteurs sind.[63] Ein offensichtliches, kollektives Ziel muss dann im Vergleich mindestens die Bedingungen erfüllen, dass es sich von den in einer Interaktion befindlichen Akteuren auch (gleichzeitig) realisieren lässt und sich überhaupt als offensichtlich darstellt (z. B. entlang der Präferenzstruktur der Akteure im Sinn von TR). Die Form ist hier den vorherigen Darstellungen angepasst und wird bei Paternotte (2012) in Form von *disrupted goal* beschrieben:[64]

(i) *Ich bin ein Mitglied von C.*
(ii) *Ich identifiziere mich mit C und U ist ein mögliches kollektives Ziel von C in Situation S, das ich als solches wahrnehme und dessen Realisierung ich intendiere.*
(iii) *Ich habe gute Gründe für die Überzeugung, dass jedes Mitglied von C sich mit S identifiziert, die Tendenz für jedes Mitglied in Situation S vorausgesetzt, das kollektive Ziel U in G wahrzunehmen und anzunehmen.*
(iv) *Ich habe gute Gründe für die Überzeugung, dass U ein potenzielles kollektives Ziel für G ist und jedes Mitglied C dieses entsprechend erkennt sowie jedes Mitglied C gemäß seiner Präferenzmaximierung (TR) seinen Teil von B erfüllt.*
(v) *(ii) ergibt sich teilweise aus (iii) und (iv).*

Ich sollte meinen Teil von B erfüllen.

[62] Paternotte (2013), S. 60 ff.

[63] Selbst differenziert Paternotte (2012) hier zwischen G, als eine Teilmenge von Akteuren, die von der Realisierung eines gemeinsamen Ziels „profitieren" (aufgrund von TR), P als zusätzlich Teilmenge der Akteure, die das mögliche kollektive Ziel bemerken und wahrnehmen, während C diejenigen Akteure beschreibt, die das Ziel tatsächlich annehmen.

[64] Paternotte (2012), S. 18–19.

Die Abschwächung des gemeinsamen Wissens ist, in der hier vorgenommenen Darstellungsform indirekt weiterhin darauf bezogen, ob und welche Akteure im Sinne von TR ein mögliches kollektives Handlungsziel erkennen und entlang von TR handeln, auch wenn das kollektive Ziel schwach formuliert ist und die Individuen dieses eigenständig erkennen und bilden. TR wird hier indirekt über die Rationalisierung der Bedingungen angenommen, da sonst kein offensichtlich kollektives Ziel angenommen werden kann.[65] Es bleibt jedoch in der Argumentation selbst unklar, ob Paternotte (2012, 2015) einen Modi-Wechsel voraussetzt oder nicht. Wäre ein Modi-Wechsel enthalten, würde er sich zumindest entlang den Ausführungen von Paternotte (2012) – ähnlich wie bei Sugden (2000a, 2015) auf den individuellen Gründen und der potenziellen Wechselseitigkeit ergeben und sich indirekt auf die wechselseitige Vorteilhaftigkeit beziehen, die sich auf individueller Ebene mit Blick auf das kollektive Ziel ergibt.

Dies scheint der notwendigen Abschwächung des Konzeptes gemeinsamen Wissens im Lichte der SR bisher am nächsten zu kommen und auf die genannten Bedingungen (A)-(C) zurückzugreifen. Die Argumentation hängt hier von einer induktiven Begründung, indirekten (typischen) Ereignissen, sowie von Hintergrundinformationen der Akteure (epistemische Vielfalt) ab. Dies macht die Definition in Teilen auch subjektiv, da neben den externalistischen Informationen aus der Welt auch private Informationen der Akteure eine Rolle spielen können (epistemische Vielfalt). Im Lichte der externalistischen Komponente der Rolle der Interaktionssituation des GD innerhalb der SR selbst, ist eine Abschwächung erforderlich, die a) die Iteration mit Bezug auf die Außenwelt bzw. die objektive Wahrnehmung potenzieller Gründe stoppt und b) dies mit Blick auf indirekte Gründe ermöglicht. Jedoch bleibt fraglich, ob TR in den Bedingungen von Paternotte (2012, 2015) vorausgesetzt werden muss und in welchen Rahmen. Selbst als individuell gebildete Spezialform von TR bleiben dann Unterschiede zur SR erhalten, auch wenn die epistemischen Bedingungen entlang der Abschwächung gemeinsamen Wissens in einem ausreichend passenden Maße abgebildet werden. Die zentrale Unterscheidung, die dahingehend weiter zu berücksichtigen ist, ist die folgende: Bei Paternotte (2011) ist ein potenzielles kollektives Ziel in Anlehnung an TR offensichtlich und leitet indirekte Gründe an. Dies leitet auch an, dass zumindest kein Grund gegen eine solche Annahme in Bezug auf indirekt Gründe und deren Rationalisierung (indirekt über TR) spricht. Bei Nida-Rümelin (2001, 2019) dagegen liegt ein potenzieller kollektiver Konsens zur Konfliktvermeidung vor. Eine Rationalisierung und indirekte Gründe dahingehend müssen entsprechend angepasst werden. Eine Übertragung der

[65] Paternotte (2012), S. 12 ff.

Abschwächung von gemeinsamen Wissen ist jedoch trotz dieser marginalen Unterschiede mit Blick auf die geteilten zentralen Aspekte möglich. Nachfolgend gilt es die epistemischen abgeschwächten Bedingungen an den Rahmen der SR anzupassen. Zusammenfassen lässt sich aus den betrachteten Ansätzen zur Abschwächung des Konzeptes gemeinsamen Wissens festhalten, dass die Bezugnahme der SR mit Blick auf die Interaktionssituation des GD (als externe Komponente) es mindestens erforderlich macht, dass eine Abschwächung im doppelten Sinne vorgenommen wird: Zum einen dahingehend, dass die Iteration der Fixpunkt-Definition mit Blick auf einen externen Ankerpunkt (oder Gründe) gestoppt wird und zum anderen dahingehend, dass indirekte Gründe als ein solcher Ankerpunkt zulässig werden. Hierzu müssen potenzielle Ziele hin zu einem Konsens individuell konstruiert sein. Dies ermöglicht mit Blick auf die SR auch die angenommene subjektive Komponente und bietet Platz für eine mögliche epistemische Vielfalt der Akteure.

7.3 Die epistemischen Bedingungen der SR

Auf der Grundlage der bisherigen Teilkapitel lässt sich zusammenfassen, dass sich der epistemischen Dimension der SR angenähert werden kann, indem die Bedingungen des Konzeptes gemeinsamen Wissens entsprechend abgeschwächt werden (in doppelter Hinsicht). Verbindet man die bisherige Argumentation, eröffnen sich Möglichkeiten, die epistemischen Bedingungen innerhalb der kooperativen Bedingungen der SR auszuführen. Dies ist auf Grundlage der Präferenzstruktur einer möglichen vorliegenden Interaktionssituation gegeben, wenn sich hier kooperativ kollektive Ziele offenbaren (typisches Ereignis) und die Akteure Gründe für die Überzeugungen hinsichtlich der Handlungswahl des anderen ausbilden und auf geteilte Informationen bezogen sind. Die Präferenzstruktur der Akteure leitet innerhalb indirekter Begründungen der Akteure zu möglichen kooperativen Handlungszielen an, die erfolgreich sind und zu Kooperation führen, wenn sie wechselseitig vorliegen. In Anlehnung an die Abschwächung gemeinsamen Wissens ist dies der Fall, wenn Akteure auf eine epistemische Vielfalt und Hintergrundinformation zurückgreifen, da sie das kooperativ kollektive Ziel erkennen lassen und entsprechende Gründe bei ihnen hervorbringen. Dies bedeutet zumindest, dass keine Gründe dagegensprechen.[66] Was indirekt öffentlich (oder auch typisch) ist, ist also die Präferenzstruktur selbst.

Wie sich kollektive Ziele im schwachen Sinne innerhalb der SR ausbilden, wurde ebenso wie kooperativ kollektive Ziele im vorangehenden Kapitel (Kapitel

[66] Vgl. u. a. Paternotte (2009, 2014).

6) bestimmt und kann hier nun mit Blick auf die epistemischen Bedingungen erweitert miteinbezogen werden und zu einer abschließenden Formulierung gebracht werden. Dies ist der erste Schritt dieses Teilkapitels und vermutlich der zentralste. Kernunterscheidung des Ansatzes der SR ist, dass Präferenzen der Akteure entlang ihrer epistemischen Verfasstheit emergieren und kein Modi-Wechsel im Sinne des TR vorausgesetzt wird – Auch in Unterscheidung zum Ansatz von Paternotte (2009). Dies gilt es entsprechend zu formulieren. Daran schließt eine Diskussion der Rationalität im Sinne der ST und möglichen Folgen an. Dies lässt sich in eine allgemeine Betrachtung dessen, was die SR als rational auszeichnet, einbinden und soll abschließend mit einer kurzen Betrachtung empirischer und anthropologischer Ergebnisse indirekt gestützt werden.

Die SR: Epistemische Bedingung

Die epistemischen Einstellungen der Akteure liegen nun in Form von indirekten Gründen vor, über welche Akteure Urteile ausbilden. Indirekt sind sie deshalb, weil sie sich offensichtlich, aber auch induktiv aus der Präferenzrelation ableiten (emergieren) und dadurch erst Gründe für Überzeugungen hinsichtlich der Handlungen des je Anderen mitprägen. Diese epistemischen Einstellungen sind nicht nur mit Bezug auf gemeinsames Wissen im abgeschwächten Sinn zu betrachten, sondern werden ebenso in die mögliche Evaluierung der eigenen Handlungswahl der Akteure und ihrer Deliberation im erweiterten Sinn einbezogen (interpersonale Relation im nicht kollektiv gebildeten Sinne). Diese kooperativen Gründe bilden sich im GD aus individueller Perspektive beispielsweise wie folgt ab, wobei G einfach die Akteure (1, …, n) in der Interaktionssituation S beschreibt.

(a) *Ich wünsche/ präferieren, meine Gefängnisjahre zu reduzieren (individuell optimierend: d).*
(b) *Ich habe gute Gründe für die Überzeugung, dass alle anderen in G ebenfalls wünschen, ihre Gefängnisjahre zu reduzieren (dies entsprechend individuell optimierend über ihre Präferenzen (d) verfolgen).*
(c) *(a) und (b) enden in einem potenziellen wechselseitigen Konflikt, der zu (d/d) führt.*
(d) *Dieser potenzielle Konflikt (d/d) führt für mich und (potenziell) alle anderen in G zum schlechtesten Ergebnis hinsichtlich der Reduktion der Gefängnisjahre (Präferenzen).*
(e) *In S liegt ein potenziell symmetrischer Konsens (k/k) vor, der alle – also auch mich – wechselseitig in S besserstellt, als dies bei Konflikt (d/d) der Fall ist.*
    (a′) *Ich wünsche die Erreichung des potenziellen Konsens (k/k) wegen (a)–(c) und, weil ich präferiere meine Gefängnisjahre zu reduzieren.*

(b′) *Wegen (b) und (c) habe ich Gründe für die Überzeugung, dass alle in G diesen Konsens (k/k) erkennen und ihren Teil zur Erreichung beitragen.*

(d) *Ich trage meinen Teil zum potenziellen Konsens mit k bei.*

Laut Argumentation der SR und den postulierten abgeschwächten epistemischen Bedingungen können sich solche Gründe direkt aus offensichtlichen gemeinsamen Zielen ergeben, die aus den Präferenzen der Akteure sowie deren Überzeugungen über die Beteiligung des je anderen betreffend hervorgehen. Die SR scheint hier deutlicher zwischen den Fällen (a) reiner Koordination, (b) koordinativer kollektiver Intentionalität und (c) kooperativer kollektiver Intentionalität zu unterscheiden. Hinsichtlich der Deutung kollektiver Intentionalität, die für sich noch nicht zwingend auf Kooperation abzielt, scheint es ausreichend, gemeinsame Ziele sowie mögliche Gründe für Überzeugungen der Akteure entlang von Tendenzen aus der Interaktionssituation zu unterstellen. Die Offensichtlichkeit eines zunächst nur potenziell kollektiven Ziels ergibt sich daher in der Argumentation der SR nicht aus der kollektiven Rationalität eines so gedeuteten Gruppen- oder Teamnutzens selbst, sondern vielmehr durch das induktive Erkennen der Akteure dieses Ziels. Hierzu lassen sich in einem ersten Schritt entlang der Auszeichnung von (GKZ) die epistemischen Bedingungen ableiten. Sie ergeben sich in angepasster Weise durch eine angenommene Abschwächung gemeinsamen Wissens im Sinne Paternottes (2012, 2015) in zweifacher Form. Betrachten wir hierzu kurz das *Hi-Lo* Spiel zwischen mir und Akteur 2 und die individuelle Argumentation, die ich im Sinne der Ausführungen der SR unterstellen will:

(1) *Ich bin ein Mitglied von G und intendiere meine Präferenzen zu maximieren.*
(2) *In S gibt es für G ein potenziell kollektives Ziel U, das einen wechselseitigen Vorteil im Sinne des erwarteten Nutzens für alle in G beinhaltet (individuell wechselseitiger Vorteil).*
(3) *Ich habe gute Gründe für die Überzeugung, dass alle in G das potenziell kollektive Ziel U und seine wechselseitige Vorteilhaftigkeit erkennen und entsprechend ihren Teil B zur Realisierung beitragen.*
(4) *(3) ergibt sich partiell aus (2) und (3).*

---

(5) *Ich sollte meinen Teil B zu U beitragen.*

Wobei G schlicht (in Anlehnung an die Definition in Kapitel 6) eine Gruppe Akteure in einer Interaktionssituation beschreibt. Weiter kann dies zur Verdeutlichung in das Schema von Paternotte (2013) eingepasst werden, wobei P dann die Teilmenge der Akteure ist, die das kollektive Ziel bemerken, wahrnehmen und entsprechend intendieren (über Gründe für Überzeugungen). Die Darstellung ist der Form nach dem *disrupted goal* angepasst und dient hier dem erweiterten Verständnis:

(1) *U ist ein potenziell kollektives Ziel in G.*
(2) *Jedes Mitglied P (aus G) nimmt U als Ziel in S an und intendiert seinen Teil B zu seiner Realisierung beizutragen.*
(3) *Jedes Mitglied P maximiert seinen erwarteten Nutzen mit der Erfüllung seines Teils B, da U wechselseitig den individuell erwarteten Nutzen jedes Mitglieds von G in S maximiert (wechselseitig vorteilhaft ist).*
(4) *(1) und (2) sind P-Konditionale (gemeinsame) Überzeugungen in G, wobei P die Teilmenge von G ist, die U und seine wechselseitige Vorteilhaftigkeit erkennt und tatsächlich intendiert..*
(5) *(2) ergibt sich teilweise aus (3) und (4).*

P-konditionale Überzeugungen beziehen sich hierbei auf eine Teilmenge P aus G, die das potenziell kollektive Ziel erkennt und dieses intendiert, weil dahingehend Gründe für Überzeugungen über die Beteiligung der Anderen aus G ausbildet werden. Die Darstellung als P-konditionales Wissen ist dahingehend und im Lichte der SR etwas ungünstig, erfüllt jedoch die Zwecke der Darstellung. Es bezieht sich über die Darstellung hinaus nicht auf T-konditionales Wissen im Sinne der Darstellung von Cubitt, Sugden. Wobei dies im Vergleich zu T-konditionalem Wissen und auch im Vergleich zu Paternotte nicht auf TR abgezielt ist, sondern darauf, dass diese Teilmenge der Akteure Gründe für eine Überzeugung (gegeben der potenziellen Information aus der Interaktionssituation) ausbilden. Dahingehend kann das potenzielle kollektive Ziel abschließend wie folgt angepasst werden (nur andere Darstellung):

(GKZ): Ein potenzielles gemeinsames Ziel X ist für eine Menge Teilnehmer G in einer Interaktionssituation gegeben nur dann, wenn

(a) *X von den Teilnehmern G in einer Situation S erreicht werden kann, also mindestens zwei (von n) Teilnehmern X realisieren können;*
(b) *X für die Teilnehmer G weitestgehend symmetrisch realisiert wird;*
(c) *Jedes Mitglied P (aus G) das Ziel X annimmt, intendiert und seinen Teil zu seiner Realisierung beiträgt;*

(d) *die Realisierung von X für alle Teilnehmer in G in der Situation S den Erwartungsnutzen maximiert (wechselseitiger Vorteil entlang individueller Präferenzen).*
(e) *(a)–(d) P-konditionale Überzeugung in G ist.*
(f) *(c) teilweise wegen (d) und (e).*

Auf dieser Grundlage lässt sich der Fall von Kooperation erweitert darstellen. Entlang eines kooperativ kollektiven Ziels in der SR (KKZ)** lässt sich die individuelle Argumentation wie folgt verallgemeinern:

(a) *Ich bin ein Mitglied von G und intendiere meine Präferenzen zu maximieren.*
(b) *In S gibt es für G ein potenzielles kollektives Ziel U, das einen strukturellen Vorteil (in Form eines Konsens) im Sinne des erwarteten Nutzens für alle in G beinhaltet (kollektiver Vorteil im Vergleich zu wechselseitigem Konflikt).*
(c) *Ich habe gute Gründe für die Überzeugung, dass alle in G das potenziell kollektive Ziel U und seinen strukturellen Vorteil erkennen und entsprechend ihren Teil B zu Realisierung beitragen.*
(d) *(3) ergibt sich partiell aus (b) und (c).*

(e) *Ich sollte meinen Teil B beitragen.*

Oder auch in Anlehnung an die Formulierung von Paternotte (2012):

(a) *U ist ein potenziell kollektives Ziel in G.*
(b) *Jedes Mitglied P (aus G) nimmt U als Ziel in S an und intendiert seinen Teil B zu seiner Realisierung beizutragen.*
(c) *Jedes Mitglied P maximiert seinen erwarteten Nutzen mit der Erfüllung seines Teils B, da U strukturell den erwarteten Nutzen jedes Mitglieds von G in S maximiert (vorteilhaft im Vergleich zu wechselseitigem Konflikt ist).*
(d) *(a) und (c) sind P-Konditionale (gemeinsame) Überzeugungen in G, wobei P die Menge von G ist, die U und seine wechselseitige Vorteilhaftigkeit erkennt und tatsächlich intendiert.*

Das potenzielle kooperativ kollektive Ziel wäre dann abschließend wie folgt bestimmt:

*(KKZ)**: Ein potenziell kooperativ kollektives Ziel X ist für eine Menge Teilnehmer G in einer Interaktionssituation gegeben nur dann, wenn*

(a) *X von den Teilnehmern G erreicht werden kann, also mindestens zwei (von n) Teilnehmern X realisieren können;*
(b) *X für die Teilnehmer G weitestgehend symmetrisch realisiert wird;*
(c) *Die Realisierung von X von allen Teilnehmern P (aus G) gegenüber der Nicht-Realisierung präferiert wird, da X wechselseitig vorteilig im strukturellen Sinne für alle Mitglieder in G ist;*
(d) *die Realisierung von X mindestens einen wechselseitig strukturellen Vorteil für die Akteure in G beinhaltet, indem jeder Spieler sich gegeben der interpersonellen (kollektiven) Struktur besserstellt (Konfliktvermeidung);*
(e) *(a)–(d) P-Konditionale Überzeugung in G ist.*
(f) *(c) teilweise wegen (d) und (e).*

Hierzu sind jetzt noch einige wichtige Anmerkungen zu machen, da die Darstellungsform einige Elemente der SR und ihrer epistemischen Bedingungen sonst verschlucken könnte. Im Fall einfacher kollektiver Intentionalität und eines gemeinsamen kollektiven Ziels ist es einfach: Auf Grundlage der individuellen Präferenzen ergibt sich ein wechselseitiger Vorteil. Dieser ist offenkundig und kann entsprechend mit der Abschwächung des Konzepts vom gemeinsamen Wissens einfach integriert werden (hier entstehen keine Probleme mit der Rationalisierung im Sinne der ST ohne TR, wenn man die Abschwächungen des gemeinsamen Wissens duldet).[67] Die Abschwächung des Konzepts gemeinsamen Wissens scheint hier aber zum einen notwendig, wenn man verstehen will, wie schwache Kooperation möglich ist. Gründe für Überzeugungen und typische Ereignisse scheinen abzubilden, was wir realiter in solchen Fällen tun. Die Kosten entlang des orthodoxen Konzepts erscheinen mir dann geringer als die Einbußen, die sich z. B. mit TR in Anlehnung an ein irrationales Framing zum Modi-Wechsel ergeben. Vor allem vor dem Lichte der Argumentation von Barwise, dass sich entlang der Abschwächung gemeinsamen Wissens keine Einbußen für ideal rationale Akteure ergeben und zwar dahingehend, dass der Informationsgehalt der Akteure gleich bleibt, wenn man die iterierte Definition mit der Fixpunkt-Definition sowie dem Ansatz über eine geteilte Umwelt zu Grunde legt.[68] Der Fall von Kooperation zeigt nun im Vergleich wichtige Unterschiede. Die SR macht hier zentrale Einteilungen zwischen Kooperation und Koordination, die in Standard-TR Ansätzen oft verschluckt werden, weil beide

[67] Zumindest sprechen keine Gründe gegen eine solche Überzeugung.

[68] Auch, wenn die Ansätze sich theoretisch unterscheiden. Siehe hierzu Barwise (1987), S. 377 f.

Fälle (kollektive Rationalität) gleich behandelt werden.[69] Was dann verloren geht ist die potenziell geteilte Information, die Akteure aus der Interaktionssituation herauslesen und welche, entsprechende Gründe erzeugen können.

Zum einen scheint es hier notwendig, um die Bedingungen der ET nicht in Gänze zu verletzen, dass die Präferenzen der Akteure hin zu Kooperation auf der Grundlage ihrer ursprünglichen Präferenzen emergieren. Dies geschieht hinsichtlich des Informationsgehaltes, welchen sie aus der spezifischen Interaktionssituation erhalten und dem damit verbundenen potenziell kooperativ kollektiven Ziel. Denn die Präferenzen der Akteure emergieren quasi erst in den individuellen Beitrag zur interpersonalen Relation (den Konsens) auf Grund der epistemischen Struktur der Akteure. Die Akteure präferieren in der SR nicht den möglichen Konsens, weil sie den Konsens in seinen Ergebnis oder seinen Konsequenzen direkt individuell präferieren, sondern präferieren den Konsens auf Grund der interpersonalen Zusammenhänge, welche Einfluss auf die Maximierung ihrer individuellen Präferenzen in dieser spezifischen Interaktionssituation haben (möglicher Konflikt und Konfliktvermeidung). Dahingehend unterscheidet sich die SR von allen anderen diskutierten Ansätzen. Auf dieser Grundlage ergeben sich auch wichtige Implikationen hinsichtlich einer möglichen Rationalisierung entlang der orthodoxen ST.

Vorab kann aber festgehalten werden, dass eine Abschwächung von gemeinsamem Wissen in doppelter Ausführung vonnöten ist, wie dies auch schrittweise in Abschnitt 7.2 angeführt wurde. Dies ergibt sich aus der Interaktionssituation des GD selbst, wenn induktives und indirektes Wissen (entlang des Informationsgehaltes einer Situation) zulässig werden soll und Akteure Gründe für ihre Überzeugungen darauf aufbauend ausbilden können und eine dahingehende Intention ausbilden. Darüber hinaus scheint es praktisch (gegeben realer Situationen), wenn im Sinne der SR eine epistemische Vielfalt ermöglicht werden kann, die sich nicht ausschließlich auf die Interaktionssituation beschränkt, in welcher sich die Akteure befinden. Es lässt sich zusammenfassen, dass die SR es erfordert, dass eine Abschwächung des Konzepts gemeinsamen Wissens in zweifacher Weise vorgenommen wird:

(A) Die Iteration muss entlang einer Fixpunkt-Definition (mit Bezug auf einen externen Bezugspunkt) gestoppt werden. In das Zentrum rückt der Informationsgehalt, statt aktualem Wissen.
(B) Die Fixpunkt-Definition wird um typische Ereignisse bzw. indirekte Gründe erweitert. Und zwar so, dass gegeben eines vermittelten Informationsgehalt ein Akteur Gründe für Überzeugungen ausbilden kann.

[69] Egal ob kollektive Intentionalität, dann als Vorform von Kooperation dennoch von reiner Koordination wie im Spiel Fangen weiter zu unterscheiden ist oder nicht.

Die Interaktionssituation im GD sowie die dahingehend gegebenen Präferenzen der Akteure können als indirekte Gründe für einen externen Bezugspunkt fungieren und einen potenziellen Konsens (zur Konfliktvermeidung) offensichtlich erscheinen lassen – auch, weil Gründe in der SR objektivistisch zu deuten sind. Worin sich die SR dann im Vergleich zu indirektem Wissen nach Paternotte unterscheidet ist die Formulierung des potenziellen kollektiven Ziels und dessen Konstruktion. Ein kollektives Ziel ist entlang der dargelegten epistemischen Bedingungen zentral (3). Sie drohen sonst zu scheitern. Bei Paternotte folgen alle kollektive Ziele dem Schema: wechselseitig vorteilig gegeben der Maximierung der Präferenzen durch indirektes TR/ kollektive Rationalität. Dagegen greift die SR zu Definition potenziell kollektiver Ziele bei Koordination auf wechselseitige Vorteile und bei Kooperation auf strukturelle Vorteile zur Maximierung der Kombination aus individuellen Präferenzen zurück. Beides ergibt sich dann im Lichte der abgeschwächten epistemischen Bedingungen selbst. Die Bedingungen der Kooperation in der SR erfordern also eine doppelte Abschwächung des Konzept gemeinsamen Wissens und (offensichtliche/ potenziell) kollektive Ziele im definierten Sinne. Nachfolgend werden einige hier gemachte Anmerkungen weiter ausgeführt und besprochen.

Emergenz der Präferenzen

Vorausgehend wurde darauf hingedeutet, dass kooperative Präferenzen in der SR aus den eigentlichen Präferenzen in Anbetracht der spezifischen Interaktionssituation emergieren. Dies ist immer der Fall, wenn ein Konflikt hinsichtlich der Kombination der individuellen Präferenzen vermieden werden soll. Zentral für das Erkennen eines potenziellen Konflikts oder auch eines potenziellen Konsensus (zur Vermeidung des Konfliktes) ist die Interaktionssituation selbst, die Gründe indirekt im Sinne der SR anstoßen kann. Nachfolgend will ich den Versuch unternehmen, dies in allgemeiner Form zu analysieren und klarer abzubilden. Bisher ließ sich festhalten:

- Eine Transformation der Präferenzen der Akteure auf individueller Ebene wurde ausgeschlossen und scheint generell problematisch;
- eine Transformation des Akteurs (Wir-Modus oder TR) scheint im Sinne der SR ausgeschlossen und sich vermutlich erst auf Grundlage starker Kooperation zu ergeben.[70]

---

[70] Wobei anzumerken ist, dass die SR (hinsichtlich der Rationalisierung in der ST) als „Spezialfall“ des TR umforulierbar wäre, ohne den Ansatz darüber hinaus weiter groß umzudeuten.

Also verbleibt nur die Option (um die ET-Bedingungen nicht zu verletzten), dass Präferenzen emergieren müssen. Zumindest dann, wenn vermieden werden soll, dass Akteure entgegen ihrer Präferenzen Kooperation intendieren. Eine Emergenz der Präferenzen ergibt sich aus indirekten Gründen der Interaktionssituation selbst und bildet die Argumentation und die Überzeugungen der Akteure entsprechend erweitert ab. Weshalb emergieren sie? Ein Akteur startet mit Präferenzen, die er entlang der Bedingungen der ET und ihrer Bedingungen ausbildet in einer Interaktionssituation. Beispielsweise wird er von der Polizei (wie im GD) geschnappt und verfolgt die Präferenz seine Gefängnisjahre zu reduzieren und formuliert dies entlang möglicher Situationen aus. Die Präferenzen können aber erst im genannten Sinne der SR emergieren, wenn entlang der allgemeinen Präferenzstruktur in einer Interaktionssituation (meiner Präferenzen und der Präferenzen eines anderen Akteurs) neue Überzeugungen hinzutreten. Die Einstellungen des Akteurs verändert sich nicht auf der Grundlage möglicher moralischer Metapräferenzen, die irgendwie hinzutreten und vorher nicht berücksichtigt wurden. Vielmehr verändern sich die Präferenzen (Emergenz) durch Überzeugungen, die der Akteur auf der Grundlage seiner Präferenzen und der interpersonalen Präferenzstruktur weiter ausbilden kann. Vorausgesetzt er bildet eine Intention dahingehend ab. Während er nur auf Grundlage seiner Präferenzen und deren Bewertung d präferiert, präferiert er im Lichte (neuer indirekter Gründe für) Überzeugungen hinsichtlich der Struktur der Interaktion c. Wie im intrapersonellen Fall verändert sich durch die Ausbildung einer solchen Intention (durch die neue Überzeugung) nicht die Präferenz selbst, sondern die Bewertungsebene und die Motivlage. Die ST selbst verschluckt durch die Rahmenbedingungen die Beachtung solcher Überzeugungen und die mögliche Neuevaluierung der Präferenzen (entlang einer Intention) vor diesem Hintergrund. Was passiert ist also das folgende:

i) Ich präferiere meine Gefängnisjahre zu reduzieren, also präferiere ich d;
ii) Entlang der Präferenzstruktur ergeben sich Gründe für Überzeugungen, die ich in meine Abwägung integriere;
iii) Ich präferiere meine Gefängnisjahre zu reduzieren, also intendiere ich c wegen ii).

Das scheint nun zum einen etwas unsauber, zum anderen ist ii) und iii) nur potenziell der Fall und nicht zwingend. Präferenzen müssen nicht emergieren, sondern nur wenn ich die Gründe für solche Überzeugungen auch ausbilde und entsprechend in meine Handlungswahl abbilde. Entlang der Ausführungen von Sugden (2015), der einen Modi-Wechsel zu TR auf der wechselseitigen Vorteilhaftigkeit unterstellt, lässt sich dies präziser fassen. Die Bedingungen sind auf individuell wechselseitiger

Ebene konstruiert, erfassen die interpersonelle Struktur und ihre Rolle in der SR. Die zentrale Veränderung scheint nur, dass dieselben formalen Bedingungen keinen potenziellen Modi-Wechsel auslösen, sondern eine potenzielle Emergenz der Präferenzen. Immer dann, wenn ein Spieler i erkennt, dass $u_i\ (s_1^*,\ s_2^*) > \overline{u}_i$ und dies auch in sein Überzeugungssysteme einbindet und deshalb s_1 intendiert. Bei Sugden (2015) scheint unklar ob auf individueller Grundlage der Begründung der potenzielle Modi-Wechsel ausgelöst wird. Wird er immer wenn für jeden Spieler i, $u_i\ (s_1^*,\ s_2^*) > \overline{u}_i$ gilt, ausgelöst, dann wäre ein Modi-Wechsel in allen Interaktionssituationen dieser Form zwingend. Soll der Modi-Wechsel nicht als zwingend angenommen werden, müssen weitere psychologische Framings o.ä. angenommen werden, wann ein Spieler auf dieser Grundlage den Modi wechselt und wann nicht. Dagegen kann die SR die Emergenz der Präferenzen sichtbar machen, wenn man solche Gründe für Überzeugungen und (interpersonale) Intentionen ernst nimmt und innerhalb der Rationalität unserer Handlungen akzeptieren will. Denn der entscheidende Faktor ist dann: Bildet ein Akteur solche Gründe für Überzeugungen aus oder nicht und wie bindet er sie in seine kohärente Deliberation tatsächlich ein. Der zentrale Bestandteil von Kooperation scheint die epistemische Struktur der Akteure zu sein.

Abschließend sei nochmals vermerkt, dass die Emergenz nicht die Präferenzen selbst verändert, sondern eine Intention (ausgelöst durch Überzeugungen über die Struktur der Interaktionssituation) die Situation „umbewertet" – also die Motivlage des Akteurs über die Situation sich verschiebt. Dies kann just in der Situation abgebildet werden, ohne dass ein Akteur generell Kooperation schon immer intendiert hat (auch wenn es wahrscheinlich ist, dass er dann ohne externe Fakten in solchen Situationen immer ähnlich handelt und die gleichen Überzeugungen ausbildet). Will man eine solche Emergenz beispielhaft für zwei Akteure abbilden, könnte dies in einer Matrixdarstellung wie folgt aussehen – Wobei darauf hinzuweisen ist, dass die veränderte Matrixdarstellung (individuell) davon abhängt wie und wie sehr sich die Motivlage des Akteurs verändert – wie stark also die Intention ist:

Spieler A	Spieler B	
	c	d
C	(5/5)	(1/4)
D	(4/1)	(2/2)

Zentral für eine solche Darstellung ist der Hinweis, dass dies lediglich die potenzielle Emergenz der Präferenzen veranschaulicht. Also die zweite Ebene einer potenziellen Argumentation der Akteure in einer Interaktionssituation des

GD betrifft (nur wenn sie durch indirekte Gründe entsprechende Überzeugungen und die Intention zur Kooperation ausbilden). Die Präferenzen der Akteure selbst bleiben jedoch unverändert. Dahingehend ist eine solche Darstellung völlig anders zu deuten als eine Transformation der Präferenzen. Abschließend ist darauf hinzuweisen, dass die Emergenz der Präferenzen nur im Fall von Kooperation, nicht aber von Koordination (gegeben der Definition der Ziele) angenommen werden muss.

Wann scheitert Kooperation?
In Anlehnung an die bisher formulierten epistemisches Bedingungen der SR und die Ausführung zur potenziellen Emergenz der Präferenzen dahingehend, kann man sich nun genauer die Frage stellen, wann Kooperation stattfindet und wann sie scheitert. Zum einen ist deutlich, dass Kooperation nicht gewährleistet sein muss. Ein Akteur kann entsprechende Gründe für Überzeugungen ausbilden und seine Präferenzen können im genannten Sinne emergieren und dennoch kann Kooperation scheitern. Sie kann schlicht scheitern, weil seine Überzeugungen aus dem Informationsgehalt der Präferenzstruktur stammen und schlicht auch falsch gewesen sein können (Fall 1).[71] Darüber hinaus kann Kooperation natürlich auch scheitern, wenn der Akteur selber das potenzielle kooperative Ziel typischerweise nicht erkennt oder dies nicht in seine Überlegungen miteinbezieht (Fall 2). Dies sind die zwei Fälle, die alleine mit Betrachtung auf das Kooperationsdilemma und die Perspektive beschränkt sind. Nennen wir dies modellierte Perspektive (reine Spielsituation).

Außerhalb dieser modellierten Perspektive, scheint es jedoch eine weite Perspektive auf reale Bedingungen zu geben und die SR bezieht viele Überlegungen dahingehend mit ein, die bereits in Abschnitt 6.4 ausgeführt wurden. Diese sind im Sinne der ST selbst zu ignorieren, aber spielen darüber hinaus eine zentrale Rolle in dem was wir alltäglich als rational bewerten oder nicht. Denn entlang der Ausführungen der SR scheint Kooperation erstmal rational zu sein. Erkennen die Spieler das potenziell kooperativ kollektive Ziel und bilden entsprechende Überzeugungen und Intentionen aus, scheint dies innerhalb der Annahmen der SR die rationale Lösung mit der beschränkten Sicht auf die modellierte Situation. Doch was spielt in der erweiterten Sicht auf die Situation eine Rolle, die reale Bedingungen unter Vorkenntnissen der Akteuren abbildet. Zum einen die epistemische Vielfalt und Hintergrundbedingungen, die ein Akteur mitbringt. So kann ein Akteur die Erfahrung gemacht haben, dass Kooperation unter solchen Umständen schon oft gescheitert

[71] Dass sie falsch gewesen sein können, bedeutet nicht, dass sie zwingend entlang der SR irrational waren. Sondern schlicht, dass auf Grund der Informationen, die ein Spieler über den anderen hatte, falsche Gründe für Überzeugungen ausgebildet wurden. Innerhalb des Informationsgehaltes können diese aber für den Spieler dennoch rational gewesen sein. Dies löst auch mögliche epistemische Probleme entlang von Altruismus auf.

ist und er bindet dies entsprechend in seine Überzeugungen und die Bewertung der Situation ein (Fall 3). Zum anderen können solche Hintergrundbedingungen wieder in strukturelle Bezüge eingebunden sein. Dann spielen auch Externalitäten, wie sie in Abschnitt 6.4 ausgeführt wurden eine wichtige Rolle (Fall 4) und werden in die Deliberation der Akteure miteinbezogen. (Schwache) Kooperation kann entlang der SR also scheitern, wenn einer der folgenden Fälle vorliegt:

1) Die Gründe für die Überzeugung über die Beteiligung des anderen falsch waren (modellierte Perspektive);
2) Kooperativ kollektive Ziele nicht erkannt werden oder nicht in das eigene Überzeugungssystem integriert werden und Intentionen dahingehend ausbilden (modellierte Perspektive);
3) Die epistemische Vielfalt oder Hintergrundannahmen (Erfahrungen) des Akteurs zu anderen Gründen entlang Überzeugungen führen (erweiterte Perspektive);
4) Strukturelle Externalitäten vorliegen, die gegen eine mögliche eigene Beteiligung oder gegen Gründe für die Überzeugung der Beteiligung des anderen führen (erweiterte Perspektive).

Rationalität und Kooperation

Nun ist abschließend die Frage nach der Rationalität der Bedingungen der SR zu stellen. Vor allem vor dem Hintergrund des orthodoxen Rahmens der ST. Innerhalb der Betrachtung der ST selbst und der hier formulierbaren epistemischen Bedingungen (dem orthodoxen gemeinsamen Wissen und der deduktiven Annahmen), kann kein Anlass für die Emergenz von Präferenzen vorliegen. Nun verlässt auch der Kollektivismus in Form eines TR-Ansatzes den Rahmen der orthodoxen ST, indem der methodologische Individualismus verworfen wird. Jedoch bleibt darin der Instrumentalismus gewahrt. Die SR dagegen umgeht solche Formen und Annahmen des Kollektivismus, jedoch scheint der Instrumentalismus der ST verletzt zu werden.[72] Die SR könnte an dieser Stelle leicht so modifiziert werden, dass man die Emergenz wieder im Sinne eines schwachen Modi-Wechsels (TR) versteht und Rationalität im Sinne der (so erweiterten) ST gesichert ist.[73] Kooperation könnte entlang der Ausführungen bspw. im Sinne Sugdens oder Paternottes unterstellt werden und der

---

[72] Auch wenn durch die Einnahme der intrapersonalen Perspektive so etwas wie ein minimaler Kollektivismus indirekt eingeführt wird.

[73] Vgl. Paternotte (2012), S. 14 f.

grobe Strang zum Verständnis von Kooperation bleibt mehr oder minder unter partiellen Modifizierungen entlang des GD identisch.[74] Die Frage ist jedoch was dabei verloren geht?[75]

Bevor diese Frage näher betrachtet werden soll, betrachten wir kurz, was die Annahme der SR und der hier erweitert dargelegten Bedingungen für Kooperation, an Kosten für die orthodoxe ST hätte. Neben den Einbußen der Abweichung von dem idealisierten Konzept gemeinsamen Wissens, hätte dies nun die mögliche Einbeziehung indirekter und induktiver Faktoren zur Folge. Im erweiterten Sinne können nun sogar möglicher epistemischer und struktureller Hintergrundannahmen einbezogen werden (kein Muss). Zentraler scheint jedoch, die bereits von Nida-Rümelin (2001, 2019) postulierte Aufgabe des Revealed-Preference-Modells. Durch die mögliche Emergenz der Präferenz, kann nicht mehr eindeutig von Präferenzen auf die Handlungen eines Akteurs geschlossen werden. Darüber hinaus scheint auch das Dominanz-Argument an Erklärungskraft dahingehend einzubüßen. Gleichgewichte werden schwerer bestimmbar. Es sei an dieser Stelle jedoch angemerkt, dass die ST selbst es (gerade am Beispiel von Kooperation) nicht vermag, reales Verhalten von Akteuren zu erklären. Sie verbleibt an dieser Stelle in ihrem idealen Rahmen. Die Annahmen der SR führen jetzt jedoch nicht dazu, dass ideale Akteure in Modellbedingungen der ST komplett unvorhersagbar werden (ebenso wenig wie resultierende Handlungen oder die Emergenz der Präferenzen). Wenn genau deutbar ist, wann Präferenzen wie emergieren, kann dies entsprechend miteinbezogen werden.[76] Dies erfordert nur die Verallgemeinerungen der Bedingungen und eine Miteinbeziehung dieser.[77] Darüber hinaus scheinen die erweiterten Bedingungen der Kohärenztheorie der SR Verhalten auch real vorhersagbarer zu machen. Denn: „If acting cooperatively was not rational in a highly uncertain situation, then agents would have strong reasons not to act cooperatively and, in particular believe that others will do so either."[78]

---

[74] So versteht auch Sugden (2015) das TR schlicht als sozial orientierte Intention, was entlang der SR ebenso angenommen werden kann.

[75] An dieser Stelle sei zumindest noch der Verweis angebracht, dass sich auch die Emergenz der Präferenzen der Akteure im Lichte der Konfliktvermeidung in einem erweiterten Sinne instrumentalistisch deuten lassen würde. Dies ist der Fall, da Akteure erkennen bzw. die Überzeugung ausbilden, dass Konflikt sie individuell schlechter stellt als die Kooperation und die Annahme, dass der je andere dies auch erkennt.

[76] Paternotte (2012), S. 16 ff.

[77] Vermutlich würde hier keiner argumentieren, dass die Akteure der ST in einem determinierten epistemischen Zustand verharren müssen.

[78] Paternotte (2012), S. 16–17.

Wichtig ist, dass hier die Bedingungen der ET nicht gänzlich verletzt sind. Sie bleiben gewahrt. Entsprechend ist eine Emergenz der Präferenzen und interpersonale Intention überhaupt vonnöten. Deuten wir die ST als ein Spezialfall der ET, wie Spohn (1994) dies postuliert, dann wären Annahmen zu Transformationen der Präferenzen im Vergleich mit weitaus höheren Kosten verbunden. Nun zur Frage was verloren gehen würde, wenn statt diesen Überlegungen einfach ein Modi-Wechsel unterstellt wird. Die Antwort hierauf lautet die Ausführungen und Überlegungen zu den epistemischen Bedingungen der Akteure. Die epistemische Struktur scheint aber grundlegend für Kooperation und Überlegungen dahingehend zu sein. Dies scheint hier auch wichtig dafür, wie wir Gründe geben und nehmen. Denn „if Bayesianism misses beliefs, it misses all the things related to belief and, worst of all knowledge. Small wonder that the traditional epistemologist finds Bayesianism useless."[79] Entsprechend lohnt sich die Betrachtung der SR und anderer Ansätze in diese Richtung in mehrfacher Weise: Zum einen um sich Kooperation und dem realen Verständnis von rationalem Handeln weiter anzunähern, hinsichtlich der Erkenntnisse entlang der epistemologischen Bedingungen, die daraus hervorgehen, und im Sinne der Annäherung daran, was wir real als rational ausweisen würden.

Nun deuten seit geraumer Zeit erhebliche Bestrebungen und Theorien in eben diese Richtung. Eine davon ist die epistemische ST von Perea (2012), die Annahmen über die Rationalität und wechselseitige Überzeugungen formal ausführt und dann die Auswirkungen auf das Verhalten in Spielen untersucht.[80] Die epistemische Spieltheorie zeigt Ergebnisse hinsichtlich der Gleichgewichte in der ST und der analytischen Definition von Kooperation.[81] Gleichgewichtslösungen werden hier mittlerweile meist als weniger zentral angenommen, als dies lange entlang der ST vorausgesetzt wurde. Neben solchen theoretischen Bemühungen, kommt auch dem induktiven Schließen per se vermehrt Beachtung zu. So entwickelt Spohn (2012) eine Theorie des induktiven Schließens, die die Struktur und Dynamik rationaler Überzeugungssysteme bestimmt. Die sogenannte Rangtheorie beschreibt, wie Individuen unter idealen Bedingungen unsere Überzeugungen ausbilden und

[79] Spohn (2012), S. 44.

[80] Siehe hierzu u. a. auch Galeazzi, Lorini (2016) oder Dekel, Siniscalchi (2015). Für die allgemeine Kritik an Gleichgewichtslösungen in der ST gibt es darüber hinaus Argumente, die sich u. a. bei Mailath (2021) aus evolutionärer Perspektive wiederfinden oder aus epistemischer Perspektive, wie bei Brandenburger (1992), Healy (2011) oder de Bruin 2009).

[81] Solche Ergebnisse wurden v. a. für Nash-Gleichgewichte, korrelierte Gleichgewichte und rationalisierbare Gleichgewichte ermittelt. Siehe hierzu de Bruin (2010).

auch ändern, dabei Gründe abwägen und neue Einsichten in unsere bestehenden Überzeugungssysteme integrieren.[82]

Empirische und anthropologische Hinweise

Abschließend soll ein kurzer Rekurs in die Empirie und die Anthropologie unternommen werden. Dies dient der partiellen Stützung der Ergebnisse. Nun ist es schwer einen empirischen oder gar anthropologischen Nachweis anzuführen, der das Abbilden unserer Überzeugungssysteme selbst betrifft.[83] Einige Autoren, die für die Abschwächung des orthodoxen Konzeptes gemeinsamen Wissens plädieren, verweisen darauf, dass zumindest die idealen Bedingungen dahingehend real gar keine so große Rolle zu spielen scheinen. Die Frage welche Informationen geteilt werden, scheint real eine Rolle zu spielen.[84] Hierzu finden sich zentrale empirische Hinweise entlang von den Ausführungen von Philips et al. (2020). Normalerweise konzentriert sich die Forschung darauf, wie wir jemand anderen verstehen und „lesen", wie wir Menschen Überzeugungen zuschreiben.[85] Weniger Beachtung fand jedoch lange Zeit die Frage danach, wie wir andere verstehen, indem wir ihnen Wissen zuschreiben. Dabei ist es wichtig zu erwähnen, dass Wissen hier im Sinne von „Informationen haben" im abgeschwächten Sinn zu deuten ist.[86] Nun zeigt sich entlang verschiedener Studien, dass die Zuschreibung von Wissen (Informationen haben) grundlegender scheint als die Zuschreibung von (aktualen) Überzeugungen. Grundlegender im evolutionären Sinne und grundlegender in der Anwendung im menschlichen Handeln. So lässt sich darlegen, dass beispielsweise Schimpansen teilweise die „Falsche-Überzeugungen-Aufgabe"[87] meistern, teilweise nicht. V.a. in Szenarien, die auf Wettbewerb ausgerichtet sind, scheinen sie hier jedoch zu

[82] Auf der Grundlage von Giang, Shenoy (2000) lässt sich dies in die ET integrieren bzw. eine rangtheoretische Entscheidungstheorie annehmen.

[83] So spiegeln auch die Erkenntnisse des Hirschjagdspiels und evolutionär stabiler Kooperation diese Ergebnisse indirekt.

[84] Wie dies bei Barwise (1988) ausgeführt wird.

[85] Siehe hierzu u. a. Call, Tomasello (2008), Dennet (1989) oder auch Saxe, Kanwisher (2003), um nur einige von vielen Autoren zu nennen.

[86] Es bezieht sich nur auf Fakten, die ich auch habe und als wahr annehme, es geht über wahre Überzeugungen hinaus im indirekten Sinne, es schließt mit ein, dass andere Dinge wissen, die ich nicht weiß usw. Im Sinne der Definition und der Beispiele von Philipps et al. (2020), scheint dieses Verständnis in meinen Augen naheliegend. Hier soll also kein „knowledge first" Ansatz im Sinne aktualen Wissens vertreten werden.

[87] Geprüft wird dabei, inwiefern eine Person trotz Informationsprivileg gegenüber einer anderen Person erkennen kann, dass diese Person andere Überzeugungen hat, selbst wenn diese falsch sind.

scheitern.[88] Jedoch verdeutlichen Tests, dass Schimpansen (und andere Menschenaffen) keine Probleme damit haben, zu deuten, was andere wissen (also welche Informationen sie besitzen).[89] Darüber hinaus haben sie auch keine Probleme, abzubilden, dass ein anderer etwas weiß, was sie nicht wissen (verstecktes Futter und Futterquellen).[90] Und dass sie umso mehr Probleme mit Tests zu Wiedergabe von Überzeugungen von anderen hatten, umso weniger sie ihnen Wissen (in Form von Informationen) zuschreiben konnten.[91] Darüber hinaus zeigt sich bei menschlichen Kindern, dass anderen Personen Wissen (in Form von Informationen) zugeschrieben wird, noch bevor sie in der Lage sind, ihnen Überzeugungen zuschreiben zu können.[92] Und wir auf solche Informationszuschreibungen automatisch zurückzugreifen scheinen, während wir anfangen genauer zu überlegen und deliberieren, wenn wir anderen Personen Überzeugungen zuschreiben.[93] Wissen wird in einem ersten Schritt schlicht unreflektiert zugeschrieben, wenn wir davon überzeugt sind, dass jemand Informationen besitzt.

Hierbei wird davon ausgegangen, dass jemand spezifische Informationen hat oder einen Fakt erkennt. Die Information bzw. dieses Wissen zu haben wird dem anderen also indirekt zugeschrieben. Wir lernen von der Außenwelt und schreiben anderen bestimmtes Wissen zu und dies scheint (als Mechanismus) im genannten Sinne grundlegender als die Zuschreibung tatsächlicher Überzeugungen oder von aktualem Wissen zu sein. Entsprechend sollten zum einen Informationen, die öffentlich in einem Ereignis wirken, zum Tragen kommen. Zum anderen geht die menschliche Fähigkeit, anderen spezifische Überzeugungen zuzuschreiben, mit der Ausdifferenzierung unserer epistemischen Fähigkeiten einher und findet im Zusammenhang mit dem (immer besseren) Deuten von anderen statt.[94] Wahrscheinlich sogar als Folge unserer immer kooperativer werdenden Lebenswelt. Besonders im evolutionären Kontext von Kooperation kann man sich dann fragen „Wie kann Kooperation

[88] Call, Tomasello (2008) oder Krachun et al. (2009).

[89] Brauer et al. (2007), Hare et al. (2000) oder Kamnski et al. (2008).

[90] Gettier (1963).

[91] Drayton, Santos (2016, 2018) und Schmelz, Call, Tomasello (2011).

[92] Dudley (2018) und Dudley et al. (2015).

[93] Furlanetto et al. (2016) oder Gardner et al. (2018).

[94] Menschen scheinen hochgradig koordinativ und kooperativ. In diese Richtung und den Zusammenhang mit epistemischen Abbildungen in diese Richtung, lassen sich viele weitere Hinweise anführen. Zum Beispiel weisen Hare, Woods (2020) darauf hin, dass die meisten Tiere schwarze Augäpfel haben. Dies schützt davor, dass der andere „weiß" was man sieht. Menschen haben im Laufe der Evolution weiße Augäpfel ausgebildet, da dies vermutlich das „Lesen" anderer vereinfacht und die Zuschreibung von Informationen oder auch Überzeugungen erleichtert (vorsprachlicher Faktor).

im Kontext von (rudimentären) Informationszuschreibungen entstehen?“ statt auf ideal iterierte Fälle von aktualem Wissen abzuzielen. Vielleicht sind gerade differenzierte Zuschreibungen von aktualem Wissen und Überzeugungen gegenüber einem anderen erst eine Folge von vermehrtem prosozialem Verhalten, um den anderen besser „lesen“ zu können bzw. in Folge einer kooperativen und immer komplexer kooperativ-sozialen Welt.

7.4 Volle Kooperation als Konsens zweiter Ordnung

Bislang wurde argumentiert, dass die epistemischen Bedingungen SR hinsichtlich (schwacher) Kooperation mit einer Abschwächung des orthodoxen Konzepts gemeinsamen Wissens einhergehen müssen, und verdeutlicht, welche Anforderungen sich für den Ansatz dann diesbezüglich ergeben können. Kooperation und kollektive Handlungen allgemein scheinen nun eng mit den epistemischen Bedingungen verwoben. Vor allem mit Blick auf Institutionen stellt sich jedoch abschließend in einem erweiterten Sinne die Frage nach starker bzw. voller Kooperation. Der Ausdruck starke Kooperation bezieht sich dabei auf die epistemische Konstitution, in möglicher Anlehnung an den vollen Wir-Modus (oder auch des TR). Anschließend soll hier für die Möglichkeit der Integration starker Kooperation in die SR argumentiert werden. Diese gestaltet sich hinsichtlich der epistemischen Bedingungen partiell strukturähnlich zum Wir-Modus oder einem starken TR. Hierzu soll in einem ersten Schritt verdeutlicht werden, welche Fälle eine Erweiterung der SR abdeckt und welche spezifischen Situationen hiervon betroffen sind. Das Anwendungsfeld ist vor allem mit Blick auf den Vergleich zu Tuomela (2007, 2013) dargelegt, da Kooperation im vollen Umfang sehr funktional gestaltet ist. In einem zweiten Schritt bleibt zu klären, was diese Strukturähnlichkeit konkret für die Bedingungen der SR bedeutet und wie sich der Ansatz übergreifend einbettet. Abschließend lässt sich mit Blick auf die strukturelle Beschaffenheit der SR ein dynamischer Ansatz gradueller Formen der Kooperation erahnen, die das Switch-Problem erheblich abmindern. Zentral ist, dass die Unterschiede gradueller Formen der Kooperation von den jeweiligen epistemischen Bedingungen herrühren. Die schwache Form der Kooperation bildet das Zentrum der Arbeit und ist in ihrer Erklärung und Geltung nicht an Formen starker Kooperation gebunden.

Erweiterte Formen der Kooperation

Der Ansatz des Wir-Modus und dessen postulierte vollständige Formen von Kooperation bringen einige Vorteile, die sich in einen schwachen Ansatz der Kooperation nicht integrieren lassen. Zum einen deckt der Wir-Modus eine erweiterte Intuition von Kooperation ab, die sich v. a. in Organisationen und Institutionen, aber auch Vereinen findet. Man stelle sich beispielsweise einen Politiker vor, der einer Partei angehört. Im Normalfall werden sich die Partei und ihre Gremien auf ein bestimmtes Vorgehen einigen. Über dieses Vorgehen muss jeder innerhalb der Partei Bescheid wissen und sich binden. Ein einzelner Politiker, der die Partei repräsentiert, wird in bestimmten Fragen nicht seine subjektiven Präferenzen vertreten und zum Ausdruck bringen, sondern diejenigen der Partei, denen er im Vorfeld zugestimmt hat. Die öffentlichen Debatten über Ausrisse und Alleingänge eines Vertreters in einem spezifischen Amt, der seine eigenen Interessen statt die der Partei stärkt, sind bekannt und werden häufig öffentlich diskutiert, da sie eigentlich eher nicht der Regel folgen. Dies ist nur eines von vielen Beispielen in diese Richtung. Diese Fälle der starken Kooperation können nicht mit der ausgeführten Bedingungen schwachen Kooperation dargestellt werden. Dies ist der Fall sobald es sich um keinen im dargestellten Sinne offensichtlichen Konsens (zulässige kollektive Handlung in Form eines Konsenses) zwischen den Beteiligten handelt, da dann die Erfüllung der epistemischen schwachen Bedingungen nicht gewährleistet ist.

Tuomela (2013) diskutiert Vorteile, die sich durch vollständige Kooperation auf Grundlage des Wir-Modus ergeben. Zwei Vorteile der Wir-Modus-Argumentation lassen sich gegenüber schwächeren Fällen der Kooperation ausmachen:

i) Zum einen führt vollständige Kooperation zu stabileren Formen der Kooperation und damit teils zu besseren bzw. gesicherteren Ergebnissen (aus kollektiver Perspektive).
ii) Zum anderen ist vollständige Kooperation nicht zwingend an eine vorliegende Präferenzstruktur in einer möglichen Situation S geknüpft.

Es sei an dieser Stelle zusätzlich darauf hingewiesen, dass ein interpersoneller Konsens im Sinne der SR auch unter epistemischen Bedingungen mit möglicher Kommunikation der Teilnehmer einfach erzielt werden kann. Die Anlehnung an den Wir-Modus ist hier auf die spezifische Untersuchung in ST-Situationen gegeben. Will Kooperation nicht auf schwache Formen in der ST beschränkt bleiben, müssen weitere Bedingungen vorausgesetzt werden. Punkt i) wird nun von Tuomela (2013) in Anlehnung an verschiedene Gründe und Argumentationsformen im Vergleich zu Fällen des Pro-Gruppen Ich-Modus diskutiert. Der Wir-Modus scheint Kooperation generell zu stabilisieren:

„I-mode and we-mode reasoning, even when aiming at maximizing the same utility function, may produce different equilibria. Furthermore, the we-mode tends to create more collective order than the I-mode: It can decrease the number of equilibria, but it cannot increase them."[95]

Der Vergleich verändert sich entlang der bisherigen formulierten Bedingungen der SR, da auf andere Formen der Kooperation Bezug genommen wird, jedoch scheint er ansonsten weiterhin gültig. Im Falle der bisher dargelegten kooperativen Bedingungen der SR können sich auf der Ebene der je individuellen Begründung verschiedene GG ergeben (auch entlang der epistemischen Vielfalt der beteiligten Akteure), während der Wir-Modus die möglichen verfolgten GG der Akteure beschränkt und reduziert und somit Kooperation stabilisiert.[96] Darüber hinaus ist nun Kooperation mit Blick auf die SR schwächer konstituiert als im Pro-Gruppen-Ich-Modus (der innerhalb der SR zu verwerfen wäre). Der Wir-Modus kann hier stabilere Ergebnisse gewährleisten.[97] Die Handlungswahl von Akteuren im Wir-Modus ist dann von vornherein so eingeschränkt, dass sie sich mit ihrer Argumentation und ihren Präferenzen (Gruppenpräferenzen) in keiner GD-Interaktionssituation mehr befinden.

Bedeutender scheint jedoch Punkt ii), wonach die Annahmen des Wir-Modus es erlauben, Kooperation auf der Grundlage der Deliberation der einzelnen Akteure kollektiv in einem weiteren Sinn zu konstruieren – auch dann, wenn diese außerhalb der individuellen Interessen oder eines möglichen offensichtlichen Konsenses liegt. Der Wir-Modus ist in seiner Konstitution also nicht lediglich auf Kooperation auf Basis möglicher individueller Handlungskombinationen und Präferenzstrukturen (wie schwache Kooperation der SR im GD-Fall) beschränkt. Dies ermöglicht eine weitere Emergenz kooperativer Gleichgewichte entlang von Gruppenpräferenzen, die einer ursprünglichen GD-Interaktionssituation beispielsweise auch einfach (je nach situativer Einbettung und den entsprechenden Gruppenpräferenzen) folgende Form annehmen können (Abbildung 7.2):

[95] Tuomela (2013), S. 181.

[96] An dieser Stelle ergeben die empirischen Befunde der Akteure in einer anonymen GD-Interaktionssituation im Schnitt eine Kooperationsbereitschaft der Akteure von 50 Prozent unter den Bedingungen schwacher Kooperation, die die theoretische Argumentation Tuomelas (2013) zur Stabilisierung zumindest intuitiv zu stützen scheinen.

[97] Liegt beispielsweise eine GD-Interaktionssituation vor und es sind alle Bedingungen des Wir-Modus erfüllt, emergiert das kollektive GG von vornherein.

	Akteur 1: Kooperation	Akteur 1: Nicht-Kooperation
Akteur 2: Kooperation	3	4
Akteur 2: Nicht-Kooperation	0	2

Abbildung 7.2 Mögliche Emergenz der Präferenzen in der strukturellen Rationalität

Mit Blick auf die Gründe, die die Individuen je hinsichtlich der Konstruktion eines Wir-Modus haben, sowie unter Berücksichtigung der gleichen Interessen der Akteure in der SR, betrifft dies dann Formen der Kooperation in folgenden Fällen:

1) *Wenn in einer Interaktionssituation kein möglicher kooperativer Konsens auf Grundlage der individuellen Kombination der Präferenzen (Präferenzstruktur) der Einzelnen möglich ist.*
2) *Wenn gute Gründe der Akteure vorliegen, die die Überzeugung Einzelner stärken, dass keine stabile Kooperation zustande kommen kann oder Kooperation hier bereits gescheitert ist.*
3) *Wenn Kooperation eine mögliche übergeordnete Handlung H betrifft, hinsichtlich deren struktureller Teilhandlungen h_1, h_2, ... h_n kein (offensichtlicher) Konsens in Interaktionssituationen möglich ist.*

Die Fälle beinhalten je unterschiedliche Situationen, die real auftreten können. Fall 1) bezieht sich auf Interaktionssituationen, in denen Beteiligte mittels individueller Kombination ihrer Präferenzen keinen Konsens identifizieren können (kein potenziell kollektives Ziel). Am ehesten scheinen hiervon Situationen betroffen, in denen mehrere Teilnehmer in eine mögliche komplexe Deliberation einzubeziehen sind. So muss sich beispielsweise eine Partei innerhalb differenzierter Themenbereiche, auch wenn die jeweiligen Vorstellungen ihrer Mitglieder diesbezüglich stark differieren, letztendlich festlegen. Dies geschieht meist anhand der ursprüngliche Gründe, weshalb sich alle innerhalb der Partei beteiligen. Ist hier keine kooperative Lösung ersichtlich, muss in einer vorgelagerten Situation eine mehrheitliche Einigung erzielt und dahingehend epistemische Gewissheit geschaffen werden. Dies betrifft auch Kompromisse die über einen offensichtlichen Konsens hinausgehen. In Fällen des Typs 2) ist die Kooperation möglicherweise gescheitert oder wird absehbar scheitern (trotz potenziell kollektivem Ziel), sodass die Beteiligten gute Gründe für die Annahme haben, dass der je andere sich nicht beteiligen wird, was eine vorgelegte Einigung in Form eines Konsenses notwendig machen kann (Stabilisierung). Der Fall 3) betrifft verschiedene Teilhandlungen, die sich entlang einer möglichen Handlungsstruktur äußern, die nicht die je individuelle Struktur zum Ausdruck bringt, sondern möglicherweise die kollektive Handlungsstruktur einer Gruppe in einem erweiterten Bedeutungszusammenhang. Es geht also, wenn man so will, um Formen der Kooperation auf höhere Ebene, die die Handlung der einzelnen Akteure einer Gruppe in ihren Teilhandlungen beeinflussen. Offen bleibt an dieser Stelle, wie solche Fälle, bei denen man intuitiv zustimmen würde, dass sie auf die eine oder andere Weise (v. a. mit Blick auf Organisationen oder Institutionen) existieren, mit dem bisherigen Ansatz der SR verbunden werden können.

Volle Kooperation in der SR

Bei Nida-Rümelin (2019, 2016) finden sich Hinweise, wie verschiedene Formen der Kooperation in stärkerem Sinne in den Ansatz der SR zu integrieren sind. Der wichtigste Hinweis ist ein möglicher Konsens zweiter Ordnung, der sich auf höhere Formen der Kooperation zu beziehen scheint und sich zumindest hinsichtlich der epistemischen Bedingungen sowie der Handlungsbindung der Einzelnen strukturähnlich zum Ansatz des Wir-Modus ausformulieren lassen würde. Diese Argumentation soll nachfolgend gestützt werden. Zudem soll analysiert werden, wie ein Konsens zweiter Ordnung unter den Bedingungen der SR im Detail dann konstruiert ist. Nida-Rümelin (2019) schreibt dazu:

> „Cooperation is also often made possible by a consensus on second order rules. […] In many cases, it would be impossible to reach a consensus on basis of first-order rules because divergent opinions exist exactly how to evaluate and judge different opinions.“[98]

Ein Konsens zweiter Ordnung kann also entlang von Kooperation innerhalb der SR relevant werden, wenn es nicht möglich ist, auf der Grundlage der individuellen Kombination der Interessen der Beteiligten einen (offensichtlichen) kooperativen Konsensus (Unterkapitel 5.3) ausfindig zu machen. Dies kann den individuellen Präferenzen (bzw. der Präferenzrelationen) der Akteure in einer Situation geschuldet sein (Fälle 1–3). Auf dieser Grundlage lässt die SR zumindest den Spielraum für Kooperation, die als starke Kooperation angesehen werden kann und sich gemäß den vollen epistemischen Bedingungen formulieren lässt, da ein Konsens zweiter Ordnung in einem gewissen Sinne das aktuale Wissen über mögliche Akzeptanz zwischen den beteiligten Akteuren erfordern würde. Die Bedingungen der SR und des hier angedeuteten Konsenses zweiter Ordnung können jedoch nicht einfach

[98] Nida-Rümelin (2019), S. 120.

an die kollektiven Bedingungen des Wir-Modus selbst angelehnt werden. Im Vordergrund der SR stehen dabei vielmehr auch hier die strukturellen individuellen Gründe der Akteure. Eine entsprechende Rolle nehmen individuelle Gründe für die Bedingungen der Akzeptanz eines kollektiv gebildeten Konsens zweiter Ordnung ein.

Die Orientierung an einem möglichen Ethos wurde im Rahmen der SR ausgeschlossen (vgl. Kapitel 4 und 5). Soll also Kooperation über die bisherige Form der schwachen Kooperation hinausgehen, muss dies auf Grundlage der (individuellen) Gründe der Akteure selbst erläutert werden. Dabei bezieht ein Konsens zweiter Ordnung sich jedoch gerade nicht auf reine Formen der Kooperation (im Sinne reiner Aggregationsfunktionen der kollektiven Rationalität).[99] Vielmehr geht es um den Übergang der individuellen zu kollektiven Präferenzen, die die Grundlage der bisherigen kooperativen Bedingungen auf die dargestellten Formen zu erweitern vermögen. Dies lässt sich beispielhaft diskutieren.

Beginnen will ich mit einem Beispiel, das sich auf den dritten Fall bezieht– die mögliche Betrachtung einer Kooperationssituation, die sich auf strukturelle Teilhandlungen beziehen kann, in der sich die Akteure befinden und die keine (offensichtliche) Konsens-Lösung zulässt. Stellen wir uns hierbei zwei Akteure A und B vor, die beide das übergeordnete Ziel H haben. In der Interaktionssituation, in der sie sich befinden, geht es jedoch um eine Handlungsentscheidung der indirekten Teilhandlung zu H, wobei Akteur A den Handlungstyp h_1 und Akteur B den Handlungstyp h_2 präferiert. Eine Lösung entlang der individuellen Präferenzen scheint der Handlungsentscheidung der Teilhandlung betreffend, nicht möglich. Dies ist ein wichtiger Punkt, da ein Konsens offensichtlich werden kann, wenn die übergeordnete Handlung sich direkt (hinsichtlich der Präferenzen) miteinbeziehen lässt und dann auch auf Basis abgeschwächter epistemischer Bedingungen erreichbar ist.

Auch lässt die Präferenzstruktur keine offensichtlich kooperative Lösung zu, da die von A und B präferierten Teilhandlungen sich möglicherweise ausschließen. Jedoch können beide Akteure mit ihrem Ziel H ein Interesse daran haben, dass die Kooperation bezüglich der strukturellen Teilhandlung, die nötig scheint um H zu erreichen, also eine übergeordnete kooperative Einigung zustande kommt. Entsprechend scheinen beide Akteure mögliche Gründe zu haben, eine potenzielle Einigung in der Situation S über die Teilhandlung zu bevorzugen, wenn eine Beteiligung der je anderen gesichert ist. Dies kann den Ausschlag für eine potenzielle Einigung auf einen Konsens zweiter Ordnung geben, der sich zum Beispiel bei mehreren Personen n in der Einigung auf eine Mehrheitsentscheidung ausdrückt. Auch wenn die Mehrheitsentscheidung das Ergebnis h_2 erzielt, hat Akteur A strukturelle Gründe

[99] Vgl. Nida-Rümelin (1999), S. 154 f.

(hin zu H), sich daran zu beteiligen und diese zu akzeptieren, selbst wenn er h_1 präferiert. Es sind die epistemischen Bedingungen, die hier nun im nicht abgeschwächten Sinne, stabilisierend wirken und dann strukturähnlich zum Wir-Modus sind.

Im beschriebenen Fall liegt nun kein offensichtlicher kooperativer Konsens vor und die Interaktionssituation erweist sich als deutlich komplexer. Ein solcher Fall ist meist auf einen Fall von n Personen ($n > 2$) bezogen, wie dies beispielsweise in der Situation einer demokratischen Wahl beschrieben werden kann. Zum Beispiel muss bei einer direkten demokratischen Abstimmung über den Bau einer kostspieligen Brücke kein übergeordnetes Handlungsziel H vorliegen, das sich direkt strukturell auf den Brückenbau bezieht, damit ein Akteur 1 die gemeinsame Form der Abstimmung akzeptiert. Die Gründe für die Beteiligung eines Akteurs können auch einen indirekten strukturellen Bezug besitzen, indem sie sich auf die kooperative Handlung selbst beziehen. Jedoch scheint hierfür ein entsprechendes Wissen darüber erforderlich, dass alle anderen Akteure dies ebenso haben (Beispiel: „Wir leben in einer demokratischen Staatsform"). Was sich verändert ist dann die strukturelle Einbettung des Handlungsgrunds selbst. Nida-Rümelin (1999) hält bezüglich demokratischer Formen der Kooperation fest:

> „Ohne ein allgemein akzeptiertes Verfahren kollektiver Entscheidungsfindung würden sich in vielen dieser Fälle jeweils Personen mit ihren Präferenzen durchsetzen, die über größere Machtmittel, Bedrohungs-, Sanktionierungs- und Gratifikationspotentiale verfügen. Unter der Annahme, daß es keine natürliche Machthierarchie gibt, wären Prozesse der Gruppenentscheidung durch permanente Konflikteskalation bedroht."[100]

Strukturelle Gründe beziehen sich hier also nicht nur lediglich auf eine isolierte Teilhandlung, sondern auf eine erweiterte Deliberation der Akteure, die im Geflecht der Präferenzen des Einzelnen einen präferierten Handlungsgrund angibt – weshalb Kooperation in einer spezifischen Situation S aufrechterhalten werden sollte und auch entgegen den Präferenzen (ohne direkten wechselseitigen Vorteil) des Akteurs einen Teil zur kooperativen Handlung beiträgt. Dies lässt sich an folgendem Beispiel veranschaulichen: Ein Akteur A steht vor der Wahl zwischen verschiedenen Formen kollektiver Entscheidungsfindung. Dabei bevorzugt A die demokratische Wahl (a) gegenüber anderen Verfahren, bspw. gegenüber hierarchischer Anordnung (b), sodass gilt: $a > b$ (A präferiert Demokratie gegenüber alternativen Entscheidungsformen. Im Rahmen dieser demokratischen Wahl geht es nun um die konkrete Sachfrage, ob eine Brücke gebaut werden soll. Dabei hat A eine inhaltliche Präferenz gegen den Brückenbau (d) und spricht sich daher gegen den Bau der Brücke aus

---

[100] Nida-Rümelin (1999), S. 160.

(c): d > c (A präferiert die Ablehnung des Brückenbaus gegenüber dessen Durchführung). Auch wenn A nun Gründe für die Überzeugung hat, dass die demokratische Wahl zum Bau der Brücke führt, wird er innerhalb einer Interaktionssituation S dieser zustimmen und diese akzeptieren, wenn kein anderer offensichtlicher kooperativer Konsens zur Verfügung steht, und seine Handlungswahl einbetten. Dies ist der Fall, weil die Präferenz a > b innerhalb seiner individuellen Lebensform als wichtiger (strukturell grundlegender) deliberiert wird, als dies bei d > c der Fall ist, und die Präferenz von a ein wichtiger Handlungsgrund sein kann und entsprechendes Wissen darüber vorliegt.[101]

An dieser Stelle lässt sich festhalten, dass ein Individuum kollektive Ziele und Handlungsgründe erweitert akzeptiert und einbindet, wenn hierfür strukturelle individuelle Handlungsgründe vorliegen und es möglich und nötig ist starke Kooperation voraussetzen. Der individuelle Grund bietet die Grundlage dafür, dass kollektive Handlungsziele oder Gründe akzeptiert und das eigene Handeln hiernach eingeschränkt wird. In der betrachteten Handlungssituation S ist es nun jedoch nicht nur notwendig, dass das Individuum von seinen eigenen Präferenzen diesbezüglich Abstand nimmt, sondern dass es auf der Basis seiner eigenen übergeordneten Gründe seine Präferenzen in S in Gruppenpräferenzen der Art des Wir-Modus einbindet. Fraglich bleibt, ob der Verweis auf Gruppenpräferenzen hier notwendig ist, vermutlich scheinen sie aber bei der Betrachtung einzelner Situationen nicht verfehlt. In Unterscheidung zu Tuomela (2007, 2013) sind dann Gruppengründe und Gruppenpräferenzen zumindest indirekt auf den erweiterten Kontext der je individuellen Gründe der einzelnen Teilnehmer (Gesamtkohärenz) zurückführbar (Auslösung Modi-Wechsel), wenn auch nicht zwingend daraus aggregiert (Ergebnis der Mehrheitsentscheidung wird akzeptiert).[102]

Aus den angeführten Beispielen und Fällen, sowie deren strukturelle (v. a. epistemische) Anlehnung an den Wir-Modus, lassen sich die Bedingungen hin zur starken Kooperation herauslesen. Gruppenpräferenzen können sich entlang der SR ergeben und werden gebildet über:

1) *Die individuellen strukturellen Gründe der einzelnen Teilnehmer in einem übergeordneten deliberativen Kontext, die zur Akzeptanz der Gruppenziele (Konsens zweiter Ordnung) führen.*
2) *Kollektive Akzeptanz der einzelnen Gruppenmitglieder, die zu einer kollektiven Verpflichtung (über Gruppenziele) führt. Diese Verpflichtung setzt zumindest als Rationalitätskriterium voraus, dass die Mitglieder Gründe für die Überzeugung*

---

[101] Je nach Beschreibung der Situation ist dies auch auf den Fall (3) anwendbar.

[102] Vgl. auch Nida-Rümelin (1991b).

haben, dass dies die anderen Mitglieder analog betrifft, oder (im stabilen Sinne) dass sie wissen bzw. glauben, dass dies der Fall ist.

3) *Operative Mitglieder der Gruppe, denen über die kollektive Akzeptanz und das Gruppenethos eine gewisse Autorität von den Mitgliedern zugewiesen wird.*
4) *Gemeinsames Wissen (gemeinsame Überzeugungen) über 1)-3).*

Dabei unterscheidet sich die Formulierung zu starker Kooperation zu der von Tuomela (2007) nicht gravierend, sondern vornehmlich nur in der genauen Ausformulierung der Gründe sowie deren strukturellen Einbindung zur Akzeptanz des Gruppenziels.[103] Bei Tuomela (2007) steht hier der Ethos im Vordergrund, der jedoch auch entsprechend über vorgelagerte Gründe gebildet wird, die durchaus auch einen faktisch, objektiven Bezug besitzen. Entsprechend herauszustellen bleibt v. a. der strukturelle Bezug der SR selbst, sowie der Verweis auf die Lebensform der Akteure.[104] Hinsichtlich der individuellen Einbettung im dargestellten Sinn bleiben an dieser Stelle viele weiterführende Fragen unbeantwortet. Entsprechend wäre die Darstellung diesbezüglich mit Blick auf die SR zumindest denkbar erweiterbar. Die hier skizzierte erste Grundlage verdeutlicht jedoch gewisse Vorteile und die Möglichkeit eines dynamischen Ansatzes (auch in Verbindung von schwacher und voller Kooperation auf Grundlage der SR entlang verschiedener epistemischer Bedingungen). Zusammenfassend lässt sich festhalten, dass die SR aufgrund ihres strukturellen Bezugs die grundlegende Möglichkeit bietet, starke Kooperation partiell strukturähnlich zum Wir-Modus auszuformulieren. Entscheidend sind hierfür die übergeordneten Handlungsgründe der einzelnen Individuen (Wahl der individuellen Lebensform usw.), die sich nicht auf eine Interaktionssituation sowie deren priorisierte Ziele selbst beziehen müssen, sowie entsprechend

[103] Generell ist darauf hinzuweisen, dass – auch, wenn die Lebensform und das Ethos nicht zwei Worte für dasselbe bezeichnen – beide einen geteilten Weltbezug (im externalistischen Verständnis) voraussetzen. Das bedeutet: Die normativen Gehalte, die Handlungen in diesen Kontexten leiten, sind nicht bloß subjektive Einstellungen, sondern intersubjektiv zugängliche Strukturen. Diese manifestieren sich in kollektiven Praktiken und gemeinsamen normativen Erwartungen usw., die ggf. als Art objektive Orientierungsrahmen fungieren. Hier könnte in erweiterter Betrachtung die Lösung für das Problem objektiv geteilter, aber zugleich flexibler normativer Ordnungen liegen (die ohne feste a priori Annahmen oder einen starren Naturalismus auskommen bspw. indem sie erweitert im Sinne Skryms evolutionär selektierte Mechanismen abbilden). Auch, wenn dieser Hinweis nicht weiter ausgeführt werden kann, deutet sich hier ein potenzieller Ausblick an.

[104] Es sei hier nochmals darauf verwiesen, dass dies nur bei den hier vorgenommenen starken Formen der Kooperation und entsprechenden epistemische Annahemen der Fall ist. Bei den normalen Bedingungen der SR, die im Vorfeld ausführlich behandelt wurden, unterscheiden sich diese Bedingungen entsprechend.

starke epistemische Voraussetzungen der Akteure. Auf dieser Grundlage ist eine Einbettung der individuellen Handlung in einer Situation S in kollektive Präferenzen möglich. Die Notwendigkeit der kollektiven Präferenzen ergibt sich aus den Bedingungen der Akzeptanz selbst, den hierfür notwendigen epistemischen Bedingungen, sowie der Erweiterung hin zu möglichen Gruppenpräferenzen, die dann zumindest keine direkte Rückführung auf die individuellen Präferenzen der Akteure in der betrachteten Teilhandlung der Interaktionssituation zulassen.

Das Switch-Problem

Entlang der möglichen Einbettung starker Kooperation durch einen Konsens zweiter Ordnung innerhalb der SR ergeben sich mögliche Vorteile, die sich abschließend anreißen lassen. Sie betreffen das sogenannte Switch-Problem des Wir-Modus (Unterkapitel 4.7), das zumindest aufgrund der strukturellen Beschaffenheit der SR abgemildert wird. Diese strukturelle Beschaffenheit betrifft die je individuelle kohärente Einbettung der Gründe eines Akteurs. Innerhalb des Switch-Problems ging es um die kritische Auseinandersetzung mit der kollektiven Verpflichtung, die ein Individuum eingeht, wenn es Gruppenpräferenzen akzeptiert und sich verpflichtet. Problematisch ergab sich dies innerhalb von Konflikten zwischen Gruppengründen und individuellen Gründen und diesbezüglichen Modi-Abwägungen. Die Gruppenperspektive ergab sich in einem direkten Konflikt dieser Gründe, wenn das Ethos betroffen ist, im Wir-Modus immer als fundamental.

Die mögliche Einbettung der SR von individuellen Gründen hin zur Akzeptanz kollektiver Gründe erlaubt es nun, das Switch-Problem abzuschwächen bzw. aufzulösen. Das Switch-Problem kann entsprechend umformuliert und eingebettet werden. Eine Person Britta befand sich im Wir-Modus und hatte individuell gute Gründe, die mit dem Ethos kollidieren. Die Abwägung kann nun in der SR einbezogen werden, da die Beteiligung entlang eines kollektiven Zieles sich aus je individuellen Gründen (und deren Kohärenz) ergibt, die einer erweiterten oder direkten oder indirekten Deliberation des Akteurs entspringen (nicht situativ aggregativ). Im Fall des Konflikts muss zwischen Gründen aus individueller Perspektive und kollektiven Gründen eine Deliberation zwischen den ursprünglichen individuellen Gründen hin zur kollektiven Beteiligung einbezogen werden.

Man kann an dieser Stelle beispielsweise verallgemeinert annehmen, dass ein Akteur A sich auf Grundlage eines indirekt übergeordneten Grunds u an einem Konsens zweiter Ordnung beteiligt, diesen akzeptiert und seine eigene Handlung einschränkt. Infolge dieses Konsenses zweiter Ordnung gilt nun in einer Interaktionssituation S, die sich auf den Konsens zweiter Ordnung bezieht, die kollektive Präferenzrelation $k > nk$ (kooperieren wird gegenüber nicht-kooperieren bevorzugt). Der Einfachheit halber kann hier erneut auf das Beispiel zum Brückenbau verwiesen werden, über den mit einem Mehrheitsverfahren innerhalb eines Dorfs abgestimmt wird. Bei der Planung zum Bau der Brücke stellt sich heraus, dass das Haus der Eltern von A die einzige Fläche bietet, die es zulässt, die Brücke adäquat zu bauen. In der Planung der Brücke wird offensichtlich, dass durch den Brückenbau die Eltern von A obdachlos werden würden, und es werden keine Alternativen zur Verfügung gestellt. Entsprechend kann A nun auf persönlicher Ebene erneut gute Gründe gegen den Brückenbau ausbilden, die seine Akzeptanz des kollektiven Ziels beeinflussen.

Diesbezüglich kann nun eine erneute Abwägung stattfinden, die sich dann auf die ursprünglichen individuellen Gründe der Beteiligung für u und die persönlichen Gründe hin zur ursprünglichen Beteiligung am kollektiven Ziel und dessen Akzeptanz bezieht. Wichtig ist an dieser Stelle, dass die Beteiligung an u bereits eine Deliberation individueller Gründe (auf erweiterter Betrachtungsebene) voraussetzt. Im Beispiel des Brückenbaus fand dies für den Akteur A anhand der individuellen Gründe für beispielsweise die Präferenz der Demokratie gegenüber dem Brückenbau statt. Entsprechend ist die Grundlage zur Beteiligung innerhalb eines kollektiven kooperativen Ziels und möglicher kollektiver Präferenzen immer bereits indirekt an eine je individuelle Deliberation gebunden. Wäre zu diesem Zeitpunkt bereits bekannt, dass das Elternhaus von A vom Brückenbau direkt betroffen ist, wäre dieser Faktor in die Entscheidung hinsichtlich der Akzeptanz und Beteiligung an kollektiven Präferenzen eingeflossen. Ergibt sich also ein Konflikt zwischen bereits akzeptierten kollektiven und individuellen Präferenzen, muss also immer neues Wissen diesbezüglich hinzukommen, das der Akteur vorher nicht hatte. Ist dies der Fall, richtet sich eine erneute Deliberation gegenüber den strukturellen individuellen Präferenzen des Akteurs aus und die ursprünglichen Gründe seiner kollektiven Beteiligung und der vorgelagerten Akzeptanz werden angesichts der aktualisierten epistemischen Grundlage möglicherweise neu bewertet. Entsprechend muss die Akzeptanz der kollektiven Ziele nicht erhalten bleiben, kommen neue Informationen hinzu (die Situation S betreffend), die sich auf die individuellen Gründe des Akteurs beziehen. Voraussetzung hierfür ist jedoch, dass diese strukturell gegenüber den Gründen, die zur Akzeptanz und Beteiligung an einem kollektiven Ziel geführt haben, irgendwie präferiert werden. Durch die strukturelle Komponente lässt sich die ursprüngliche Akzeptanz aus den individuellen Gründen und der Deliberation der Akteure gewinnen. Ein „Modi-Wechsel" des Akteurs ließe sich dahingehend zumindest (aufbauend) begründen und einbeziehen. Die Analyse bietet zumindest eine erste Annäherung an eine mögliche Abschwächung des Switch-Problems, auch wenn die Begründung mit Blick auf die individuell-strukturelle Begründung viele weiterführende Fragen offen lässt und dahingehend wiederrum Probleme aufwerfen kann.

8 Schlusswort

"Years ago, the anthropologist Margaret Mead was asked by a student what she considered to be the first sign of civilization in a culture. The student expected Mead to talk about clay pots, tools for hunting, grinding-stones or religious artifacts. But no. Mead said the first sign of civilization in an ancient culture was a femur (thighbone) that had been broken and then healed. Mead explained that in the animal kingdom, if you break your leg, you die. […] You are meat for prowling beasts. No animal survives a broken leg long enough for the bone to heal. A broken femur that has healed is evidence that someone has taken time to stay with the one who fell, has bound up the wound, has carried the person to safety and has tended the person through recovery. Helping someone else through difficulty is where civilization starts […]."[1]

Das obige Zitat bezieht sich auf Hilfsbereitschaft, aber dadurch teils auch auf grundlegende Formen der Kooperation (Geltungsbereich). Und egal, welche Interpretation oder welchen Startpunkt man letztendlich als Start von Zivilisation ansieht (vermutlich sind es auch mehrere), Kooperation, Altruismus und andere soziale Facetten sind der Kern unseres Miteinanders und damit dessen, was uns als Menschen ausmacht. Auch gemeinsames Jagen mit Werkzeugen, das Ausbilden von Religionen in einer Gruppe usw. sind hierfür Beispiele.[2] Ziel der Arbeit war es die RC-Theorie sowie darin bestehende Probleme auf interpersoneller Ebene der Kooperation zu betrachten und einen kleinen Beitrag innerhalb dieser weit gefächerten und vielschichtigen Debatte entlang der strukturellen Rationalität und der Ausweitung ihrer epistemischen Bedingungen zu leisten. Bei einer solchen Betrachtung bleibt jedoch fast automatisch eine erweiterte Miteinbeziehung von altruistischem Verhalten – sei es vergleichend oder aufbauend – nicht aus. Entgegen der Annahme des orthodoxen RC-Paradigmas wurde in der Arbeit

[1] Madden (1969).

[2] Siehe hierzu auch Raihani, 2021.

A.-V. Faix, *Ökonomische versus strukturelle Rationalität im Kooperationsdilemma*, https://doi.org/10.1007/978-3-662-72226-8_8

die These geteilt, dass Kooperation innerhalb von menschlichem Entscheidungsverhalten nicht zwingend irrational ist und eine weitreichende Rolle spielt. So selbstverständlich dies in unserem Alltag und auch häufig bereits in der philosophischen Diskussion darüber scheint, so vieldiskutiert und problematisch scheint es noch innerhalb vieler Gebiete der ST. Die Arbeit wollte dahingehend die SR stärken und erweitern. Die dargestellten Ergebnisse entlang der SR für Kooperation lassen sich einfach im Sinne des Altruismus weiter anwenden.[3]

In der Fülle von möglichen Lösungsansätzen, die versuchen Kooperation innerhalb einer (teils kleinerer, teils gravierender) Erweiterung der ST als rational auszuzeichnen, zeigte sich vor allem der Kollektivismus als robuste Theorie. Nun verdeutlichte sich gerade bei schwachen Formen von Kooperation noch Lücken und die ST verhält sich hier orthodoxer Weise gegenläufig zu vielen unserer Alltagserfahrungen und Intuitionen. Wir scheinen in unserem Alltag nicht nur in Zuständen der vollen Gruppenzugehörigkeit und Akzeptanz ihres Ethos kooperativ zu sein. Stattdessen gibt es eine Fülle von schwachen Formen der Kooperation, die wir als selbstverständlich ansehen und nicht zwingend als irrational werten würden. Der Ansatz der SR nach Nida-Rümelin scheint Raum für solche Formen der Kooperation zu schaffen. Auch darüber hinaus bietet der Ansatz der SR eine Fülle von Vorteilen, die hier nicht in voller Gänze zur Sprache kommen durften. Entsprechend lohnenswert kann die Betrachtung und eine Analyse sein. Auch wenn die Arbeit versucht hat, den Ansatz der SR zu stärken, schließt dies andere Betrachtungsmöglichkeiten in dieselbe Richtung nicht zwingenderweise aus, sondern beschreibt lediglich die hier gewählte Argumentationslinie.

Will man die SR jedoch in Bezügen der Kooperation (in der ST) verständlich machen, bedarf dies Modifikationen. Der Ansatz der SR lässt in ihren Bedingungen Raum für diese und das gewählte Vorgehen war schlicht, diese Lücken kenntlich zu machen und (interpretatorisch) auszuformulieren. Diese Modifikationen betreffen jedoch nicht die SR selbst, sondern vielmehr die Bedingungen der ST (und in Anlehnung kollektiver Intentionalität). Hierzu ist es notwendig das orthodoxe Konzept gemeinsamen Wissens in zweifacher Weise abzuschwächen. Was geteilt wird sind nun vielmehr Informationen, die sich aus typischen Ereignissen (die Interaktionssituation) ablesen lassen. Dies ist notwendig für eine

[3] Wobei ich hier die grundlegende Annahme der SR teile, dass Kooperation nicht schon Altruismus voraussetzen muss. Vielmehr scheint es, als ob Empathie (generell) für das „Lesen" der anderen für Kooperation nötig scheint und damit der Altruismus gefördert werden kann. Hängt mein eigener „Erfolg" immer mehr von einer Gruppe ab (durch Kooperation und komplexe Koordination), wird die Gruppe immer wichtiger für mich und damit auch jedes einzelne Mitglied derselbe. Kooperation und Altruismus scheinen sich hier vermutlich gegenseitig zu verstärken.

Emergenz der Präferenzen entlang kooperativer Ziele, die ich in Anlehnung an die SR postuliert habe. So lautet der Kern der These der Arbeit. Ein Versuch der Ausformulierung der epistemischen Bedingungen der SR wurde unternommen und über Annäherungen plausibilisiert.

Eine solche Abschwächung gemeinsamen Wissens in Verbindung mit der SR verursacht nun vermutlich mehr ungelöste Fragen innerhalb der Entscheidungs- und Spieltheorie und auch darüber hinaus, als sie an anderer Stelle hin zur Kooperation gelöst wurden. Eine weiterführende Diskussion muss an dieser Stelle im Detail leider ausbleiben. Ansätze, die den Blickwinkel erweitern, wie dies bei Spohn (2012) der Fall ist, scheinen hier hinsichtlich der Ausführung von induktivem Schließen notwendig. Innerhalb der ST verursachen die getroffenen Annahmen zumindest einige Kosten.[4] Diese sind aber notwendig, will man schwache Formen der Kooperation miteinbeziehen und menschliches Handeln adäquat verstehen. Sollen also alle Formen der Kooperation und damit der Facettenreichtum sozialen Verhaltens eine tatsächliche Beachtung in dem finden, was wir alltäglich als rational ansehen und werten, muss über die hier dargelegte Argumentation oder eine andere Darstellung in diese Richtung weiter nachgedacht werden. Darüber hinaus wurde versucht auf Grundlage der SR und ihrer vielseitigen Überlegungen zu Gründen und deren Kohärenz zu zeigen, dass die epistemischen Strukturen wichtig für die Analyse von Kooperation allgemein ist. Folgt man dieser Annahme, lässt sich auf Grundlage der SR ein dynamischer Ansatz von Kooperation skizzieren. Die erste Abhandlung, die hier abschließend hinsichtlich des Switch-Problems vorgenommen wurde, erfordert diesbezüglich jedoch eine weitere, detailliertere Beschreibung. Eine Betrachtung und erweiterte Analyse kann hier zumindest fruchtbar sein.

Nun sei selbstkritisch abschließend auf die Lücken der erfolgten Betrachtung hingewiesen. Zum einen wurden wichtige Aspekte der Kooperation außer Acht gelassen, die in den betreffenden Ansätzen eine untergeordnete Rolle spielen. Dies betrifft beispielsweise die grundlegende Frage nach Fairness, die mittlerweile auch innerhalb der ST weitläufig miteinbezogen wird und hier nur indirekt zum Tragen kam. Darüber hinaus sind natürlich die betrachteten Alternativansätze aus Gründen des Platzes begrenzt. Hier zeigt sich eine Fülle von Theorien und Ansätzen, deren erweitere Betrachtung eine Reihe von Erkenntnissen hinsichtlich Kooperation birgt. Dies gilt innerhalb der ST und natürlich auch über diese hinaus. Zusätzlich war Kooperation hier auf die Bezüge der ST und der betrachteten Alternativansätze beschränkt, ebenso wie alternative Rationalitätskonzepte darüber hinaus nicht zu Wort kommen konnten. So fielen viele kritische

[4] Die grundlegenderen Annahmen der ET sind nicht betroffen.

Stimmen hinsichtlich der orthodoxen ST unter den Tisch. Es tauchen gerade hinsichtlich der Probleme, die sich hierbei am Ende mit induktiven Überzeugungen und Gründen ergaben wichtige Erkenntnisse auf. Induktive und auch indirekte Überzeugungen scheinen auch über Kooperation hinaus eine nicht unbedeutende Rolle in unserem Handeln und Denken zu spielen. Vor allem, wenn es darum geht, vorherzusagen was andere Akteure tun und rationales Verhalten zu bestimmen. Das Gebiet und die Diskussion über gemeinsames Wissen (gemeinsame Überzeugungen), ist sodann weitere Analysen und Betrachtungen zu Ansätzen von Kooperation und sozialem Verhalten hinzukommen, naturgemäß viel zu breit um es in dieser Arbeit detailliert abzudecken. Unabhängig der weiterführenden Fragen und Anmerkungen, hoffe ich den Ansatz der SR hier um eine Formulierung entlang der epistemischen Bedingungen im Fall der Kooperation ergänzt zu haben und so einen kleinen Beitrag zur Diskussion und Darstellung der Frage um die Kooperation in der ST zu leisten.

Literaturverzeichnis

Adenzato, M., Becchio, C., Bertone, C. & Tuomela, R. (2005): *Neural correlates underlying action-intention and aim-intention.* Proceedings of the annual meeting of the Cognitive Science Society, 27. From https://escholarship.org/uc/item/44p1s4zq, 03.02.2020.

Akerlof, G. A. (1984): Gift exchange and efficiency-wage theory: Four views. The American Economic Review, Vol. 74, No. 2. *Papers and proceedings of the ninety-sixth annual meeting of the American Economic Association* (May, 1984), 79–83.

Al-Nowaihi, A. & Dhami, S. (2015): Evidential equilibria: heuristics and biases in static games of Complete Information. *Games*, Vol. 6, Issue 4, 1–40.

Albert, H. (1956): Entmythologisierung der Sozialwissenschaften. Die Bedeutung der analytischen Philosophie für die soziologische Erkenntnis, *Kölner Zeitschrift für Soziologie und Sozialpsychologie*, 8. Jahrgang.

Albert, H. (1963): Die Idee der kritischen Vernunft. Zur Problematik der rationalen Begründung und des Dogmatismus. In Club Voltaire, G. Szczesny (Hrsg.), *Jahrbuch für kritische Aufklärung, Band I*, München.

Albert, H. (1998): *Marktsoziologie und Entscheidungslogik. Zur Kritik der reinen Ökonomik.* Tübingen: Mohr Siebeck.

Amann, E. (1999): Evolutionäre Spieltheorie. Grundlagen und neue Ansätze. *Studies in Contemporary Economics.*Heidelberg: Physica. https://doi.org/10.1007/978-3-642-58656-9

Anscombe, G. E. M. (1957): *Intention.* Cambridge (MA.): Harvard University Press.

Arrow, K. J. (1963): *Social choice and individual values.* New Haven: Yale University Press.

Arrow, K. J. (1986): Rationality of self and others in an economic system. *The Journal of Business*, Vol. 59, No. 4, Part 2: The behavioral foundations of economic theory, 385-S399.

Aumann, R. J. (1976): Agreeing to disagree. *The Annals of Statistics*, Vol. 4, No. 6, 1236–1239.

Aumann, R.J. (1978): What is game theory trying to accomplish? In Arrow, K. and Honkapohja, S. (Hrsg.), *Frontiers of economics.* Oxford: Basil Blackwell, 5–46

Aumann, R. J. (1990): Nash equilibria are not self-enforcing. In Grabszewicz, J. J., Richard, J.-F. & Wolsey, L. A. (Hrsg.), *Economic decision making: games, econometrics and optimization.* Elsevier.

Aumann, R. & Sorin, S. (1989): Cooperation and bounded recall. *Games and Economic Behavior*, Vol. 1, Issue 1, 5–39.

Austin, J. L. (1972): *Theorie der Sprechakte (How to do things with words).* Stuttgart: Reclam.

A.-V. Faix, *Ökonomische versus strukturelle Rationalität im Kooperationsdilemma*, https://doi.org/10.1007/978-3-662-72226-8

Axelrod, R. (1984): *The evolution of cooperation.* New York: Basic Books.

Bacharach, M. (1999): Interactive team reasoning: A contribution of the theory of co-operation. *Research in Economics*, Vol. 53, Issue 2, 117–147.

Bacharach, M. (2006): *Beyond individual choice: Teams and frames in game theory.* Edited by Gold, N. & Sugden, R. Princeton: Princeton University Press.

Bardsley, N., Mehta, J., Starmer, C. & Sugden, R. (2009): Explaining focal points: Cognitive hierarchy theory versus team reasoning. *The Economic Journal,* 120, 40–79. https://doi.org/10.1111/j.1468-0297.2009.02304.x

Barwise, J. (1988): Three views of common knowledge. In M.Y. Vardi (Hrsg.), *Proceedings of the second conference on theoretical aspects of reasoning about knowledge.* San Francisco: Morgan Kaufman, 365–379.

Batson, C. D. & Shaw, L. L. (1991): Evidence for altruism: Toward a pluralism of prosocial motives. *Psychological Inquiry*, 2(2), 107–122, https://psycnet.apa.org/doi/10.1207/s15327965pli0202_1

Beckmann, J. (1984): *Kognitive Dissonanz. Eine handlungstheoretische Perspektive.* Lehr- und Forschungstexte Psychologie (Lehrtext, Vol. 11). Berlin: Springer-Verlag.

Berger, P., Friederici, A. D & Wiesmann, C. G. (2022): Maturational indices of cognitive control network are associated with inhibitory control in early childhood. *Journal of Neuroscience*, 42(32), 6258–6266. https://doi.org/10.1523/JNEUROSCI.2235-21.2022

Bergstorm, T. C. (2002): Evolution of social behavior: Individual and group selection. *Journal of Economic Perspectives*, Vol. 16, No. 2, 67–88. https://doi.org/10.1257/0895330027265

Bersacola, E., Hill, C. M. & Hockings, K. J. (2021): Chimpanzees balance resources and risk in an anthropogenic landscape of fear. *Sci Rep*, Feb 25, 11(1), 4569. https://doi.org/10.1038/s41598-021-83852-3.

Bierhoff, H. W. (1990): *Psychologie hilfreichen Verhaltens.* Kallbach: Harle-Buch.

Birnbacher, D. (2015): *Tun und Unterlassen.* Aschaffenburg: Alibri Verlag.

Blomberg, O. (2015): Common knowledge and reductionism about shared agency. *Australasien Journal of Philosophy.*

Bongard, W. (1965): *Nationalökonomie, wohin?* VS Verlag für Sozialwissenschaften.

Bowles, S. & Gintis, H. (2013): *A cooperative species. Human reciprocity and its evolution.* Princeton: Princeton University Press.

Brandenburger, A. (1992): Knowledge and equilibrium in games. *Journal of Economic Perspective*, Vol. 6, No. 4, 83–101.

Bratman, M. E. (1983): Taking plans seriously. *Social theory and practice*, 9(2–3), 271–287.

Bratman, M. E. (2009): Intention rationality. *Philosophical Explorations*, 12(3), 227–241.

Bratman, M. E. (1999): *Intention, plans and practical reason.* CSLI Publications.

Bratman, M. E, (2020): Geteiltes kooperatives Handeln. In Schmid, H. B. & Schweikard, D. P. (Hrsg.), *Kollektive Intentionalität.* Suhrkamp Taschenbuch Wissenschaft, 176–193.

Bräuer, J., Call, J. & Tomasello, M. (2007): Chimpanzees really know what others can see in a competitive situation. *Anim Cogn*, 10, 439–448. https://doi.org/10.1007/s10071-007-0088-1

Brewer, M. B., & Kramer, R. M. (1985). The psychology of intergroup attitudes and behavior. *Annual Review of Psychology*, 36, 219–243. https://doi.org/10.1146/annurev.ps.36.020185.001251

Bruin, B. de (2009): Overmathematization in game theory: pitting the Nash equilibrium refinement programme against the epistemic programme. *Studies in History and Philosophy of Science*, 40, 290–300. https://doi.org/10.1016/j.shpsa.2009.06.005

Bruin, B. de (2010): *Explaining games. The epistemic programme in game theory.* Synthese Library (SYLI, Vol. 346), Springer-Verlag.

Bruni, L. & Sugden, R. (2007): The road not taken: how psychology was removed from economics, and how it might be brought back. *The Economic Journal*, Vol. 117, Issue 516, 146–173. https://doi.org/10.1111/j.1468-0297.2007.02005.x

Buss, D. M. (2008): *Evolutionary psychology: The new science of the mind.* 3rd ed. Boston: Pearson.

Call, J. & Tomasello, M. (2008): Does the chimpanzee have a theory of mind? 30 years later. *Trends in Cognitive Science*, Vol. 12, No. 5, 187–192. https://doi.org/10.1016/j.tics.2008.02.010

Camerer, C. F. (2003): Behavioral game theory: Experiments in strategic interaction. The Roundtable Series in Behavioral Economics. Princeton: Princeton University Press.

Camerer, C. F., Dreber, A., Forsell, E., Ho, T.-H., Huber, J., Johammesson, M., Kirchler, M., Almenberg, J., Altmehd, A., Chan, T., Heikensten, E., Holzmeister, F., Imai, T., Isaksson, S., Nave, G., Pfeiffer, T., Razen, M. & Wu, H. (2016): Evaluating replicability of laboratory experiments in economics. *Science*, Vol 351, No. 6280, 1433–1436. https://doi.org/10.1126/science.aaf0918

Chisholm, R. (1976): *Person and object: A metaphysical study.* London: Routledge.

Chwaszcza, C. (1997): *Migration, citizenship and democracy. Studien zur Theorie und Empirie der Demokratie.*Baden-Baden: Nomos Verlagsgesellschaft.

Chwe, M. S.-Y. (2001): *Rational ritual: Culture, coordination, and common knowledge.* Princeton: Princeton University Press.

Clark, H. H. & Marshall, C. R. (1981): Definite knowledge and mutual knowledge. In Joshi, A. K., Webber, B. L. & Sag, I. A. (Hrsg.), *Elements of discourse understanding.* Cambridge: Cambridge University Press, 10–63.

Colema, J. S. (1990): *Foundation of social theory.* Cambridge (MA.): Harvard University Press.

Coleman, A. M., Pulford, B. D. & Rose, J. (2007): Collective rationality in interactive decisions: Evidence for team reasoning. *Acta Psychologica,* 128, 387–397. https://doi.org/10.1016/j.actpsy.2007.08.003

Collard, D. A. (1978): *Altruism and economy: A study in non-selfish economics.* Oxford: Oxford University Press.

Condorcet, M. J. A. M. de (1785): *Essai sur l'application de l' analyse á la probabilité des décisions rendues á la pluralité des voix.* Paris.

Cubitt, R. & Sugden, R. (2003): Common knowledge, salience and convention: A reconstruction of David Lewis' game theory. *Economics and Philosophy*, Vol. 19, Issue 2, 175–210. https://doi.org/10.1017/S0266267103001123

Dawkins, D. (1976): *The selfish gene.* Wye (UK): Francis Edwards ABA ILAB.

De Waal, F. W. (2005): A century of getting to know the chimpanzee. *Nature*, 437, 56–59. https://doi.org/10.1038/nature03999

De Waal, F. W. (2008): Putting the altruism back into altruism: the evolution of empathy. *Annu Rev Psychol,* 59, 279–300. https://doi.org/10.1146/annurev.psych.59.103006.093625

De Waal, F. W. (2015): *Der Mensch, der Bonobo und die Zehn Gebote. Moral ist älter als Religion.*Stuttgart: Klett-Cotta Verlag.

Dekel, E. & Siniscalchi, M. M. (2014): *Epistemic game theory.* Economics, Computer Science. Handbook of Game Theory With Economic Applications. https://doi.org/10.1016/B978-0-444-53766-9.00012-4

Dennett, D. C. (1989): The origins of selves. *Cogito*, 3(3), 163–173.

Diekmann, A. & Voss, T. (2008): Soziale Normen und Reziprozität. Die Bedeutung „sozialer" Motive für die Rational-Choice-Erklärung sozialer Normen. In Diekmann, A., Eichner, K., Schmidt, P. & Voss, T. (Hrsg.), *Rational Choice: Theoretische Analysen und empirische Resultate.* Heidelberg: Springer-Verlag, 83–100.

Dierksmeier, C. (2011): Humanistic management in practice. Volume II. Humanism in Business Series (HUBUS), Heidelberg: Springer-Verlag.

Doyal, L. & Gough, I. (1991): *A theory of human need.* Heidelberg: Springer-Verlag.

Drayton, L. & Santos, L. R. (2016): A decade of theory of mind research on Cayo Santiago: Insights into rhesus macaque social cognition. *American Journal of Primatology*, 78(1), 106–116. https://doi.org/10.1002/ajp.22362

Drayton, L. & Santos, L. R. (2018): What do monkeys know about others' knowledge? *Cognition*, 170, 201–208. https://doi.org/10.1016/j.cognition.2017.10.004

Dudley, R. (2018): Young children's conception of knowledge. *Philosophy Compass*, 13(6), e12494. https://doi.org/10.1111/phc3.12494

Dudley, R., Orita, N., Hacquard, V. & Lidz, J. (2015): *Three-year-olds' understanding of know and think. Experimental perspectives on presuppositions.* Cham: Springer, 241–262.

Duguid, S. & Melis, A. (2020): How animals collaborate : underlying proximate mechanisms, *WIREs Cognitive Science*, Vol. 11, No. 5, e1529. https://doi.org/10.1002/wcs.1529

Dugatkin, L. A. (1997): *Cooperation among animals. An evolutionary perspective.* Oxford: Oxford University Press.

Dugatkin, L. A. & Reeve, H. K., (Hrsg.). (1998): *Game theory and animal behavior.* Oxford: Oxford University Press.

Dworkin, R. (1973): The original position. *The University of Chicago Law Review*, Vol. 40, No. 3, 500–533.

Edelman Trust Barometer (2017): *Trust report.* https://www.edelman.com/trust/2017-trust-barometer, 02.03.2019.

Edgeworth, F. Y. (1881): *Mathematical psychics.* History of Economic Thought Books. McMaster University Archive for the History of Economic Thought.

Ellison, G. (1993): Learning, local interaction and coordination. *Econometrica, Vol.* 61, No. 5, 1047–1071.

Elster, J. (1987): *Subversion der Rationalität.* Frankfurt a. M., New York: Campus.

Falk, A. & Fischbacher, U. (1998): A theory of reciprocity. *Games and Economic Behavior.* Vol. 54, Issue 2, 293–315. https://doi.org/10.1016/j.geb.2005.03.001

Fehr, E. & Fischbacher, U. (2004): Third-party punishment and social norms. *Evolution and Human Behavior*, 25(2), 63–87. https://doi.org/10.2139/ssrn.495443

Festinger, L. (1957): *Die Theorie der kognitiven Dissonanz.* Bern u.a.

Forster, E. A., Franks, D. W., Mazzi, S., Darden, S., Balcomb, K. C. Ford, J. K. & Croft, D. P. (2012): Adaptive prolonged post reductive life span in killer whales. *Science*, Sep 14; 337 (6100). https://doi.org/10.1126/science.1224198. PMID: 22984064.

Frank, R. H. (1988): *Passions within reasons: The strategic role of emotions.* WW Norton & Co.

Frank, R. H., Gilovich, T. & Regan, D. T. (1993a): Does studying economics inhibit cooperation? *Journal of Economic Perspectives.* Vol. 7, No. 2, 159–171.

Frank, R. H., Gilovich, T. & Regan, D. T. (1993b): The evolution of one-shot cooperation: An experiment. *Ethnology and Sociobiology,* Vol. 14, Issue 4, 247–256.

Frey, B. S. & Benz, M. (2001): *Ökonomie und Psychologie: eine Übersicht.* Zürich: Institut für Empirische Wirtschaftsforschung.

Friedman, M. (1953): *Essays in Positive Economics.* Chicago: University of Chicago Press.

Furlanetto, T, Becchio, C., Samson, D. & Apperly, I. (2016): Altercentric interference in Level 1 visual perspective taking reflects the ascription of mental states, not submentalizing. *Journal of Experimental Psychology: Human Perception and Performance*, 42(2), 158–163. https://doi.org/10.1037/xhp0000138

Galeazzi, P. & Lorini, E. (2014): Epistemic logic meets epistemic game theory: a comparison between multi-agent Kripke models and type space. *Synthese*, 193, 2097–2127. https://doi.org/10.1007/s11229-015-0834-x

Gardner, M. R., Bileviciute, A. P. & Edmonds, C. J. (2018): Implicit mentalizing during level-1 visual perspective-taking indicated by dissociation with attention orienting. *Vision*, 2(1), 3. https://doi.org/10.3390/vision2010003

Garmaier, G. (2010): *Wirtschaftsethische Aspekte des Franchisings: Die erfolgreiche Überwindung von Dilemmastrukturen.* Wiesbaden: Gabler.

Gettier, E. (1963): Is justified true belief knowledge? *Analysis*, 23(6), 121–123.

Giang, P. H. & Shenoy, P. P. (2000): A qualitative utility theory for Spohn's theory of epistemic beliefs. *Proc. of UAI'2000,* 220–227.

Gibbard, A. (1978): Straightforwardness of game forms with lotteries as outcomes. *Econometrica,* Vol. 46, No. 3, 595–614.

Gilbert, M. (1983): Notes on the concept of a social convention. *Lew Literary History*, 14(02), 225–251.

Gilbert, M. (1989): *On social facts.*Routledge. https://doi.org/10.2307/2186077

Gold, N. (2012): Team reasoning, framing, and cooperation. In Okasha, S. & Binmore, K. (eds.), *Evolution and rationality: Decisions, co-operation and strategic behaviour.* Cambridge: Cambridge University Press, 213–233. https://doi.org/10.1017/CBO9780511792601.010

Gold, N. (2018): Team reasoning: controversies and open research questions. In Ludwig, K & Jankovic, M. (eds.), *Routledge handbook of collective intentionality.* Routledge, 221–232.

Gold, N. & Coleman, A. N. (2018): Team reasoning and the rational choice of payoff-dominant outcomes in games. *Topoi*, Vol. 39, 305–316. https://doi.org/10.1007/s11245-018-9575-z

Gold, N. & Sugden, R. (2004): *Theories of team agency.* Workshop on rationality and commitment at the University of St Gallen; Logic, games and philosophy: Foundational perspectives in Prague; and collective intentionality IV in Siena. https://ora.ox.ac.uk/objects/uuid:ef38ba02-e0fb-4868-88af-248db41efc8d/files/mae84a50c262609bc42bf2b37f3b56ed0, 03.03.201.

Gold, N. & Sugden, R. (2007): Collective intentions and team agency. *Journal of Philosophy*, 104(3), 109–137. https://doi.org/10.5840/jphil2007104328

Green, D. P. & Shapiro, I. (1999*): Rational Choice. Eine Kritik am Beispiel von Anwendungen in der Politischen Wissenschaft.*München: Oldenbourg Verlag.

Hahn, S. (2013): *Rationalität. Eine Kartierung. Mentis* Verlag.

Hakli, R., Miller, K. & Tuomela, R. (2010): Two Kinds of We-reasoning. *Economics and Philosophy*, 26(3), 291–320. https://doi.org/10.1017/S0266267110000386

Hamilton, W. D. (1971): Geometry for the selfish herd. *Journal of Theoretical Biology*, Vol. 31, Issue 2, 295–311,

Harbaught, W. T., Mayr, U. & Burghart, D. R. (2007): Neural responses to taxation and voluntary giving reveal motives for charitable donations. *Science*, 316(5831), 1622–5. https://doi.org/10.1126/science.1140738

Hare, B., Call, J. & Tomasello, M. (2000): Do chimpanzees know what conspecifics know? *Animal Behaviour,*61, 139–151. https://doi.org/10.1006/anbe.2000.1518

Hare, B. & Woods, V. (2020): *Survival of the friendliest: Understanding our origins and rediscovering our common humanity.* Random House.

Harms, W. & Skyrms, B. (2007): Evolution of moral norms. In Ruse, M (Hrsg.), *Oxford handbook on the philosophy of biology.* Oxford: Oxford University Press, 434–450. https://doi.org/10.1093/oxfordhb/9780195182057.003.0019

Heal, J (1978): Common knowledge. *Philosophical Quarterly*, 28(111), 116–131.

Healy, P. (2011): Epistemic foundations for the failure of Nash equilibrium. *Economics.* From https://www.semanticscholar.org/paper/EPISTEMIC-FOUNDATIONS-FOR-THE-FAILURE-OF-NASH-†-Healy/2ab78f8e242a9ed4ad1511c8dc59a9b1f3797559, 03.02.2021.

Hegselmann, R. (1997): Was könnte dazu motivieren, moralisch zu sein? Überlegungen zum Verhältnis von Moralität und Klugheit. In Hegelsmann, R. & Kliemt, H. (Hrsg.), *Moral und Interesse: Zur Interdisziplinären Erneuerung der Moralwissenschaften.* München: Oldenbourg Wissenschaftsverlag.

Heinrich, N. & Heinrich, J. (2007): *Why humans cooperate: A cultural and evolutionary explanation.*New York: Oxford University Press.

Herrmann-Pillath, C. (2009): *A neurolinguistic approach to performativity in economics. Frankfurt School* – Working Paper Series, No. 123, from Frankfurt School of Finance and Management. https://econpapers.repec.org/RePEc:zbw:fsfmwp:123

Hobbes, T. (1668): *Leviathan.* Ed. And trans. E. Curley (1994). Indianapolis: Hackett.

Hockings, K. J. (2011): Behavioral flexibility and division of roles in chimpanzee road-crossing. Matsuzawa, T., Humle, T. & Sugiyama, Y. (eds.), *The chimpanzees of Bossou and Nimba,* Springer, 221–229.

Höffe, O. (2008): *Lexikon der Ethik.* 7., neubearbeitete und erweiterte Auflage. Beck-Verlag.

Höffe, O. (2013): *Einführung in die utilitaristische Ethik.* 5. Auflage. A. Francke, UTB.

Hollis, M. (1998): *Trust within reason.* Cambridge: Cambridge University Press.

Homann, K. & Suchanek, A. (2005): *Ökonomie. Eine Einführung.* 2. Auflage. Tübingen: Mohr Siebeck.

Howard, N. (1971): *Paradoxes of rationality.* Cambridge (Mass.): The MIT Press.

Hume, D. (1739): *A treatise of human nature.* Ed. Selby-Bigge, L. A. (1949). Oxford: Clarendon.

Hume, D. (1987): *Essays, moral, political, and literary.* Liberty Classics.

Huth, R. M. (2008): *Rational Choice und Altruismus. Hilfsbereitschaft am Beispiel der Teilnahme an wissenschaftlichen Interviews.* Dissertation Rheinisch-Westfälischen Technischen Hochschule Aachen.

Huxley, T. H. (1888): *The struggle for existence.* Marston: Sampson Low.

Izquierdo, L. R., Izquierdo, S. S. & Vega-Redondo, F. (2014): Leave and let leave: A sufficient condition to explain the evolutionary emergence of cooperation. *Journal of Economic Dynamics and Control,* Vol. 46, 91–113. https://doi.org/10.1016/j.jedc.2014.06.007

Jaffro, E. & Paternotte, C. (2021): Unexplained cooperation. *European Journal for Philosophy of Science,* 1–24. https://doi.org/10.1007/s13194-021-00386-1

Janzen (1979): How to be a fig. *Annual Review of Ecological Systematics,* 10(31).

Jarvis, B., Corbett, D., Jain, L. C. (2005): Beyond-trust: A belief-desire-intention model of confidence in an agent's intentions. International conference on knowledge-based and intelligent information and engineering systems. *Knowledge-Based Intelligent Information,* 844–850. https://doi.org/10.1007/11552451_116

Jensen, K., Call, J. & Tomasello, M. (2007): Chimpanzees are rational maximizers in an ultimatum game. *Science,* Vol. 318, No. 5847, 107–109. https://doi.org/10.1126/science.1145850

Jevons, W. S. (1871): *The theory of political economy.* London, New York: Schäffer Poeschel.

Kahneman, D. & Tversky, A. (1984): Choices, values, and frames. *American Psychologist,* 39, 341–350. https://doi.org/10.1037/0003-066X.39.4.341

Kamnski, J., Call, J. & Tomasello, M. (2008): Chimpanzees know what others know, but not what they believe. *Cognition,* 109, 224–234. https://doi.org/10.1016/j.cognition.2008.08.010

Karni, E. (2009): A mechanism for eliciting probabilities. Econometrica, Vol. 77, Issue 2, 603–606. https://doi.org/10.3982/ECTA7833#

Karpus, J. & Radzvilas (2017): Team reasoning and a measure of mutual advantages in games. *Economics and Philosophy,* 1–28. https://doi.org/10.1017/S0266267117000153

Keohane, R. O. & Nye, J. S. Jr. (2000): Globalization: What's new? What's not? (And so what?). *Forgein Policy,* 118, Baldwin, D. A. (ed.), 104–119.

Kern, L. & Nida-Rümelin, J. (1994): *Logik kollektiver Entscheidungen.* De Gruyter Verlag.

Kirchgässner, G. (1991): *Homo oeconomicus: das ökonomische Modell individuellen Verhaltens und seine Anwendung in den Wirtschafts- und Sozialwissenschaften.* Tübingen: Verlag J. C. B. Mohr.

Kirchgässner, G. & Wolters, J. (2006): *Einführung in die moderne Zeitreihenanalyse.* München: Verlag Vahlen.

Kirchgässner G. (2013): Zur Politischen Ökonomie der wirtschaftspolitischen Beratung. Analysen und Berichte. Politikberatung. *Wirtschaftsdienst,* Vol. 93, 198–203.

Kirsch, G. (1997): Das Kalkül der Moral. In Lohmann, K. R. & Priddat, B. (Hrsg.), *Ökonomie und Moral. Beiträge zur Theorie ökonomischer Rationalität.* Scientia Nova, Oldenbourg Wissenschaftsverlag. https://doi.org/10.1515/9783486830422

Krachun, C., Carpenter, M., Call, J. & Tomasello, M. (2009): A competitive nonverbal false belief task for children and apes. *Dev Sci.,* 12(4), 521–35. https://doi.org/10.1111/j.1467-7687.2008.00793.x.

Kratochwil, F. (1998): Vergesst Kant! Reflexionen zur Debatte über Ethik und Internationale Politik'. In Chwaszcza, C. & Kersting, W. (Hrsg.), *Politische Philosophie der Internationalen Beziehungen,* Frankfurt/M.: Suhrkamp, 96–149.

Kreps, D. M. (1988): *Notes on the theory of choice.* New York: Routledge.

Kreps, D. M. (1990): *A course in microeconomic theory.* Princeton: Princeton University Press.

Lahno, A. M. & Lahno, B. (2014): Team reasoning as a guide to coordination. *Munich Discussion Paper No. 2014–8.*

Lewis, D. (1969): *Convention – A philosophical study.* Cambridge (MA.): Harvard University Press.

Lindenberg, S. (1990): Homo socio-oeconomicus: The emergence of a general model of man in the social science. *Journal of Institutional and Theoretical Economics (JITE),* Vol. 146, No. 4, 727–748.

Luce, R. D. & Raiffa, H. (1957): *Games and decisions: Introduction and critical survey.* John Wiley & Sons, Inc. Publishers.

Ludwig, K. (2016): *From individual to plural agency: Collective action I.* Oxford: Oxford University Press.

Ludwig, K. (2017): Methodological individualism, The we-mode, and team-reasoning. In Preyer, G. & Peter, G. (Hrsg.), *Social ontology and collective intentionality. Critical essays on the philosophy of Raimo Tuomela with responses.* Cham (Switzerland): Springer Nature, 3–18.

Ludwig, K. (2020): What is minimally cooperative behavior? In Fiebich, A. (ed), *Minimal cooperation and shared agency.* Cham (Switzerland): Springer Nature, 9–40.

Madden (1969) zitiert in: Hands of the gods in human civilization, Johnson, D. D. P. (2016), Anthropology, *Nature*, 530, 285–286.

Mailath, G. J. (1998): Do people play Nash equilibrium? Lessons from evolutionary game theory. *Journal of Economic Literature,* Vol. XXXVI, 1347–1374.

May, T. (1983): *Individuelles Entscheiden in sequentiellen Konfliktspielen: eine theoretische und experimentelle Untersuchung zum Entscheidungsprozess im Prisoner's dilemma game und Chicken game unter Berücksichtigung der Konfliktmatrix Erfahrung und der motivationalen Orientierung der Spieler.* Europäische Hochschulschriften, Reihe 6, Psychologie; 117. Frankfurt am Main: Lang.

McCann, H. J. (1986): Rationality and the range of intention. *Midwest Studies in Philosophy,* 10(1), 191–211. https://doi.org/10.1111/j.1475-4975.1987.tb00540.x

Mehta, J., Starmer, C. & Sugden, R. (1994): The nature of salience: An experimental investigation of pure coordination games. *The American Economic Review,* Vol. 84, No. 3, 658–673.

Mele, A. R. (1984): Aristotle on the proximate efficient cause of action. *Canadian Journal pf Philosophy,* 14 (sup1), 133–155. https://doi.org/10.1080/00455091.1984.1071587

Mele, A. R. & Rawling, P. (2004): *The oxford handbook of rationality.* Oxford: Oxford University Press.

Miller, S. (2023): Joint Actions: We-mode and I-mode. In Garcia-Godinez, M. & Mellin, R. (Hrsg.), *Tuomela on Sociality.* Palgrave-Macmillan, 59–78.

Misyak, J. B., Melkonyan, T., Zeitoun, H. & Charter, N. (2014): Unwritten rules: virtual bargaining underpins social interaction, culture, and society. *Trends Cogn Sci.,* 18(10), 512–519. https://doi.org/10.1016/j.tics.2014.05.010.

Morris, S. (1999): Approximate common knowledge revisited. *International Journal of Game Theory*, 28, 385–408. https://doi.org/10.1007/s001820050116

Morris, S. & Shin, H. S. (1997): Rethinking equilibria in macroeconomic modeling. *NBER Macroeconomics Annual*, Vol. 15, 139–161.

Mukerji, N. (2016): *The case against consequentialism reconsidered. Theory and decision library A: Rational choice in practical philosophy and philosophy of science.* Switzerland: Springer International Publishing.

Nagel, T. (1986): *The view from nowhere.* Oxford: Oxford University Press.

Nagel, T. (2005): *Die Möglichkeit des Altruismus.* Princeton (N.J.): Princeton University Press.

Neumann J. von & Morgenstern, O. (1944): *Theory of games and economic behavior.* Princeton Classic Editions. Princeton: Princeton University Press.

Nida-Rümelin, J. (1991a): Practical Reason or metapreferences? An undogmatic defense of Kantian morality. *Theory and Decision,* 30, 133–162. https://doi.org/10.1007/BF00134121

Nida-Rümelin, J. (1991b): Zur Philosophie der Demokratie. Arrow-Theorem, Liberalität und strukturelle Normen, *Analyse & Kritik. Zeitschrift für Sozialtheorie*, Bd. 13, 184–203. https://doi.org/10.1515/auk-1991-0205

Nida-Rümelin, J. (1992): *Ökonomische Rationalität und praktische Vernunft. In Hollis, M. (Hrsg.), Moralische Entscheidungen und rationale Wahl.* München: Oldenbourg, 131–152.

Nida-Rümelin, J. (1993): *Kritik des Konsequentialismus.* München: Oldenbourg.

Nida-Rümelin, J. (1994a): Das rational choice-Paradigma: Extensionen und Revisionen. In Nida-Rümelin, J. (Hrsg.), *Praktische Rationalität. Grundlagenprobleme und ethische Anwendungen des rational choice-Paradigmas.* Berlin: De Gruyter.

Nida-Rümelin, J. (1994b): *Entscheidungstheorie und Ethik.* München: Herbert Utz Verlag.

Nida-Rümelin, J. (1997a): *Economic rationality and practical reason.* Kluwer: Dordrecht.

Nida-Rümelin, J. (1997b): Why consequentialism fails. In Holmström-Hintikka, G. & Tuomela, R. (Hrsg.), *Contemporary action theory,* Vol. II. Kluwer: Dordrecht, 295–308.

Nida-Rümelin, J. (1997c): Ökonomische Optimierung in den Grenzen struktureller Rationalität. In Lohmann, K. R. & Priddat, B. P., *Ökonomie und Moral.* München: Oldenbourg.

Nida-Rümelin, J. (1999): *Demokratie als Kooperation.* Suhrkamp Taschenbuch Wissenschaft, Suhrkamp Verlag.

Nida-Rümelin, J. (2000): Rationality: Coherence and structure. In Nida-Rümelin, J. & Spohn, W. (Hrsg.), *Rationality, rules and structure.* Kluwer: Dordrecht, 1–16.

Nida-Rümelin, J. (2001): *Strukturelle Rationalität.* Ein philosophischer Essay über praktische Vernunft. Stuttgart: Reclam.

Nida-Rümelin (2005a): Why rational deontological action optimizes subjective value. *Protosociology*, 21, 182–193. https://doi.org/10.5840/protosociology20052110

Nida-Rümelin, J. (2005b): *Über menschliche Freiheit.* Stuttgart: Reclam.

Nida-Rümelin, J. (2009): *Politische Philosophie der Gegenwart. Rationalität und politische Ordnung.*Paderborn: W. Fink UTB.

Nida-Rümelin, J. (2011a): *Die Optimierungsfalle: Philosophie einer humanen Ökonomie.* Irisiana.

Nida-Rümelin, J. (2011b): *Verantwortung.* Stuttgart: Reclam.

Nida-Rümelin, J (2012): Über menschliche Freiheit. In Struma, D. (Hrsg.), *Vernunft und Freiheit: zur praktischen Philosophie von Julian Nida-Rümelin.* De Gruyter, 371–390.

Nida-Rümelin, J. (2014): Structural rationality and collective intentions. In Chant, S. R., Hindriks, F. & Preyer, G., *From individual to collective intentionality.* Oxford: Oxford University Press, 207–222.

Nida-Rümelin, J. (2016): *Humanistische Reflexionen.* Suhrkamp Taschenbuch Wissenschaft, Suhrkamp.

Nida-Rümelin, J. (2018): *Unaufgeregter Realismus – Eine philosophische Streitschrift.* Paderborn: Mentis.

Nida-Rümelin, J. (2019): *Structural rationality and other essays on practical reason. Theory and decision library: A rational choice in practical philosophy and philosophy of science.* Berlin: Springer.

Nida-Rümelin, J. (2020): *Eine Theorie praktischer Vernunft.* De Gruyter. https://doi.org/10.1515/9783110605440

Nida-Rümelin, J. Schulenburg, J, & Rath, B. (2012): *Risikoethik.* Grundthemen Philosophie, De Gruyter.

Nijstad, B. A. & Knippenberg, D. van (2007): Gruppenpsychologie: Grundlegende Prinzipien. In Jonas, K., Stroebe, W. & Hewstone, M. (Hrsg.), *Sozialpsychologie*, 409–441. https://doi.org/10.1007/978-3-540-71633-4_12

Opp, K.-D. (1999): Contending conceptions of the theory of rational action. *Journal of Theoretical Politics,* Vol. 11, Issue 2. https://doi.org/10.1177/0951692899011002002

Parfit, D. (1979): Is common-sense morality self-defeating? *Journal of Philosophy*, 76(19), 533–545. https://doi.org/10.2307/2025548

Parikh, P. (2005): Logical omniscience and common knowledge: WHAT do we know and what do WE know? In Meyden, R. van der (Hrsg.), *Proceedings of the 10th conference on theoretical aspects of rationality and knowledge.*National University of Singapore, 62–77.

Paternotte, C. (2011): Being realistic about common knowledge: a Lewisian approach. *Synthese*, 183(2), 249–276. https://doi.org/10.1007/s11229-010-9770-y

Paternotte, C. (2012): Minimal cooperation. *Philosophy of the Social Sciences*, (1), XX(X), 1–29. https://doi.org/10.1177/0048393112457428

Paternotte, C. (2013): The epistemic core of weak joint action. *Philosophical Psychology*, (1), 1–24. https://doi.org/10.1080/09515089.2013.819614

Paternotte, C. (2017): The fragility of common knowledge. *Erkenntnis*, 82(3), 451–472. https://doi.org/10.1007/s10670-016-9828-4

Paternotte, C. (2019): Explaining prosocial behaviour: team reasoning or social influence? Penultimate draft – forthcoming in Nagatsu & Ruzenne (Hrsg.), *Frontiers of social science: philosophical reflections.* Bloomsbury.

Paternotte, C. (2020): Joint action: Why so minimal? In Fiebich, A. (Hrsg.*), Minimal cooperation and shared agency*, Cham (Switzerland): Springer Nature, 41–58.

Peacocke, C. (2005): Rationale and maxims in the study of concepts. Nous, Vol. 39, Issue 1, 167–178. https://doi.org/10.1111/j.0029-4624.2005.00498.x

Perea, A. (2012): *Epistemic game theory: Reasoning and choice.* Cambridge: Cambridge University Press.

Pettit, P. (1993): Groups with minds of their own. In Schmitt, F. (Hrsg.), *Socializing metaphysics. The nature of social reality.* Rowman & Littlefield Publishers, Inc., 167–192.

Pettit, P. (2020): Gemeinsames Handeln und kollektive Akteure. In Schmid, H. B. & Schweikard, D. P. (Hrsg.), *Kollektive Intentionalität.* Suhrkamp Taschenbuch Wissenschaft, 556–585.

Pfordten, D. von der (2012): Five elements of normative ethics – A general theory of normative individualism. *Ethical Theory and Moral Practice*, 15(4), 449–471. https://doi.org/10.1007/s10677-011-9299-2

Philips, J., Buckwalter, W., Cushman, F., Friedman, O., Martin, A., Turri, J., Santos, L. & Knobe, J. (2020). Knowledge before belief. *Behavioral and Brain Sciences*, Vol. 44, e140. https://doi.org/10.1017/S0140525X20000618

Postema, G. J. (2008): Salience reasoning. *TOPOI*, Vol. 27. UNC Legal Studies Research Paper No. 1129841. https://doi.org/10.1007/s11245-008-9031-6

Prechtl, P. & Burkard, F.-P. (2008): *Metzler Lexikon Philosophie: Begriffe und Definitionen.* 3. Auflage. J. B. Metzler.

Preyer, G. (2008): Raimo Tuomela: The Philosophy of sociality. *Philosophischer Literaturanzeiger, 61(2).*

Preyer, G. (2000): Interpretation and rationality. Steps from radical interpretation to the externalism of triangulation. In G. Preyer, G. Peter (Hrsg.), *The contextualization of rationality.* problems, concepts and theories of rationality, Perspektiven der analytischen Philosophie, Neue Folge, hrsg. von Georg Meggle und Julian Nida-Rümelin. Paderborn: Mentis Verlag.

Priddat (2012): *Akteure, Verträge, Netzwerke. Der kooperative Modus der Ökonomie.* Marburg: Metropolis.

Proctor, D., Williamson, R. A., de Waal, F. B. & Brosnan, S. F. (2013): Chimpanzees play the ultimatum game. *Psychological and cognitive science*, 110(6), 2070–2075. https://doi.org/10.1073/pnas.1220806110

Rabin, M. (1993): Incorporating fairness into game theory and economics. *The American Economic Review*, Vol. 83, No. 5, 1282–1302.

Raihani, N. (2021): *The social instinct: How cooperation shaped the world.* Jonathan Cape.

Railton, P. (1988): How thinking about character and utilitarianism might lead to rethinking the character of utilitarianism. *Midwest Studies in Philosophy*, 13(1), 398–416.

Ramsey, F. P. (1931): Truth and probability. In Ramsey, F. P. & Braithwaite, R. B. (Hrsg..), *The foundations of mathematics and other logical essays,*Kegan, Paul, Trench, Tuber & Co: London, 156–198.

Rechenauer, M. (2000): Intentions and the shaping of one's decision problems. In Nida-Rümelin, J. & Spohn, W. (Hrsg.), *Rationality, rules, and structure.* Springer, 85–101. https://doi.org/10.1007/978-94-015-9616-9_6

Rechenauer, M. (2020): Tuomela meets Burge. Another argument for anti-individualism. In Preyer, G. & Peter, G. (Hrsg.), *Social ontology and collective intentionality. Critical essays on the philosophy of Raimo Tuomela with responses.* Cham (Schwitzerland): Springer Nature, 179–192.

Rescher, N. (1983): *A philosophical introduction to the theory of risk evaluation and management.* University Press of America.

Rescher, N. (1997): *Der Streit der Systeme: Ein Essay über die Gründe und Implikationen philosophischer Vielfalt.* Königshausen & Neumann.

Richerson, P. J. & Boyd, R. (2005): Not by genes alone: How culture transformed human evolution. *Biology and Philosophy,* 23, 293–299. https://doi.org/10.7208/chicago/9780226712130.001.0001

Roemer, J. E. (2019): *How we cooperate.* Yale University Press.

Rosati, A. G., DiNicola, L. M. & Buckholtz, J. W. (2018): Chimpanzee cooperation is fast and independent from self-control. *Psychological Science,* Vol. 29, Issue 11, 1832–1845. https://doi.org/10.1177/0956797618800042

Roth, A. S. (2014): Indispensability, the discursive dilemma, and groups with minds of their own. In Chant, S. R., Hindriks, F. & Preyer, G. (Hrsg.), *From Individual to Collective Intentionality.*Oxford: Oxford University Press, 137–162.

Rubenstein, A. (1989): The electronic mail game: Strategic behavior under "almost common knowledge". *The American Economic Review,* Vol. 29, No. 3, 385–391.

Rubinstein, A. & Salant, Y. (2016): "Isn't everyone like me?": On the presence of self-similarity in strategic interactions. *Judgment and Decision Making,* 11(2), 168–173. https://doi.org/10.1017/S1930297500007270

Samuelson, P. A. (1996): On collaboration. *The American Economist,* Vol. 40, Issue 2, 16 ff. https://doi.org/10.1177/056943459604000203

Sánchez-Amaro, A., Duguid, S., Call, J & Tomasello, M. (2015): Chimpanzees coordinate in a snowdrift game. *Animal Behaviour,* Vol. 116, 61–74. https://doi.org/10.1016/j.anbehav.2016.03.030

Sánchez-Amaro, A., Duguid, S., Call, J & Tomasello, M. (2017): Chimpanzees, bonobos and children successfully coordinate in conflict situations. *Proceedings of the Royal Society B: Biological Sciences,* 284(1856): 20170259. https://doi.org/10.1098/rspb.2017.0259

Sánchez-Amaro, A., Duguid, S., Call, J. & Tomasello, M. (2018): Chimpanzees' understanding of social leverage. *PLoS One,* 13(12): e0207868. https://doi.org/10.1371/journal.pone.0207868

Satne, G. & Salice, A. (2020): Shared intentionality and the cooperative evolutionary hypothesis. In Fiebich, A. (Hrsg.), *Minimal cooperation and shared agency.* Cham (Switzerland): Springer Nature, 71–92.

Satterthwaite, M. A. (1975): Strategy-proofness and Arrow's conditions: Existence and correspondence theorems for voting procedures and social welfare functions. *Journal of Economic Theory,*Vol. 10, Issue 2, 187–217.

Savage, L. J. (1954): *The foundations of statistics.* New York: Dover Publications.

Savage, L. J. (1962): *The foundations of statistical inference. A Discussion.* London, Colchester: Spottiswoode Ballantyne & Co Ltd.

Saxe, R. & Kanwisher, N. (2003): People thinking about thinking people. The role of the temporo-parietal junction in "theory of mind". *Neuroimage,* 19(4), 1835–1842. https://doi.org/10.1016/s1053-8119(03)00230-1.

Scanlon, T. M. (1988): The significance of choice. McMurrin, S. M (Hrsg..), *The Tanner Lectures on human values,* Vol. 8, 149–216.

Scheffler, S. (1982): *The rejection of consequentialism.* Oxford: Oxford University Press.

Scheffler, S. (1988): Agent-centered restrictions, rationality, and the virtues. In Scheffler, S. (Hrsg.), *Consequentialism and its critics.* Oxford: Oxford University Press.

Schelling, T. C. (1960): *The strategy of conflict.* Cambridge (MA.): Harvard University Press.

Schelling, T. C. (1963): Strategic problems of an international armed force. *International Organization,* Vol. 17, Issue 2, 465–485.

Schelling, T. C. (1984a): Choice and consequences. Perspectives of an errant economist. Library of Congress Cataloging in Publication Data. Harvard College.

Schelling, T. C. (1984b): Self-command in practice, in policy, and in a theory of rational choice. *The American Economic Review*, Vol. 74, No. 2, Papers and proceedings of the ninety-sixth annual meeting of the American Economic Association, 1–11.

Schmelz, M., Call, J. & Tomasello, M. (2011): Chimpanzees know that others make inferences. *Biological Sciences*, 108(7), 3077–3079.

Schmid, H. B. (2017): What kind of mode is the we-mode? In Preyer, G. & Peter, G. (Hrsg.), *Social ontology and collective intentionality. Critical essays on the philosophy of Raimo Tuomela with responses*. Cham (Switzerland): Springer Nature, 79–94.

Schmid, H. B. & Schweikard, D. P. (2020): Einleitung: Kollektive Intentionalität. Begriff, Geschichte, Probleme. In Schmid, H. B. & Schweikard, D. P. (Hrsg.), Kollektive Intentionalität. Suhrkamp Taschenbuch Wissenschaft. 11–67.

Schmitz, M. (2017): What is a mode account of collective intentionality? In Preyer, G. & Peter, G. (Hrsg.), *Social ontology and collective intentionality. Critical essays on the philosophy of Raimo Tuomela with responses*. Cham (Switzerland): Springer Nature, 37–70.

Schoenherr, J. (2018): Lucky joint action. *Philosophical Psychology*, 1–30. https://doi.org/10.1080/09515089.2018.1520207

Schöne-Seifert, B. (2012): *Ethischer Konsequentialismus und Moralische Rechte*. Reprints and Working Papers of the Centre for Advanced Study in Bioethics, Westfälische Wilhelms-Universität Münster.

Schweikard, D. P. (2017): Voluntary groups, noncompliance, and conflicts of reason: Tuomela on acting as a group-member. What kind of mode is the we-mode? In Preyer, G. & Peter, G. (Hrsg.), *Social ontology and collective intentionality. Critical essays on the philosophy of Raimo Tuomela with responses*. Cham (Switzerland): Springer Nature, 97–112.

Searle, J. R. (1990): Collective intentions and actions. In Cohen, P. R., Morgan, J. & Pollack, M. (Hrsg.), *Intentions in Communication*. Cambridge (MA.): MIT Press, 401–415.

Searle, J. R. (1995): The construction of social reality. Free Press.

Searle, J. R. (2011): *Speech acts. An essay in the philosophy of language*. Cambridge: Cambridge University Press.

Searle, J. R. (2020): Kollektive Absichten und Handlungen. In Schmid, H. B. & Schweikard, D. P. (Hrsg.), *Kollektive Intentionalität*. Suhrkamp Taschenbuch Wissenschaft, 99–118.

Selten, R. (1983). Evolutionary stability in extensive two-person games. *Mathematical Social Science*, Vol. 5, Issue 3, 269–363.

Sen, A. (1970): The impossibility of a Paretian liberal. *Journal of Political Economy*, Vol. 78, No. 1, 152–157.

Sen, A. (1973): *On economic inequality*. Oxford: Clarendon Press.

Sen, A. (1974): *Choice, ordering and morality*. Körner S Practical Reason. Oxford: Blackwell.

Sen, A. (1977a): Rational fools: A critique of the behavioral foundations of economic theory. *Philosophy and Public Affairs*, 6, 317–344.

Sen, A. (1977b): Rationality and morality: A Reply. *Erkenntnis*, 11.

Sen, A. (1986): Social choice theory. In Arrow, K. J. & Intrilligator, M. D. (Hrsg.), *Handbook of mathematical economics*, Vol. 3, North Holland: Amsterdam.

Sen, A. (1992): *Inequality reexaminded.* Oxford: Clarendon Press.

Sen, A. (1997): Maximization and the act of choice. *Econometrica*, 65, 745–779.

Sen, A. (2013): On ethics and economics. Victoria (Australia): Blackwell Publishing.

Sennett, R. (2012): *Zusammenarbeit: Was unsere Gesellschaft zusammenhält.* Berlin: Hanser.

Sillari, G. (2005): A logical framework for convention. *Synthese*, 147, 379–400. https://doi.org/10.1007/s11229-005-1352-z

Simon, H. A. (1957): *Models of man: Social and rational; Mathematical essays on rational human behavior in society setting.* Wiley.

Simon, H. A. (1965): *Administrative behavior.* Second edition. The Free Press.

Simon, H. A. (2008): *Economics, bounded rationality and the cognitive revolution.* Edward Elgar Publishing.

Skyrms, B. (2004): *The stag hunt and the evolution of social structure.* Cambridge: Cambridge University Press.

Skyrms, B. (2010): *Signals: evolution, learning, and information.* Oxford (GB): Oxford University Press.

Skyrms, B. (2012): *From Zeno to arbitrage: essays on quantity, coherence, and induction.* Oxford (GB): Oxford University Press.

Skyrms, B. (2014): *Evolution of the social contract.* Cambridge: Cambridge University Press.

Smerilli, A. (2010): We-thinking and vacillation between frames: filling a gap in Bacharach's theory. *MPRA Paper No. 25246.*

Smith, J. M. (1964): Group selection and kin selection. *Nature*, 201, 1145–1147.

Smith, J. M. (1982): *Evolution and the theory of games.* Cambridge: Cambridge University Press.

Smith, A. (1776): *Wohlstand der Nationen.* Anaconda.

Spohn (1982): How to make sense of game theory. In Stegmüller, W., Balzer, W. & Spohn, W. und andere (Hrsg.), *Philosophy of economics: proceedings.* Berlin: Springer, 239–270. https://doi.org/10.1007/978-3-642-68820-1_14

Spohn, W. (2012): *The law of belief. Ranking theory and its philosophical applications.* Oxford: Oxford University Press.

Stahl, D. O. & Wilson, P. W. (1994): Experimental evidence on players' models of other players. *Journal of Economic Behavior & Organization,* Vo. 25, Issue 3, 309–327.

Sperber, D. & Wilson, D. (1986): *Relevance, communication and cognition.* Second Edition. Cambridge (MA.): Blackwell Publisher Inc.

Suchak, M., Eppley, T. M., Campbell, M. W., Feldman, R., Quarles, L. F. & de Waal, F. B. (2016): How chimpanzees cooperate in a competitive world. *Proc Natl Acad Sci U S A.,* 113(36), 10215–10220. https://doi.org/10.1073/pnas.1611826113.

Sugden, R. (1993a): Thinking as a team: Towards an explanation of nonselfish behavior. *Social Philosophy and Policy*, 10(1), 69–89.

Sugden, R. (1993b): Welfare, resources, and capabilities: A review of inequality re-examined by Amartya Sen. *Journal of Economic literature*, 31, 1947–1962.

Sugden, R. (1998): The role of inductive reasoning in the evolution of convention. *Law and Philosophy*, 17(4), 377–410.

Sugden, R. (2000a): The motivating power of expectations. In Nida-Rümelin, J. & Spohn, W., *Rationality, rules, and structure.* Kluwer Academic Publishers, 103–130.

Sugden, R. (2000b): Team preferences. *Economics and Philosophy*, 16(2), 175–204.

Sugden, R. (2003): The logic of team reasoning. *Philosophical Explorations*, 6(3), 165–181.

Sugden, R. (2004): The opportunity criterion: Consumer sovereignty without the assumption of coherent preferences. *American Economic Review*, Vol. 94, No. 4, 1014–1033. https://doi.org/10.1257/0002828042002714

Sugden, R. (2015): Team reasoning and intentional cooperation for mutual benefit. *Journal of Social Ontology,* 1(1), 143–166. https://doi.org/10.1515/jso-2014-0006

Sugden, R. (2020): Teampräferenzen. In, Schmid, H. B. & Schweikard, D. P. (Hrsg.), *Kollektive Intentionalität.* Suhrkamp Taschenbuch Wissenschaft, 631–671.

Thaler, R. H. (1992): Anomalies: The winner's curse. *Journal of Economic Perspectives*, 2 (1), 191–202.

Tollefsen, D. (2005): Let's pretend: Children and joint action. *Philosophy of the Social Sciences*, Vo. 35, Issue 1. https://doi.org/10.1177/0048393104271925

Tollefsen, D. (2020): Herausforderungen an den epistemischen Individualismus. In Schmid, H. B. & Schweikard, D. P. (Hrsg.), *Kollektive Intentionalität.* Suhrkamp Taschenbuch Wissenschaft, 765–806.

Tomasello, M. (2007): Cooperation and communication in the 2nd year of life. *Child Development Perspektives,* Vol. 1, No. 1, 8–12. https://doi.org/10.1111/j.1750-8606.2007.00003.x

Tomasello, M. (2009): *Die Ursprünge der menschlichen Kommunikation.* Frankfurt am Main: Suhrkamp Verlag.

Tomasello, M. (2010): *Warum wir kooperieren.* Frankfurt am Main: Suhrkamp Verlag.

Tomasello, M. (2016): *Eine Naturgeschichte der menschlichen Moral.* Berlin: Suhrkamp.

Tomasello, M. (2019): *Becoming human: A theory of ontogeny.* Harvard University Press.

Tomasello, M., Carpenter, M., Call, J., Behne, T., Moll, H. (2005): Understanding and sharing intentions: the origins of cultural cognition. *Behav Brain Sci.,* 28(5), 691–735. https://doi.org/10.1017/S0140525X05000129

Tomasello, M. & Rakoczy, H. (2003): What makes human cognition unique? From individual to shared to collective intentionality. *Mind & Language,* Vol. 18, No. 2, 121–147. https://doi.org/10.1111/1468-0017.00217

Trivers, R. L. (1971): The evolution of reciprocal altruism. *The Quarterly Review of Biology*, Vol. 46, No. 1, 25–57. https://doi.org/10.1086/406755

Tuomela, R. (1992a): On the structural aspects of collective action and free-riding. *Theory and Decision*, 32, 165–202. https://doi.org/10.1007/BF00134050

Tuomela, R. (1992b): Group beliefs. *Synthese*, 91, 285–318. https://doi.org/10.1007/BF00413570

Tuomela, R. (1994): In search of the common mind: Philip Pettit's "the common mind". *International Journal of Philosophical Studies*, 2(2), 306. https://doi.org/10.1080/09672559408570796

Tuomela, R. (1995): *The importance of us: a philosophical study of basic social notions.* Stanford (Calif.): Stanford University Press.

Tuomela, R. (1997): Kommunikatives Handeln und kooperative Ziele. *Analyse & Kritik*, 19, 153–172. https://doi.org/10.1515/auk-1997-0202

Tuomela, R. (2000a): *Cooperation. A philosophical study.* Philosophical Studies Series (OSSO, Vol. 82), Springer Science + Business Media, LLC.

Tuomela, R. (2000b): *Belief versus acceptance.* Philosophical Explorations, 2, 122–137. https://doi.org/10.1080/13869790008520985

Tuomela, R. (2002): *The philosophy of social practices: A collective acceptance view.* Cambridge: Cambridge University Press.

Tuomela, R. (2005): We-intentions revisited. *Philosophical Studies*, 125, 327–369. https://doi.org/10.1007/s11098-005-7781-1

Tuomela, R. (2007): *The philosophy of sociality.* Oxford: Oxford University Press.

Tuomela, R. (2013): *Social ontology. Collective intentionality and group agents.* New York: Oxford University Press.

Tuomela, R. (2020): Kollektive Akzeptanz, soziale Institutionen und Gruppenüberzeugungen. In Schmid, H. B. & Schweikard, D. P. (Hrsg.), *Kollektive Intentionalität.* Suhrkamp Taschenbuch Wissenschaft, 534–555.

Tuomela, R. & Tuomela, M. (1995): Norms and agreement. *European Journal of Law, Philosophy and Computer Science*, 5, 41–46.

Tuomela, R. & Tuomela, M. (2005): Cooperation and trust in group context. *Mind & Society*, Vol. 4, 49–84.

Turchin, P. (2016): *Ultra society.* Chaplin (USA): Beresta Books.

Vossenkuhl, W. (2006): *Die Möglichkeiten des Guten. Ethik im 21. Jahrhundert.* München: C. H. Beck.

Verbeek, B. (2002): *Instrumental rationality and moral philosophy. An essay on the virtues of cooperation.*Dordrecht, London: Kluwer Academic Publishers.

Walras, L. (1881): *Mathematische Theorie der Preisbestimmung der wirtschaftlichen Güter: 4 Denkschriften.* Glashütten (im Taunus): Auvermann.

Warneken, F., Hare, B., Melis, A. P., Hanus, D. & Tomasello, M. (2007): Spontaneous altruism by chimpanzees and young children. *PLoS Biol.*, 5(7), e184. https://doi.org/10.1371%2Fjournal.pbio.0050184

Wiebes, J. T. (1976): *Gard B Straits Settl.* 29, 207.

Wiesenthal, H. (1987): Rational Choice. Ein Überblick über Grundlinien, Theoriefelder und neuere Themenakquisition eines sozialwissenschaftlichen Paradigmas. *Zeitschrift für Soziologie*, Jg. 16, Heft 6, 434–339. https://doi.org/10.1515/zfsoz-1987-0603

Wilson, C. (1980): The Nature of equilibrium in markets with adverse selection. *Bell Journal of Economics*, Vol. 11, Issue 1, 108–130.

Yasir, H., Asrar-ul-Haq, M., Amin, S., Noor, S. Haris-ul-Mahasbi, M. & Alsam, M. K. (2020): Corporate social responsibility and employee performance: The mediating role of employee engagement in the manufacturing sector of Pakistan. *Corporate Social Responsibility and Environmental Management.*Vol. 27, 2908–291

FSC
www.fsc.org
MIX
Papier | Fördert
gute Waldnutzung
FSC® C083411

Kolibri 360 GmbH
Ferdinand-Jühlke-Straße 7
99095 Erfurt, Deutschland
produktsicherheit@kolibri360.de